創見文化，智慧的銳眼
www.book4u.com.tw　　www.silkbook.com

創見文化，智慧的銳眼
www.book4u.com.tw　　www.silkbook.com

保證成交
操控術

The Psychology of
CONSUMER
BEHAVIOR

王晴天 / 著

懂客戶心理，就沒有談不成的生意！

　　美國銷售大師喬·甘道夫博士（Joe M. Gandolfo）有一句名言：
「成功的銷售，來自於2%的商品專業知識，以及98%對人性的瞭解！」
一語道破了成交的最主要關鍵，通常都不是你夠專業，而是因為夠瞭解客
戶的消費心理、洞悉「人性」，才能啟動客戶的購買鍵。沒有銷售不了的
產品，其實是你對客戶還不夠瞭解！讓客戶買單，靠的不是話術、商品、
形象、情感！而是能否控制客戶的心！

　　真正的銷售高手都明白，銷售其實就是一場心理戰，是心與心的較
量，誰能夠操控客戶心理，誰就能穩坐超級業務王的寶座！在銷售過程
中，若是你能瞭解人性，懂得把話說到客戶的心坎裡，打開客戶的心，何
愁客戶不跟著你走呢？

　　令人遺憾的是，大部分的銷售人員對消費心理學不夠重視，甚至認為
研究心理學是浪費時間，認為做銷售、談業務就是要跑斷腿、磨破嘴，見
到客戶就迫不及待地介紹產品、報價，可業績卻總是差強人意。

　　消費者的習慣在變，需求在變，但唯一不變的是消費背後的人性，哪
怕十年、百年、千年也不會變，如果你想要你的產品、服務暢銷，就必須
下功夫研究成交背後的消費心理與人性，洞察顧客心理活動，在瞭解客戶
喜好的基礎上，激發其潛在的購買欲，引導消費，輕鬆成交！例如：面對
追求安全感的顧客，你必須給他保證，並給予專業的知識，讓他信任你；
追求超值感的顧客，要讓他感覺買到賺到；追求新鮮感的顧客，就要用最
新、未上市來打動他；追求優越感的顧客，就要讚美他品味絕佳，給他最
尊榮的服務……等。與其死記硬背那些行銷話術，不如練功升級，直接看

穿你的顧客，利用說話及心理技巧，摸清客戶心裡所想，戳中對方所需，讓客戶深有「這個人真是瞭解我」的感受，在不知不覺中就相信你，接受你的建議。

所以說，掌握顧客心理就等於掌握了訂單！人類是情感動物，可以說是情感驅使人們做出購買決策。也就是說如果能成功激發出客戶的某些特定情感，就能大幅提高銷售額。

本書就是教你如何巧妙運用銷售心理學，談成更好的交易。在遇到難纏的場面，如何利用心理戰術，掌握並引導客戶心理，化解銷售難題！透過激發客戶的心理機制，挑動他們的神經、促使他們採取我們預想的購買行為。例如，先提出一個一定會被拒絕的大要求，在被拒絕後再提出一個較小的要求（這才是你實際的目的）。這種手法最常在殺價的時候出現，這種做法要成功有三個關鍵的因素：①一開始的要求要大得離譜，讓拒絕你的人覺得他拒絕你是沒有錯的；②提出大要求和小要求之間的時間必須要相當短；③大要求和小要求必須要是同一個人提出，因為當大要求被拒絕後而又提出小要求時，拒絕你的人會覺得這是你對於自己要求讓步的表現，基於互惠原則，拒絕你的人也會認為自己應該要讓步，因此就更容易答應後來的小要求。

如今市場的行銷、銷售思維越來越聚焦在對消費者心理的把握和迎合，從而影響消費者，最終達成產品的銷售。本書將教你如何在這些心理機制上下功夫，如：恐懼心理、從眾心理、權威心理、佔便宜心理、攀比心理、稀缺心理、沉錨效應、厭惡損失心理、互惠心理……等心理觸發點來刺激銷售或是減少客戶對購買行為的抵觸心理，挖掘每一位消費者的經濟價值。

像是大部分的消費者在購買決策上，會表現出從眾傾向，喜歡隨大

流，看到別人買什麼自己也跟著買。還崇尚權威，對於名人、權威人士推薦的產品常常情感超過理智，無理由地選購，這就非常值得好好利用。而在價格策略中，更可以好好利用消費者的「佔便宜心理」。很多商家在新品推出後，先對產品進行一定幅度的提價，然後以週年慶、打折活動、會員活動等方式，讓使用者感覺到自己占了便宜，而開心購買。「互惠原理」是為了給他人造成虧欠感，增加彼此間的信任，降低成交難度，誘使客戶鬆口購買。

當你希望客戶主動掏出錢來成交，就得有說服不同的客戶掏錢的理由，而這個理由就源自客戶的內心，都有屬於他自己的購買理由。如：有的人看見產品銷量特別好，就會購買；有的人看見同事買了某款筆電效能很好，也想買同款；有的人覺得你的服務很專業、售後很周到，而同意買……每個人購買某種產品，都是受到1…N個心理的影響。因此，知道客戶是如何想的，比什麼都重要，花心思去了解客戶消費的行為、動機和原因，比費盡口舌卻不討好的銷售話術要有效得多。

本書教你超業都在用的成交心理學，透過察言、觀色、讀心，讓你了解客戶深層心理，結合了銷售技巧和客戶心理學，總結出銷售心理學與不同銷售階段因應客戶消費心理變化的應對方法，透過生動的解析和事例，教你如何看穿客戶心理，循序漸進引導出客戶的潛在需求，掌握主導權，巧妙運用業務心理學，談成更好的交易。了解產品，你只能勉強賺到20％的收入；瞭解人性，你卻能創造超過80％的財富。學會成交攻心術，成功打贏這場心與心的較量，也就什麼東西都能賣，隨時隨地都能成交！

Chapter 1 優秀業務員都在用的心理效應

Chapter 2 破冰有術：常見的消費者心理

Chapter

3 溝通巧用心理戰，hold住客戶心

CONTENTS 目錄

Chapter 4　攻心有道：說服客戶從了解他開始

Chapter 5 靈活應變，順勢而為的談判技巧

優秀業務員
都在用的心理效應

我不是在銷售一種產品，而是在銷售一種感覺。

——世界第一的銷售大師 喬·吉拉德（Joe Girard）

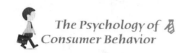

愛上銷售，業務是最好的工作

不論景氣如何，有一個行業永遠有職缺的需求，這個行業收入沒有上限，總是能比領死薪水的上班族創造更多令人稱羨的高收入，當然，這個行業高度競爭，必須具備極佳的抗壓性，才能適者生存，甚至創造了許許多多的老闆，這個行業就是——業務員。根據統計，年薪二百萬元的上班族，有七成都是業務出身，更有六成的成功人士都曾具備業務經驗。業務，其實就是在學習當老闆！據資料顯示世界五百大CEO，超過半數都曾從事過業務工作，可口可樂創辦人伍德瑞夫（Robert Woodruff）做過卡車業務員、鴻海董事長郭台銘的第一份工作也是擔任航運業務。

很多人都對業務銷售存在一種偏見，在他們看來，業務是不需要任何技術、門檻低的工作，業務員為了拿到訂單，有時還需要對客戶百般巴結、逢迎，只有身無專長的人才會去做業務。因此，越來越多的人認為，業務只是一根在無奈時才會去選擇的救命稻草。顯然，這完全是大大誤解了業務這個工作。

正如醫生給病人治病，律師幫助人們解決糾紛一樣，業務員也是一份服務性工作，它的主要職責就是給人們帶來舒適和幸福。銷售也不是人人都做得來，只有真正認識銷售、熱愛銷售的人才能在這項工作中獲得永久的成功。

布萊恩・崔西（Brian Tracy）原本是一位工程師，薪水待遇相當不

錯，但是他發現朋友做業務的工作很賺錢，因此就跟著轉換跑道。但銷售並沒有他想像得那麼簡單：在開始做業務的第一年，他失敗了。因為當時人們對業務員有著強烈的排斥心理，還是新手的他根本不知道該如何化解人們的這種抵觸情緒。

在接觸第一個客戶時，布萊恩就碰了一鼻子灰，這給布萊恩的內心帶來陰影。他害怕見客戶，好幾次想臨陣脫逃，甚至認為業務這份工作很卑微，連他自己都不願意承認自己是業務員。當然，如果自己都厭惡這份工作，又如何能說動客戶購買你的產品呢？

於是布萊恩決定要克服這種心理障礙。他努力學習銷售技巧，了解人們的消費心理，並且開始肯定並接受自己的身分，每天懷著希望，滿懷信心地去拜訪客戶，並根據客戶的需求，推薦合適他們的產品。後來，隨著人們觀念的轉變，布萊恩的工作才日漸順利，業績好轉。

能否對自己所從事的工作有一個正確的認識，這往往是決定一個人是否能夠取得成功的關鍵。剛開始，布萊恩・崔西因為屢遭拒絕而討厭自己的工作，也因此屢屢遭遇客戶的排斥，形成惡性循環；直到後來，他調整自己的心態，每天對工作充滿熱情，這才慢慢有了一些成績與成就。

這樣做，就對了

對於業務員來說，想要做好業務這份工作並在這一行發光發熱，首先就應該正確、全面地了解、認識這份工作——

1. 銷售是為客戶解決問題的工作

從表面上，銷售是一個把產品或者服務賣給客戶，獲得利潤的過程。實際上，銷售是一個為客戶解決問題的過程。如果沒有需求，客戶是不會

購買的。客戶購買產品就是為了滿足自己的需求。當然，有的產品是為了解決生計問題，有的是為了解決吃穿問題，有的是為了解決住行問題。而有些客戶或許根本不知道自己需要什麼產品才能解決問題，而此時業務員就是專家、顧問，是幫助客戶找到符合需求的產品或服務。所以，業務員與客戶的地位是平等的，甚至還比客戶的地位還要高些，因為你更懂得如何幫助客戶找到他們的需求。

因此，不管面對什麼樣的客戶，都無須低聲下氣，不要認為這是一份丟面子的工作，要看得起自己，這樣才能贏得更多客戶的信賴。

2. 銷售做好了，你才能做好別的工作

稍加留意，你會發現在所有職業中，銷售的團隊是最大、也最驚人，人員也是最多的，雖然他們的能力以及水準參差不齊。可是一旦你身經百戰，成為一名優秀的業務員，你會發現，自己已經具備了無堅不摧的素質和能力。而這些能力卻恰恰能夠讓你勝任很多工作。你將擁有——

➤ **無堅不摧的心態**。只有能夠承受住客戶的拒絕，最終才能獲得成功。這個過程中，不僅磨練了自己不斷進取的意志，更磨練了自信、樂觀、主動、包容的心態。這些心態恰是優秀職場人士所必備的素質。

➤ **強大的氣場影響力**。氣場大才能吸引人、感染人，更容易獲得成功。優秀的業務員往往具備良好的溝通能力、產品展示能力等，他們推銷更多的不是產品，而是他們自己。

➤ **高EQ**。業務員每天要面對更多的客戶，還會遭受無數拒絕，這無疑是培養、提升一個人EQ的最好職業。

➤ **能言善辯的溝通能力**。業務員與形形色色的客戶接觸，能培養出不凡的溝通能力以及口才技巧。

　　所以，銷售是最好的工作，唯有銷售做好了，你才有充分的資本以及足夠的信心來面對更多的挑戰。

3. 銷售能改變你的命運

　　其實，每個人都擁有優秀員工的潛能，都擁有被委以重任的機會。做銷售同樣如此，只要你能夠積極進取，就能從平凡的工作中脫穎而出。偉大的銷售員喬・吉拉德（Joe Girard）生於貧窮，長於苦難，做過報童、擦鞋員，但最後業務銷售的工作讓他超越了自我；日本推銷之神原一平，曾是家鄉的人眼中無可救藥的小太保，最後在銷售業憑藉著自己的毅力，創下連續十五年人壽保險業績全日本第一，被譽為日本推銷之神。亞洲首富李嘉誠，起初因家境貧寒被迫輟學出社會謀生，在茶樓跑過堂、在鐘錶店當過店員，但自從做了一名五金廠的業務員後，因勤奮認真、精明能幹，闖出了一番大事業。可以說，正是銷售改變了他們的命運！

　　當然，心態決定一切，想要改變命運，我們首先就應該從改變心態入手。所以要樹立正確的職業態度，學會有效地調整自己的工作心態，在失去耐心與信心的時候，告訴自己：銷售是最好的工作！

攻心tips

　　把自己全身心地投入到工作當中，你才能夠有效實現個人價值！當你心裡真正愛上這份工作，並認為銷售是最好的工作時，你才會有信心、有熱情地投入，並為努力實現更高的業績目標而努力。

成功的動力來自強烈的企圖心

銷售是一項偉大的工作，從事業務工作的人也到處都是。但現實工作中，我們總會發現有這樣一類人，他們很有能力，學歷也很高，具備良好的交際能力，可是他們的銷售業績並不理想；相反地那些看起來不起眼，學歷並不高，但對成功、對大訂單有強烈欲望的業務員卻總能取得傲人的業績。可見，人的目標、野心與成功是成正比的，業績的好壞往往取決於是否具備強烈的企圖心。

美國福特車廠的創辦人亨利‧福特（Henry Ford, 1863-1947）的野心超過了他的身高，他想要實現一個人人都能買得起汽車的夢想。這個夢想在當時那個年代是令人難以想像，但他成功了，他成了全球汽車市場的主人，並使福特公司賺得了驚人的利潤。這樣的成功無疑是福特高昂的企圖心發揮了重要作用。因此，對於渴望成為銷售冠軍的業務員來說，強烈的企圖心是必須配備。

阿爾弗德‧福勒出生在加拿大的一個貧苦農民家庭。為了減輕家人的負擔，他自學生時代就開始找兼職做一些零工。儘管他很努力，卻還是沒能改善家人的生活。

一次偶然的機會，他找到了一份銷售刷子的工作。他很喜歡這份工作，並且認為這份工作一定能夠讓家人生活得更好。當時，他已經不上學了，所以他把所有的精力都投入到這份工作中。

由於他沒有什麼銷售技巧與經驗，阿爾弗德的銷售之路走得坎坎坷

坷，大小狀況不斷，但是他始終堅信這份工作能夠改變他的命運。當然，就在他認真地跟著老闆學習並累積了一些銷售經驗後，逐漸成為一名可以獨當一面的業務員。業績不錯的阿爾弗德並不以此自滿，他還想從這份工作中學到更多的銷售知識、技巧以及能力，並且立志未來有一天一定要擁有屬於自己的製刷廠。當他把自己的想法告訴家人以及身邊的朋友時，紛紛遭到了他們的嘲笑及潑冷水。但阿爾弗德卻很有自信地說，擁有自己的製刷廠之後，還要讓它取得加拿大製刷市場三分之一的業務。至此，朋友們都認為他真是異想天開。但阿爾弗德並不在意他們的看法，而是認真對待自己的目標，腳踏實地地實踐。最終他不僅創辦了福勒製刷公司，還果真在加拿大市場上擁有難以匹敵的競爭力。

人活著就得有目標和野心，否則就會像一艘沒有舵的船，永遠漂流不定，只會到達失望、失敗與喪氣的海灘。試想，如果一個人連想都不敢想自己能夠取得巨大的成就，那麼他又怎麼能有魄力在現實生活中去實踐呢？相反地，一個企圖心很強的人，目標才會越高，同樣對自己的要求才會越嚴格。其實，也正是因為阿爾弗德・福勒具備強烈的企圖心，敢想敢做的魄力和決心，才能創下人人稱羨的不凡成就。

這樣做，就對了

當然，在一開始入行，很多業務員都懷抱強烈的企圖心，但慢慢地，面臨的拒絕與失敗越來越多，原本滿滿的企圖心也就日漸消失殆盡，而對自己的未來失去信心。那麼應該從哪幾方面來培養與保持源源不絕的企圖心呢？

1. 多聯想美好願景，來激勵自己

一位哲人說過：「只要你想美好的事情，美好的事情就會跟著你來；如果你想邪惡的事，邪惡的事就會跟著你來。你整天想什麼，你就是什麼樣子。」所以，如果你想要積極進取，時刻保持積極向上的奮鬥精神，那麼就應該每天多聯想一些自己希望達到的願景，並相信只要自己很努力，那麼這些願景就會實現。

為了激勵自己，你可以從一些雜誌、報紙或者其他物品上剪下含有接近你願望的各種圖片，例如自己希望擁有的豪華轎車、高級豪宅的圖片或者激勵人心的勵志語等，然後在一張紙或者一本書上製作成自己的「夢想板」，用肯定的語言寫下自己的奮鬥日記，時刻提醒、激勵自己。

2. 強化自己的夢想，並付諸行動

美國心理學大師羅伯特‧柯里爾（Robert Collier）認為，所有的力量都可以轉化為現實，只要人們在心中索要它、想像它、相信它，並努力把它變為現實。所以，在實際生活或者工作中，你不妨先弄清楚自己最想實現的願望是什麼，實現這些願望對自己來說有多重要，在此基礎上，自己的下一個願望是什麼。也只有當你弄清楚這些問題，並不斷強化自己的這些願望，你的進取心才能相應得到激勵，並且開始為實現這些願望而行動，逐步實現更遠大的目標。

雖然說，做業務銷售時時刻刻都要面臨巨大的壓力以及挑戰，還常常會遭受到拒絕與失敗，但只要你擁有強烈渴望成功的企圖心，敢於行動，就能突破重重障礙，取得成功。

攻心tips

　　擁有強烈的企圖心,是成為一名頂尖業務員的必要條件。如果你擁有非要不可的欲望,同時又知道那是什麼東西,那麼你就具備了成為成功業務人員所需要的條件。只有下定決心「一定要」,而不是只停留在「想要」階段,這樣你才會全力以赴,達成自己的目標。

　　當你完成一個階段性的目標時,就要對自己有所獎勵;在讚美自己、犒賞自己的同時,細細感受其中的快樂。如此一來,這種自我犒賞就會成為一種習慣,你的內心若是經常被這種犒賞激勵,將更進一步強化自己的企圖心。

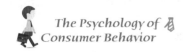

滿溢的熱忱，
讓顧客沒有拒絕的機會

個人不管從事什麼樣的職業，要想獲得成功，經驗與熱情是不可或缺的，業務的工作也一樣。一項研究調查指出，熱情在業務的工作中所發揮的作用很大，很多情況下，熱情的效用甚至超出了業務員對產品知識的掌握以及經驗的累積。原因很簡單，當我們長久地從事一項工作的時候，這份工作很容易就會給我們帶來豐富的經驗，但同時卻磨掉了我們的熱情，使我們在工作中變得呆板、制式化。一旦失去了熱情，即使原本能力再好，往往都很難發揮出來，當然就很難有不凡的表現。

正如一位成功的企業家說的：「最優秀的業務員不是技能特別出眾的銷售『天才』，而是能始終保持初心持續保有熱情的人。」可以說，成功是與熱情緊緊聯繫在一起的，要想獲得成功，就應該讓自己永遠沐浴在熱情的光影裡。

創辦美國經理人保險公司的羅伯特・蘇克，是一位非常棒的保險業務員。

一次，羅伯特・蘇克手下的職員比爾當眾抱怨自己負責的區域不好，並要求更換負責區域。但羅伯特卻認為業績不好並非是區域的原因，而是比爾的心態問題。並且與之打賭，在一週內，在比爾認為不好的區域的二十個名單中，若是由他來經營至少能談成十筆交易。

一週後，羅伯特竟然談成了十六份已簽妥的保單。當他被比爾詢問成功的原因時，他是這樣說的：

「在我拜訪每一位客戶時，我首先告訴他們我是保險公司的業務員。我知道我們公司的比爾上週有來過。但我今天之所以再來，是因為公司新推出了一款保險方案，與之前的相比，雖然價格沒有變，但是卻能夠給你們帶來更多的利益。因此想佔用您幾分鐘，為您解釋方案變動的情況。

在他們還沒來得及拒絕的時候，我就取出保險方案，當然還是之前的那本，只不過我重新抄了一遍而已。我逐條解釋保險條款，只不過我傾注了極大的熱情。一到關鍵的內容，我就加強語氣說『看好了，這是我們新增條款，和之前的是不一樣的』。這個時候，客戶都回答『的確不一樣』。然後我就接著說『這一條又是一個全新條款』，當然客戶覺得真的與之前的不一樣。」

於是，我繼續解釋『下面的這條您更要注意了，這可是一條讓人心動的條款！』就這樣，我懷著滿腔熱情地向他們介紹，當我介紹完之後，客戶早已被我的熱情所感染，變得非常感興趣，覺得這真是個很好的保單，並且再三感謝我給他們帶來了全新的保險方案，因此絕大多數的客戶都同意投保了。

熱情的人能讓人們感到親切、友好，無形中縮短了彼此的距離，創造融洽的相處環境。業務這一行是需要耐力和堅強意志力的工作，每一天都需要你投注熱情。如果你始終以最佳的精神狀態出現在客戶面前，你的客戶一定會受到鼓舞，當然，你滿溢的熱忱，將感染並打動你的客戶，讓顧客沒有拒絕的機會。就像案例中的業務員羅伯特・蘇克一樣，同樣的保單內容，但是經過他熱情洋溢地講解，客戶被他的熱情打動，最後心動地購買了保險。相反地，業務員比爾因為被客戶拒絕而輕易就想打退堂鼓，他失敗的關鍵原因也正是缺乏熱情。可見，熱情對於一個業務員來說非常重要。

但令人感到遺憾的是，很多業務員都有熱情無法持久的困擾，但隨著

時間的推移，熱情逐漸降溫，業績也拉不上去。這時要怎樣做才能讓自己的熱情之火永不熄滅呢？

1. 喜歡你的工作，永遠對它感興趣

「興趣是最好的老師」，無論從事什麼工作，只有對這份工作存有興趣，那麼你才會投入十分的精力與熱情。尤其是對業務員來說，每天與形形色色的客戶接觸，對客戶熱情對待是最基本的。也只有熱愛自己的工作，像經營自己的事業一樣對工作充滿熱情，你的熱情才能不斷感染客戶，促使客戶購買你的產品。

因此，首先要做的就是培養對工作的責任心，以積極主動的工作態度，做好產品售前、售中、售後的服務工作，真正做到讓客戶滿意。

同樣地，在自己取得一點進步的成績時，我們不妨給自己一個小小的驚喜，例如吃一頓大餐，給自己買一件期盼已久的禮物，或者帶著輕鬆的心情外出旅遊等。這樣一來你會工作得更來勁！

2. 借助各種力量找回脫隊的熱情

業務員的工作時常會遭遇很多拒絕，甚至吃上很多苦頭，而令我們不自覺就心情沮喪。若帶著這種心情去工作，估計客戶的購買熱情也就被你澆熄了一半。所以找回對工作的幹勁就是極待解決的主要問題。

首先，我們可以回想一下自己從事這份工作的初衷。失敗和困難是無法避免的，但它只是暫時的，我們應該時常謹記自己的工作初衷，明確目標，堅定好信念，為自己找到堅持下去的理由；我們可以借助於團隊的力

量，融入團隊中，感受團隊高漲的工作熱情，多與對工作充滿幹勁的人來往，從而深受感染；最後，在心情失落的時候，我們不妨多看一些勵志類的圖書、電影，當然還可以報名參加一些成功人士的演講，在激發自己士氣的同時，讓自己在激勵中找回工作幹勁。

3. 抓住時間「充電」，擴充自己的大腦「記憶體」

尤其是對於新入行的業務員來說，前期的銷售階段非常艱難。面對慘澹的銷售業績，能支持我們堅持下去的常常就是一股莫名的熱情。但如果長期沒有進步，沒有發展，這種熱情與信心是不可能持久的。因此，我們一定要注意抓緊時間為自己充電。不僅要多關注自己所銷售產品的資訊、市場需求以及競爭對手經營的狀況，還應該多了解一些與行業相關或者其它行業相關的知識與動向，這樣才能有效避免與客戶交流時陷入冷場或被問倒的局面。

你可以透過借閱一些關於產品方面的書籍，或在網路上利用搜尋引擎的方式尋找你所需要的知識，可以積極參加公司的培訓活動，還可以多去參加一些成功人士的講座等來為自己充電，讓自己保持足夠的熱情，讓工作變得更有效率。

攻心tips

銷售本來就是一種情緒的轉移，一個有熱忱的業務員，就比較能夠吸引別人購買的意願。亨利‧福特曾說：「假如你有熱忱，便能成事。」因為唯有你相信自己賣的就是全世界最棒的產品時，客戶才會相信你；當你相信自己能為客戶帶來最好的服務時，就沒有什麼事能阻攔你。只有你先對工作充滿熱情，你的熱情才能感染客戶，贏得客戶的青睞。這樣無論是銷售旺季還是淡季，你和你的產品永遠都是受客戶歡迎的。

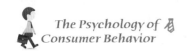

相信產品，相信你自己！

喬·吉拉德說：「信心是業務員致勝的法寶。」我們在銷售中會面對很多拒絕與不順，如果沒有強大的自信做後盾，遲早會被自己打倒。可是，僅僅依靠自信就夠了嗎？不懂專業知識，沒有專業的銷售技能，你又靠什麼保持自信呢？所以，對於一個業務員來說，自信與技巧同等重要。只有你掌握的專業技能夠多、夠充足，在與客戶溝通時才會自然展現出無比的自信。也只有兩者相結合，你的銷售之路才會順暢。

歐文莉是建材傢俱商場裡一家品牌專櫃的業務員。她不僅熱情好客，而且在廚櫃方面頗有獨到見解，因此很多消費者都喜歡到她這裡來逛逛。還沒有到年底換季，歐文莉的店裡就已經開始做活動了，前來選購櫥櫃的顧客絡繹不絕。

「你不是說你們公司的櫥櫃品項很齊全嗎？怎麼我看店裡的櫥櫃都是深色的呢？我比較喜歡顏色淺、看起來比較清新的傢俱。」一位女顧客轉了一圈之後，小小抱怨地問。

「太太，我們這裡擺放的僅僅是樣品。您看這是我們這個品牌櫥櫃的商品目錄，相信裡面的顏色一定不會讓您失望的。」面對這樣的顧客，歐文莉不疾不徐，非常有自信地回應著。

最後這位顧客看中了兩款不同顏色的櫥櫃，可是問題又來了：「你們的櫥櫃是美耐板門板還是烤漆的呀，哪一種比較好呢？」

歐文莉：「太太，美耐板和烤漆的都能做出這兩種顏色，但烤漆的比

美耐板的顏色更生動一些。」聽完這些，太太又緊接著詢問：「你們店裡都有什麼型號的櫥櫃呀，它們都有什麼不同之處嗎？我想聽聽你的介紹再做決定。當然，我還想知道關於櫥櫃的……」這位太太好像要故意為難歐文莉似的，提的問題也越來越專業。

面對這樣棘手的場面，歐文莉並沒有不耐煩，反而以更加自信、熱情的態度認真地為他們介紹了產品的特點、功能、製作工藝以及使用方法等等。當然，在女顧客要求希望能拆下抽屜看裡面的材質時，歐文莉也熟練地將一個抽屜拆了下來。待對方看完之後，又很熟練地安裝好。

泰然自若的表情、熟練的動作，以及提供的產品介紹詳細、專業，令這位女顧客無從挑剔，當場就很滿意地下了訂單。

仔細閱讀上面的案例，我們不難發現業務員歐文莉成功的原因並不僅僅是靠銷售技巧，還有很重要的——自信。面對客戶的「刁難」，她沒有退縮，反而自信滿滿地用自己所掌握的產品知識以及銷售技巧來應對，最終拿下了這筆訂單。可見，要想在銷售中獲得成功，技巧與自信是相輔相成的。

這樣做，就對了

那麼，為了提升我們的自信，讓業務的工作更順暢地展開，我們應該從哪幾方面來提升自己的專業技能呢？

1. 了解產品知識，成為產品的「專家」

產品是業務員最重要的行銷道具，沒有產品，業務員就無法開始任何形式的行銷。同樣，如果業務員不懂產品，沒有掌握充足的產品知識，不能全面地讓客戶了解產品的相關知識，那麼勢必就無法贏得客戶的尊重與

信任，更別提為自己贏得銷售業績了。

為了能夠更好地應對客戶，業務員需要掌握的產品知識不僅包括產品的名稱、顏色、規格、材質、技術特徵、優劣勢等物理或者化學特性，還應該了解其它競爭對手產品產品的特點、優劣勢、運輸方式等。也唯有做到知己知彼，才能從容應對客戶的任何要求。

2. 掌握與產品相關的技能，成為產品的「工程師」

業務員可以不懂產品的相關製作流程，也可以不懂產品的相應售後維修知識，但是卻必須掌握產品的相關操作技能。對於操作性強的產品，例如一些機械器材等，如果連販售商品的你都不懂操作，那麼又怎麼能夠讓客戶了解到產品能帶給他怎樣的方便或益處呢？這樣，你自然不能贏得客戶的認可。

當然，對於操作性強的產品，應該掌握產品的基本使用技能、簡單的裝卸方式以及產品的功能調節等方面。紮實的產品知識加上熟練的操作技能，不僅可以使你更深入地讓客戶了解產品，也有益於獲得客戶的肯定與青睞，從而累積更多的自信。

3. 透過各種途徑學習，別讓自己「掉隊」

很多業務員自認為掌握了足夠的專業知識，累積了大量的客戶資源，就可以不用再積極學習了。但事實並非如此，世界在飛速發展，各種市場、產品知識也在快速變化著，很多產品知識與技能，可能今天你已經掌握了，但明天就出現了另一種新產品取而代之。因此，即使你是一位馳騁商場多年的資深業務，也應該及時關注產品和市場變化趨勢，隨時更新產品知識。

你可以藉由參加公司內部的培訓活動，每天養成流覽報紙或者網頁的

習慣，也可以多到市場上了解、收集最新的產品知識等方式，來關注市場變化，提供給客戶最新的產品以及市場知識，這樣客戶自然就會更加信賴你、依賴你。

攻心tips

相信產品，相信你自己！足夠的銷售技巧能夠提升一個人的自信，同樣也只有業務員內心充滿自信，才能更有幹勁地學習更多的銷售技巧，讓自己變得更優秀。另外，銷售時的自信心來源，就是你對於商品的熟悉度，如果你對你將銷售或介紹的商品不了解、不熟悉，只想胡吹亂蓋來矇個機會，那是行不通的。當你相信，你就會非常有自信地說：「我的產品是好的產品，所以我有責任義務跟你分享。你可以選擇拒絕我，但是我必須要把這個訊息傳達給你。」請用這樣的心態來從事業務，就能將業務做好。

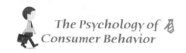

當個「有能力沒脾氣」的人

美國總統喬治・布希曾說「誰掌控了情緒，誰就能掌控一切。」如果遇到負面情境，還能做好情緒管理、維持高EQ，那就是贏家的修養。很多優秀的業務員在談到他們成功的祕訣時，並不僅僅將自己的成功歸功於專業的產品知識以及銷售技巧。在他們看來，成功並不僅僅依賴於此，更應該注意的是對客戶做好服務，而在服務中保持好的脾氣尤為重要。由於我們每天面對不同的客戶，可能會遇到各種情況：被人拒絕、指責甚至是奚落等。如果你因自尊心過強，沒有控制好自己的脾氣，以尖酸刻薄的言辭予以還擊，雖然自己的怨氣得到了宣洩，但卻讓客戶的尊嚴受到了傷害，那麼到頭來吃虧的還是自己，更別說談成交易，就連要再約見他都很難。

作為一名寢具專櫃業務員，馮珍珍有著五年的銷售經驗。她時常告訴自己，光只是掌握所售商品的專業知識是不夠的，更重要的是為客戶做好服務，只有這樣才能得到客戶的認可。

「您好，是需要被子、枕頭還是床組呢？」馮珍珍熱情地上前為剛走進店裡的一對男女介紹。

「我們在這個月準備結婚了，想買一套結婚套組，品質好一點的。」那位女士說出了他們的需求。

「真是個好消息，恭喜你們！你們可算選對地方了，我們產品的品質在業界可是數一數二的。來，您看這邊有一套的布料、款式比較新穎，很

適合新婚小夫妻，你們可以摸看看。」說完，馮珍珍就熟練地打開包裝盒，並把那套床組拿出來攤在樣品床上。接著，馮珍珍又說：「你們看，這款剛好是紅色的，很適合喜慶的氣氛。」

這時女士卻皺了眉頭：「阿姨，我們已經有一套紅色的床組了，全部用紅色的，感覺有點俗。有沒有品質好的，但不是紅色的呢？」

「品質好點的，不是紅色的，適合新婚氣氛的。這邊剛好新進一款布料材質不錯的。來，我先打開來讓你們看看。」說著，馮珍珍就把剛才那一款床組整理好，裝進包裝盒。雖然很麻煩，但在她看來這是自己應該做的。然後，她又從旁邊拿出一款新的，並打開包裝盒，攤在樣品床上。

看得出來，這款客人非常喜歡，不停地用手去感受布料的質感，然後向馮珍珍詢問價格。但是一聽價格她卻有些怯步了：「阿姨，我們的預算沒那麼多，有沒有品質好一點的，不是紅色，並且價位中等的呢？您看……」

聽了這話，馮珍珍感覺很為難。相信這個時候，有人會很不耐煩地發牢騷：想買品質好的，還捨不得花錢？不早說，讓我這麼麻煩，還挑三撿四的！但是經驗老道的馮珍珍知道自己在這個時候應該不急不躁，控制好自己的情緒。冷靜下來後，她突然想到公司之前有推出過的一款產品正好符合小倆口的需求。於是她趕緊給總公司打電話，經過一番努力，終於把剩下的三套給調到了。最後面對來之不易的床組，那位女士拉著馮珍珍的手說：「阿姨，謝謝您！真是太感謝您了！」由於對這次購物很滿意，之後小倆口還為馮珍珍介紹來很多生意呢！

在這裡，我們所說的業務員應該有「好脾氣」，並不意味著業務員應該沒脾氣。面對客戶無中生有的指責或者懷疑時，還是應該理直氣和地表達你的想法。我們強調的是，在與客戶交談過程中，應該適當地控制自己的情緒，不急不躁，自始至終以一種平和的心態和語氣與客戶溝通，即使

受到客戶壞脾氣的影響，也要報之以微笑。這樣，你才能真正打動客戶的心。

以上案例中的馮珍珍就是一位很有經驗的業務員。面對客戶的挑三揀四，她仍舊能夠不急不躁地一遍遍給客戶看樣品，一次次不嫌麻煩地重複整理好，這樣的好脾氣自然會受到客戶的歡迎與信任。反之，如果業務員因為煩躁而抱怨客戶麻煩、吝嗇，那麼這筆生意還能做成嗎？答案不言而喻。

這樣做，就對了

當然，無論是頂尖的業務員還是業績不突出的銷售新人，誰都會有脾氣，脾氣雖然避免不了，但減少發怒的次數以及不隨便發怒卻是可以做到的。想要做到這些，可以從以下幾點做起：

1. 言語暗示，自我控制

很多業務員都是因為一次發怒而丟了訂單。雖然我們也知道遇到這樣的情況，一定不能發脾氣，一定要控制住。但想是這樣想，在面對客戶的指責、拒絕的時候，卻總是做不到。

為了避免這種情況的一再發生，你不妨在自己的辦公桌上寫上一句關於「制怒」的座右銘；在拜訪客戶的時候，在自己所帶的筆記本或者其它自己所能看到的顯眼地方寫上同樣能讓自己平靜下來的座右銘；當然在與客戶進行交流，發生衝突的時候，記得用言語進行暗示，也可以在心中默唸數字，從一唸到十再開口，可以緩解憤怒情緒，達到澆滅心中怒火的目的。

2. 轉移自己注意力的同時，最好也能接受別人的勸告

在日常生活中，我們可以仔細觀察人在發怒時的神態，並且在心底剖析他因發怒所造成的不良後果，作為反面教材，提醒自己不要隨便生氣。當然，面對發怒的客戶時，我們也應該學會轉移自己的注意力，微笑面對，先去做一些讓自己感到愉快的事情，同時最好接受別人善意的提醒與勸告，雙管齊下，以此來調節情緒，不輕易發怒。

攻心tips

有能力沒脾氣的人，春風得意；沒能力有脾氣的人，一事無成。壞脾氣是銷售工作的天敵，俗話說：「和氣生財」嘛。所以我們要在工作與生活中慢慢磨練自己，這樣才能擁有好的業績。我們應該明白，被拒絕、指責就如同家常便飯，我們不應亂發脾氣，反而要時刻保持平常心，這樣才能創造好業績。

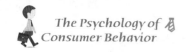

贏得一個客戶，就贏得了250個潛在客戶

如果你贏得了一名客戶的口碑，就等於贏得了250個客戶。所謂「250定律」就是：在每位客戶的背後，都大約站著250個人，包括他的家人、親戚、鄰居、朋友以及同事。如果你贏得了一位客戶的好感，那麼也就意味著贏得了250個人的好感。當然，如果你得罪了一名客戶，那麼他身後的250名顧客都將不願意與你打交道，那麼你也就失去了這250名潛在客戶。要知道，銷售靠的就是客戶的支持，有客戶，業務員才會有業績，公司才會有利潤，才能更好地經營下去。由此，我們可以得出一個結論：在任何情況下，我們都應該維持好與客戶之間的關係，不能得罪任何一位。

一位先生怒氣衝衝地走進某乳製品工廠黃總的辦公室：「你們是什麼公司，你們簡直就是黑心公司！只顧著自己的利益，把我們消費者的權益都放到哪裡去了……」

面對這樣的情況，黃總感到非常莫名其妙，但顧客這樣的失控，心想可能是自己公司的產品哪裡出問題了。於是他趕緊迎上去詢問：「先生，您先別激動，您能告訴我是怎麼回事嗎？」

「我能不激動嗎？！看看你們做的好事！我孫子喝你們公司製造的乳製品時，竟然喝到玻璃碎片！」顧客一邊發火，一邊把一瓶乳製品大力地放在黃總面前的辦公桌上。

黃總一聽，趕緊拉著顧客的手擔心地說：「現在別管產品怎麼樣了，

您孫子有沒有怎麼樣，有沒有受傷，如果喝到玻璃碎片，後果不堪設想。我們是不是趕緊把孩子送到醫院檢查一下。」聽到黃總這樣急切的關心，那位先生的火氣頓時消了不少，但仍舊十分不情願地說：「還好及時發現，要不然真喝下去就麻煩了！」聽了這話，黃總舒了一口氣，並且再三道歉：「先生，真不好意思，我們的產品一向品管很嚴格，這樣的事情還真是從來沒有發生過，我一定會好好調查背後的原因，到時候給您一個滿意的交代。當然，也感謝您替我們發現了問題。我想您還是先帶孩子去醫院檢查一下，一切以孩子的健康為要，檢查費、住院醫療費以及精神損失費您不用擔心，我們一定會負責到底的。」見黃總這樣負責，那位先生也不好意思再說什麼便離開了。

第二天，黃總趕緊帶著禮品到這位客戶家中拜訪，並詢問孩童的情況，得知孩子安然無恙，黃總才放下心。在這之後，黃總每隔一段時間就會打電話或者上門拜訪這位客戶，詢問客戶對產品的意見等，最後他們竟然成為了好朋友，而且，這位先生還給黃總介紹了不少客戶呢！

對公司來說，客戶是公司利潤的泉源；對業務員而言，客戶更是業務員的衣食父母。只有客戶購買了自己推薦的產品，為自己介紹更多的客戶，那麼業務員才能有好業績。

以上的案例中，面對客戶在使用產品中出現問題，很多商家或者業務員總是會相互推諉，甚至推卸責任。在他們看來，產品已經賣出去了，如果我承認產品有問題，那不是自砸招牌嗎？因此大部分都不願意去承擔這份責任。但是，如果商家不懂承擔責任，如何能贏得顧客信任，贏得顧客的二次光臨嗎？答案一定是否定的。相應地，根據「250定律」來說，失去一個顧客，就等於失去了250名潛在顧客，那麼這樣的損失對公司來說一定是巨大的。案例中的黃總並沒有推卸責任，而是以關心客戶、負責到底的精神親自登門拜訪，並徵求客戶對產品的意見、逐步改進等，在讓客

戶滿意的同時，也為自己累積了大量的人脈資源，擴大了潛在客戶圈，有益於公司發展。

🔖 這樣做，就對了

既然人脈資源對於我們來說至關重要，那麼應該如何維持好與客戶之間的關係呢？

1. 以客戶為導向，提供滿足其需求的產品

客戶之所以願意購買你的產品，關鍵就在於產品能夠滿足客戶的需求，讓客戶覺得適合自己，是對自己有利的產品。因此，在推薦產品之前就應該找到客戶的需求。

大多數業務員都是透過察言觀色來找尋客戶的需求，透過觀察客戶的一系列表情、動作、語言等來了解客戶心中的想法。但除此以外，還應想辦法喚起客戶的積極性，讓客戶參與到產品體驗的活動中來。客戶只有對產品有切身的體驗後，才會對產品產生很好的印象並投入自己的感情。

在引導客戶試用產品的時候，還要適時加以引導，多站在客戶的角度詢問客戶的興趣所在，並盡可能展示出符合客戶需求的特性以及特點，滿足他們的心理享受，讓他們有「立即就想擁有」的感受。

2. 與客戶建立朋友關係，提高滿意度

很多業務員認為，與客戶貨款兩清之後銷售活動就此結束了。事實證明：業務員後續的電話聯繫、回訪等，更是提高客戶滿意度的有效途徑。

當然，在進行回訪的時候，最好避開客戶休息以及業務繁忙的時段。一般來說，在節假日回訪是一個不錯的選擇。但節日期間，客戶接收的資

訊比較多，自然回訪效果會打折。因此，除了常規的節日回訪之外，業務員最好考慮選擇一些特殊的日子進行回訪，例如，客戶的生日、客戶喜慶的日子等。

當然，在回訪的時候，還應該注意：了解客戶使用產品的情況，關注他們是否有新的需求，及時發現新的銷售機會；或趁機宣傳、推薦新產品，為實現二次銷售打下堅實的基礎。

攻心tips

喬・吉拉德說：「只要你讓一位客戶不滿意，就會失去250位或更多的客戶。」客戶是公司利潤的來源，失去一個老客戶會給業務員、公司帶來巨大損失，有時甚至開發十個新客戶也難以彌補，且開發新客戶的所需費用是維繫老客戶的五倍之多。試想一下，為什麼你喜歡某些人，而不喜歡另一些人？這就和喜歡向某些人買東西，不喜歡向某些人買東西的理由是一樣的。你要把客戶當朋友對待，要變成他可以信任的好朋友。只要你真誠地對待你的客戶，服務好他，令他滿意，他將會為你帶來250個準客戶的機會，使你的準客戶量源源不斷。

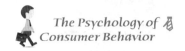

客戶信任你，就會主動找你買

美國有一項調查指出：優秀業務員的業績是普通業務員業績的三百倍。資料中顯示，業績的好壞與長相無關，也與年齡大小無涉，和性格內向還是外向無關。誠信與否才是決勝的關鍵。

我們或許都曾聽過身邊的人在抱怨業務員的「奸詐」，他們當中的大多數人都有過被業務員欺騙的經歷，或者其親朋好友有過被欺騙的經歷，以至於他們一聽到「業務員」就覺得是騙人的。事實上，的確有一些業務員處心積慮地「對付」顧客，他們只顧自己的利益，為了追求一時的銷售額，枉顧客戶的實際需求，慫恿顧客購買超出他們需求的產品，如：「購買一件怎麼夠用呢？我這裡不曾一件一件地賣過呢，別人都是一箱一箱地買，如果您覺得一箱太多的話，那就先買一打吧……」

曾經有一位客戶對原一平說：「我買了幾份保險，我想聽聽你的意見，也許我應該放棄這幾份，然後重新從你那裡買一些更划算的。」

原一平告訴他：「已經買了的保險最好不要放棄。想想看，您在這幾份保險上已經花了不少錢了，而保費是越付越少，好處是越來越多的，若是放棄這幾份保險，其實是非常可惜！」

「如果您覺得必要，」原一平接著說，「我可以就您的需要和您現有的保險合約，特別為您設計一套保險計畫；如果您不需要買更多的保險，我勸您就不要浪費錢。」

原一平自始至終只想著如何誠實地做生意。如果他覺得對方的確應該

再買一些保險，他會坦白地告訴對方，並替他做一個最合適的方案；如果沒必要，他也會直接了當地告訴對方：「您不需要再買保險啦！我看不出您有什麼理由需要買更多的保險！」

正是這種為顧客打算、處處想著顧客利益的心態，使原一平成了創造日本保險界神話的「銷售之神」。

有一些業務人員一見到客戶，就開始介紹產品的性能、價格等，並誇讚自己的產品……結果成交率非常低。這樣的銷售模式是花10％的時間獲得顧客的信任，花20％的時間尋找顧客的需求點，花30％的時間介紹產品，花40％的時間去促成產品的成交。

但是，根據美國紐約銷售聯誼會的統計，71％的人之所以會從業務員那裡購買產品，是因為他們喜歡、信任業務員。所以向顧客推銷產品前要先把自己推銷出去。

現在，我們得把上述的產品銷售模式倒過來，你必須要花40％的時間獲得顧客的信任，花30％的時間尋找顧客的需求點，花20％的時間介紹產品，最後只花10％的時間去促成成交。

這樣的銷售模式是把重心放在顧客身上，是一種以顧客需求為導向，而不是以產品為核心的銷售模式，這樣生意才能做得長久。坑矇拐騙只能混過一時；善用產品的功用可以取得一定的銷售業績；而挖掘和創造需求，幫助顧客解決問題則能使產品暢銷天下。

小劉是某汽車公司的業務員，他沒有特別突出的外型，工作也不過兩年的時間，但是他的銷售業績卻非常讓同事羨慕。那麼作為公司的銷售冠軍，小劉到底是如何贏得客戶，贏得業績的呢？

他的一位忠實客戶王先生是這樣說的：「我看上了××型號的車，但我也同時看了其他競爭車廠的車款。當我在選購之際，其他車廠的業務員都列舉了很多關於這部車的『缺點』，並且建議我購買他推薦的車型。競

爭品牌這種相互『挑刺兒』的行為，我是見怪不怪了！但是當我來到小劉所在的這家分店。沒想到小劉並沒有特別說哪個車款不好，而是很客觀地向我介紹了各車型之間的優勢與劣勢，並且詢問我比較看重、在意哪一點，最後把決定權交給了我。面對這樣的業務員，我自然選擇向他買。而且最讓我感動的是，在交車時，在最後一道檢查程序時，發現新車密封膠條有鬆脫現象，於是在小劉與公司專業人員協助之下，立即為我換了一輛全新的。像這樣講誠信的業務員不多見了，我很樂意做他的忠實客戶。」

另外一位給小劉介紹很多客戶的張女士也說：「我在看車的時候，小劉曾經向我承諾，如果我向他買車，將在交車的時候贈送我車內的裝飾禮包，我感覺很划算，於是就立即訂了車。但是最後因為廠家出貨有期限，在我去領車的時候，裝飾禮包還沒有到店。但是小劉為了兌現自己的承諾，竟然親自出錢購買了同樣品質的車內裝飾，並且為我安裝好。像這樣信守承諾的業務員，我感覺自己沒有理由不信任他。因此，我就將自己那些想買車的朋友介紹給他，當然他們也都很滿意小劉的服務。」

當然，不僅這兩位客戶，只要是與小劉有過往來的客戶，他們都給小劉很高的評價，並十分信任他，而這也就是小劉之所以業績好的主要原因。

以上案例中業務員小劉的做法就是一個最好的例證。在銷售過程中，小劉總是把誠信放在第一，對於自己做出的承諾說到做到，時刻站在客戶的角度上為客戶著想。這樣的業務員，客戶又有什麼理由不信任他呢？這也就是客戶都想主動找他買的關鍵原因。

這樣做，就對了

日本松下幸之助說過：「信用是無形的力量，也是無形的財富。」當

然，更是業務員的護身符。業務員不但要會把產品賣出去，更重要的還要將既有的客戶維護好，只有這樣生意才能做得長久。而做到這些，誠信是根本。那麼在與客戶的溝通過程中，具體應該怎樣做？

1. 誠實表達，讓客戶感覺到你是講信用的人

對於業務員而言，良好的語言表達能力並非是要能說會道，只要你能夠清晰、真誠地表達自己的想法，誠實地講明自己的觀點，同樣能夠獲得客戶的信任。客戶在面對陌生業務員時，都懷有防備心，並對業務員所說的話抱著半信半疑的態度。這個時候，很多業務員因為沒有耐心說服客戶而直接選擇了放棄。但那些優秀的業務員總是能夠透過中肯的話語誠實地表達自己的觀點，從而贏得客戶的信任。

因此，在與客戶溝通時誠摯地表達自己的觀點，做到開誠布公，往往比胡編亂造的花言巧語更能贏得客戶的心。

2. 自己主動坦承產品的缺點

產品的缺點，具體來說主要是指產品沒有品質上的問題，但在競爭中相對於同類產品而言，處於劣勢的產品特點，包括價格貴、耗電大、外形笨重、操作複雜等。但其中這些缺點有的是相對於優點而產生的，有的是可以改變的。對於前者，我們在介紹的時候，不妨輕描淡寫地說出產品的缺點，然後引向產品優點並特別強化；對於後者，則可以透過語言敘述，讓客戶意識到這些缺點無傷大雅，並不會影響產品的正常使用。

主動坦承一些與產品無關緊要的缺點，不僅不會影響到客戶的購買興趣，反而還會讓客戶因為你的坦白，而更加信任你以及產品。

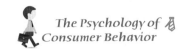

3. 衡量情況,該拒絕就拒絕

在銷售中,很多業務員都比較善於做「老好人」,無論客戶提什麼樣的條件和要求,都是「有求必應」,根本顧不得自己是否能夠做得了主,就先承諾下來再說,至於最後向公司申請或者上司批不批那都與自己無關,推得一乾二淨。而這種「拍腦袋做事,拍胸脯承諾,拍屁股走人」的行為,往往會讓客戶棄你而去。

要想在客戶面前樹立自己的權威,讓客戶成為自己永久的客戶,就要學會巧妙拒絕,勇於和大膽說「不」。對於自己能夠做到的,業務員可以承諾;不確定是否能夠完全做到的,就應該為自己保留一定的彈性;而自己不能做到的,最好不要給予客戶承諾,宜委婉拒絕。這樣,不僅有利於在客戶面前樹立有原則的專業形象,而且還有助於合作的深入和持久。

總之,不能作假,不能作弊,不能欺騙客戶,不能誇大服務,不能給客戶回扣。要想真正得到顧客的信賴,一定要著眼於長期合作,要在盡可能滿足顧客需求的前提下與顧客建立長期合作的關係,勿貪戀眼前的小利而進行不利於顧客的活動。

攻心tips

「人無信不立」,然而信譽是看不見、摸不著的,它主要存在於客戶的心目中,只有客戶心中認為你是值得信任的,你們才會有合作的機會。

誰不想與自己喜歡和信任的人做生意呢?因此,在與客戶打交道時,要儘量替客戶著想,從實際情況出發為客戶服務,讓對方感覺你所談論的事情是對雙方都有利的,你的行為讓對方覺得放心,你能站在對方的立場上考慮問題,可以為對方解決一些難題,同時,給對方一定的時間考慮,這樣,還有什麼生意是談不成的呢?

個人魅力巧經營，業績自然來

「他說話很風趣，因此我很喜歡與他打交道。」

「他提供的建議每次都很實用，所以我都找他買。」

「他的外型很陽光，看起來就很專業，我們都比較信任他。」

是的，相信大家都喜歡與這樣的人來往，客戶也是如此。與那些渾渾噩噩的同行相比，極具魅力的業務員往往能夠吸引更多的客戶主動找上門來。某辦公用品公司業務員小陳與客戶約好第二天上午九點到客戶辦公室洽談產品事宜。誰知，第二天突然公司一位大客戶有緊急狀況要先處理，以致於小陳耽誤到去面見客戶的時間。

他趕緊與客戶聯繫，並且再次約定雙方十點鐘見面。誰知，小陳沒有事先查詢路線及路況，去客戶公司的路上碰巧在施工，無奈小陳只能再通知對方：最遲十一點的時候到達。時間一拖再拖，耽誤了客戶不少時間，客戶自然心中不爽，當即告訴小陳：「你不用過來了，我們決定不買你的產品了。」

儘管客戶這樣義正言辭地拒絕，但是小陳還是在將近十一點的時候趕到了客戶的辦公室。面對還在為遲到這件事怒不可遏的客戶，小陳並沒有先致歉或解釋遲到的原因，而是面帶微笑地說：「您好，我是××辦公用品公司的業務員小陳，剛剛聽說你們拒絕了一位業務員，所以我就馬上趕過來了，相信我們的產品完全能夠讓您滿意。」

話一說完，客戶與辦公室的其他人都忍不住笑了出來。最後客戶說：「是否能夠讓我們滿意，等我們看了再說，先讓我們看看你的產品吧！」

銷售的過程中，由於受到一些客觀原因的影響，業務員難免會遭遇很多銷售危機。正如以上案例，業務員小陳與客戶約見遲到的情況一樣，這個時候就需要業務員能夠發揮自身的「魅力」，來化解危機。案例中小陳就是運用了幽默的藝術，巧妙地化解了客戶的憤怒情緒，並成功地為自己的銷售帶來了轉機。

銷售是一個雙方建立信賴的過程，業務員有個人魅力，那麼勢必就會吸引客戶與之交往，順利成交。可以這樣說，有魅力的業務員才會有市場。

這樣做，就對了

業務員的魅力價值何在？作為一名業務員，最渴望的莫過於親手售出一件件商品，而要想顧客買你的產品，首先你要用你的魅力征服顧客，讓他們喜歡你，愉快地從你那裡買東西。那麼如何能更快、更好地讓自己變得更有魅力呢？

1. 儀表整潔，第一印象很重要

修正儀表永遠是業務員的必修課。當你打點整齊，以一副乾淨、自信的樣貌出現在客戶面前，業務工作就等於成功了一半。即使你不深諳穿衣打扮之道，但也應該力圖讓自己給人整潔、清爽的印象，讓每一個見到你的客戶都喜歡你。

當然，業務員的穿著應該遵循以下幾點原則：

➤與業務的工作相合。無論是西服還是便服均忌奇裝異服和過於花

俏，衣服的穿著要整潔體面，否則無法給人信任感。而打扮得整潔俐落，會令你行動起來顯得有規矩、有精神。

▶ **與年齡、性格相稱**。一般來說，年輕的業務員穿著應該雅緻、樸素，給人敦厚的感覺；中年業務員的服裝顏色和款式應該適當年輕一些。如果衣服過於樸素，則可以搭配別緻的領帶或穿件時髦的襯衣等加以彌補。

▶ **與客戶地位、場合相適應**。在不同的場合會見不同的客戶，穿衣也應該有講究。例如見一些老闆級的大客戶，最好選擇較高級、整齊的服飾；與客戶約在運動場地見面的時候，不應該過於拘謹，適合穿休閒便裝；與普通客戶見面時，也儘量讓自己的穿著與對方不要落差太多。

▶ **服裝及時更換**。對業務員來說，服裝是其推銷產品的工具。根據不同季節起碼應準備三四套，每天輪流更換。經常更換衣服，也會給人耳目一新的新鮮感。

2. 做個有豐富市場資訊、商品知識的人

對於一個有魅力的業務員來說，不但要有良好的個人形象，而且還應該掌握一些必備的銷售知識以及技巧。在客戶需要的時候，能夠提供滿足客戶需求的產品，提供有建設性的意見。例如，客戶買房時，你可以為客戶的房間裝潢、裝飾提供一些建議，客戶購車時，你可以提供一些保養車子的小技巧、常識等，讓客戶感覺你不僅是一位專業的業務員，還能提供他們一些額外的幫助，那麼你很容易就能贏得對方的青睞。

當然，想要成為這樣一個極具經驗、知識的人，一方面要廣泛閱讀各類書籍，培養自己各方面的興趣愛好；另一方面還要在生活、工作中累積經驗，盡其所能地為客戶服務。

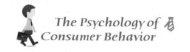

3. 多和優秀的人來往

「近朱者赤，近墨者黑」，要想成為一流的業務員，我們就應該與優秀的人來往。這樣能在無形之中激勵我們成長。

和優秀的人交往，有時會比較累，不僅要時時小心翼翼，而且還應該不時地吸收大量新知識，大量的閱讀，生怕對方會不屑於與我們來往。但這是一種磨練，更是一種成長。更重要的是，從他們身上我們可以學到很多書上沒有的知識，了解他們的成功特質與經驗，從而提高自己的銷售技巧，將更有助於自己的成長。

攻心tips

對於產品和服務具有豐富知識，也是業務員形象魅力的展現，一旦客戶將你視為專業的顧問，便能「化銷售於無形」了。布萊恩·崔西（Brian Tracy）認為，魅力絕對不是一種天賦，只要嘗試當一個稱職的傾聽者，就能讓你顯得很迷人。專注聆聽的人，會注視著對方的眼睛，他們不會打斷別人的談話，會在傾聽過程不斷點頭示意和微笑。能靜下心來聽別人說話，而且不會太過以自我為中心，而這種特質，確實能讓人很舒服，自然就會展現出個人魅力了。

恐懼，都是自己嚇自己而來的

銷售成功的關鍵就在於，藉由與客戶建立良好的關係，從而縮短與客戶的距離，達到消除客戶疑慮的目的。如果業務員不能主動和客戶溝通，勢必喪失成交的機會。但實際銷售中，我們會發現一種有趣的現象：很多業務員在生活中很大膽，很勇敢，甚至敢去高空彈跳、去跳傘，但在開發客戶、與客戶交流的過程中，卻顯得異常緊張，嚴重的時候還會有兩腳發軟、手心冒汗的情況，動不動就想放棄。怎麼會出現這樣的現象？這到底是什麼原因呢？

事實上，不僅是剛入行的新手業務，還是工作多年的業務老鳥都存有這樣的心理障礙，只是程度不同罷了。

對於「怯場」、「放不開」還是「害怕」，不少業務員都很難坦然、輕鬆地面對客戶，而在最後簽合約的緊要關頭突然緊張害怕起來，不少生意就這麼流失了。

范文賓是一位性格比較內向的人，不善於與人交往，而且缺乏與陌生人交往的勇氣，然而他卻非常喜歡業務的工作，還是想要試試看，由於自己剛進入這個行業，沒有什麼經驗以及客戶資源，因此他採用了最笨的銷售方法——哪裡有工地，就去哪裡談生意。經過幾天的奔走，他在郊區發現一處新的建築工地，於是在第二天就趕緊騎摩托車去拜訪。因為這是自己第一次拜訪客戶，范文賓心裡難免忐忑不安。一路上他不安地想著：客戶會怎麼詢問我關於產品的資訊呢？他如果不見我，怎麼辦？會不會直接

把我轟出來……雖然范文賓不斷鼓勵自己，但還是控制不了這種想法在腦海裡不斷閃現。

終於到了建築工地的門口，卻在門口來回地走動，不斷地調整自己，遲遲沒有膽量走進去。持續了大概一個小時，范文賓又獨自一人騎著摩托車回來了。當然，他如釋重負地安慰自己：明天我再進去。可是第二天，他依舊如此，在工地門口轉了半天，還是沒有進去。回去之後，他決定下一次一定進去。第三天，他終於硬著頭皮進去了，但在客戶面前，他卻緊張地連說話都變得吞吞吐吐，對於產品知識也回答得非常含糊，最後被客戶拒絕了。回去的路上，他感覺自己根本不適合做銷售，於是放棄了這份工作。

從以上的例子我們可以看出，有時候與客戶實現成交的最大障礙不是價格，不是競爭，不是客戶的抗拒，而是來自於你內心深處的恐懼感。范文賓因為喜歡銷售，選擇從事了業務的工作，但最終還是因為他膽怯、害怕拒絕等心理障礙的糾結，而放棄了這項工作。

這樣做，就對了

可見，心理障礙對業務工作的影響是這樣的大。但這並不意味著這種心理障礙無法戰勝、克服。以下筆者提供幾種消除這種心理障礙的訓練方法：

1. 敢於在很多人面前說話

對於業務員，尤其是新入行的業務員來說，一見到客戶就會感到莫名的緊張，舌頭打結，甚至說不出話來。但是銷售是一項特殊的工作，就是必須每天與陌生客戶見面、交流，如果做不到這些，你又怎樣能賣出產品

呢？所以，敢於在很多人面前說話是你實現成交的最基本技能。而這裡所說的很多人，也就是至少在二十人以上的大眾。如果你可以詳細而有感情地敘述一件事，這對於提高你的表達能力是十分有幫助的。

2. 勇於挑戰，鍛鍊勇氣

刻意去挑戰推銷那些不可能銷售出去的產品，這對業務員來說是一項很嚴峻的考驗。他們銷售的主要內容往往匪夷所思，比如把梳子賣給和尚，把冰賣給愛斯基摩人，……等這些乍看根本不可能完成，但對於不怕人群、不怕生、正面積極的業務員來說，卻不是件困難的事。

因此，業務員平時可以多為自己的銷售設定一些障礙與挑戰，提升自己與人交往的膽識與磨練，這樣才能進步得更快。

業績是與推銷次數成正比，持續有業績的最好方法是「逐戶推銷」，推銷的原則在於「每戶必訪」。但是，並不是每一個業務員都能做到這一點。當人們在面對比自己更有能力、比自己更富有、比自己更有本領的人，產生自卑感，而把「每戶必訪」的原則變為「視戶而訪」。他們甩開的都是什麼樣的客戶呢？就是在心理上要躲開那些令人望而生畏的門戶，而只去敲易於接近的客戶的門。這種心理正是使「每戶必訪」的原則徹底崩壞的元兇。

莎士比亞說：「如此猶豫不決，前思後想的心理就是對自己的背叛，一個人如若懼怕『試試看』的話，他就掌握不了自己的一生。」

因此，遇到難訪客戶不繞行、不逃避，挨家挨戶地銷售，若能戰勝自己的畏懼心理，你的業務員前景一定會一片光明。

3. 增強自信，自我激勵

若洽談不幸失敗時，不妨換個角度思考問題：銷售的目的是為了自我

價值的實現，前提是滿足客戶的需要、為客戶帶來利益和價值。如果客戶不需要，自然有拒絕的權利；如果客戶需要卻不願意購買，那業務員也不要氣餒，你可以借此機會了解客戶不購買的原因，這對以後的銷售有很大的借鑒意義。

除此之外，你還可以硬性規定自己要拜訪多少客戶來激勵自己。例如，依據自己的能力，每天安排拜訪一定數量的客戶以及其他任務，還可以為自己設計一套獎懲措施，從而達到更好激勵自我的效果。

4. 克服怯場心理

從打電話約見面開始，一直到令客戶滿意地簽下合約，這條路充滿著許多考驗。沒有人喜歡被趕走，沒有人願意吃閉門羹，沒有人喜歡當「不靈光」的失意人。

有些業務員，在與客戶洽談的過程中，目標明確、手段靈活，直至簽約前都一路順遂，結果在關鍵時刻卻失去了引導、要求客戶簽約的勇氣。

你會突然產生這種恐懼嗎？這其實是害怕自己犯錯，害怕被客戶發覺錯誤，害怕丟掉渴望已久的訂單。一旦恐懼心理占上風，所有致力於目標的專注心志就會潰散無蹤。

怯場的心理會讓業務員的心情大改。前幾分鐘他還信心滿滿，情緒高昂，但現在卻立即變得毫無把握，信心全無。這種情況，通常都是以丟了客戶收場。因為客戶在感覺到業務員的不穩定心緒後，會借機提出某種異議，或乾脆拒絕這筆生意。

那麼，怎麼做才能克服自己的怯場心理呢？就是要靠內心的自我調節，這種自我調節要基於以下考慮：就好像業務員的商品能夠解決客戶的問題一樣，優秀的業務員應該能說服客戶做出正確的決定。

業務員其實是個幫助人的角色──那你有什麼好害怕的呢？簽訂合約

這個結果，不能被視為是你的勝利，或是客戶的失敗，反過來也是一樣，無所謂勝或敗，反倒是雙方都希望達到的一個共同目標，而業務員和客戶也不是對立的南北兩極。

請你想像一下這個畫面：你牽著客戶的手，和他一起走向簽約之路，帶他去簽約。客戶會覺得你親切體貼，而他的感激正是對你最好的鼓舞！在途中，客戶幾乎連路都不用找，只顧著欣賞你帶他走過的美妙風景，而你是親切體貼地一路為他指引解說。欣賞完之後，客戶會自動與你簽約並滿懷感激地向你道別。因為，達到目的也是他一心嚮往的，何況這趟郊遊之旅又是如此美妙！

為什麼要為你描述這麼一幅美好與和諧的圖像？因為，只要你把它轉化到內心深處，就能夠毫無畏懼地和客戶周旋。

要想克服怯場心理，你只要認定你在整個事件中扮演嚮導的角色就可以了。只有你知道帶客戶走哪一條路最好。而在你們到達目的地時，你要適時說聲：「我們到了！」在途中，你的角色是盡可能地去協助客戶滿足他的需求，所以他會感激你對他的協助。

當你的內心浮上這樣一幅正面的、無憂無懼的圖像，才會被你的潛意識高高興興地接納吸收，並且加以強化。而你這位伸出援助之手的人，自然不會害怕面對客戶，一定是信心十足地請客戶做決定──拿到你的合約。

攻心tips

　　很多的事情並沒有我們想像的那麼糟糕。所以不要抱著「放大鏡」的心態去看待，否則，恐懼也將隨之被放大。對事物理性的分析和理解有助於我們規避風險、收穫成功。比如，也許這個客戶不會將我們轟出來呢，也許他今天心情很好，願意和我們交談呢，或許他就是看我們順眼，喜歡和我們聊一聊。把我們轟出來，不過是又回到原點，我們有什麼損失嗎？

　　不能克服恐懼去拜訪新的客戶，業績就不會有新突破；不能克服恐懼去拜訪那些很難打交道的客戶，就無法戰勝競爭對手，獲得忠實大客戶的機會；行動是減少恐懼和建立自信的最好方式。請丟掉你的恐懼心理，付出努力，勇敢地去爭取吧！

再多的拒絕都打不倒我

　　著名的業務員訓練之父雷達曼曾說：「任何形式的推銷，都是從被拒絕開始的，沒有經歷過被拒絕，就不是真正意義上的推銷。」的確，沒有拒絕，沒有嘗試，就不會有成功。

　　被客戶拒絕是業務員一定會遇到的銷售窘境。據統計，業務員一次就銷售成功的機率不到8%。對大多數業務員來說，被客戶拒絕往往意味著為成交而投入的心血以及說服工作將付諸東流。而這也是導致很多業務員最終選擇放棄這一職業的最大原因。而那一些雖然沒有放棄，但由於對被拒絕缺乏正確的認識及應對決策，而展現出一付失敗者的樣子，一旦聽到客戶說「不」，整個人就像洩了氣的皮球似的。即使是很有經驗的資深業務在面對客戶的拒絕，也還是會受影響，時常懷疑自己的銷售能力。

　　若是沒辦法正面看待「拒絕」，工作的幹勁可能瞬間消失殆盡。

　　其實，業務銷售就是一項與「拒絕」作戰的工作，只有與「拒絕」打交道並且戰勝拒絕的人，才稱得上是銷售高手。當然，對客戶來說，客戶雖然拒絕你的產品，但並不代表他就沒有購買的欲望，事實上是正好相反，客戶的拒絕也正是成交的開始。很多客戶雖然嘴裡一直表示拒絕，但對商品卻表現出愛不釋手、欲購不能的樣子，這也正是他們想要成交的信號，也是一種成交的前奏。只要你能夠成功地化解他們拒絕的理由，成交往往就水到渠成。

　　辦公用品業務員小蘭剛剛到職兩個月，就吃了不少客戶的閉門羹。但

最近她鎖定一位大客戶，這位客戶的公司一直以來都對這方面的產品有大量需求，而且這家公司的長期合作夥伴因為經營不善已經歇業了，可以說現在正是拉攏這個大客戶的大好時機。

據了解，該公司的銷售主管下午三點之後就會離開公司，為人平易近人，但最不喜歡浪費時間。小蘭根據那位主管的情況做好了充分的準備。當然她還不忘準備一些突發情況的應對對策，好讓洽談能更順暢。

萬事俱備之後，小蘭卻遲遲沒敢給客戶打電話，她害怕客戶直接拒絕她。這天上午八點半，小蘭拿起了電話，心想萬一客戶遇到塞車，心情不好直接拒絕了怎麼辦？於是她準備等到九點。但九點一到，她又猶豫了：萬一客戶正在開會怎麼辦？萬一客戶正忙著處理資料怎麼辦⋯⋯就這樣，她一直等到了十一點。但是心裡還一直猶豫不決，會不會客戶去吃飯了？就這樣她再一次放下了電話。

中午吃飯的時候，老同事王傑彷彿看出了她的心思，於是和小蘭分享自己當初的「奮鬥歷程」以及在遭遇拒絕之後戰勝矛盾心理的經驗分享。而且還不忘告訴小蘭：要勇於戰勝被拒絕的恐懼，才能獲得成功。當即，小蘭就決定，一定要趕在下午客戶離開公司之前致電。

雖然在拿起電話時小蘭心裡還是會暗自揣測，但這次她的決心比較堅定。電話接通之後，小蘭雖然有比較緊張，但還好自己準備得很充分，對於客戶的詢問，自己也給出了比較滿意的答案，最後客戶表示很感興趣，並主動要求見面詳談。

當然，最後在與雙方詳談之後，雙方簽訂了一份合作協定。而且漸漸地，小蘭再也不懼怕客戶的拒絕，反而還很享受被拒之後的成功，業績也日漸攀升。

在業務銷售中，被拒絕可以說是家常便飯。優秀的業務員之所以取得了成功，關鍵就在於能夠正面且坦然地面對客戶的拒絕，化拒絕為成交。

其實，拒絕就是一扇虛掩的門，表面上看是關著的，但是只要你敢於嘗試，不怕失敗，那麼推開這扇門對於你來說真的是別有洞天。

這樣做，就對了

越是害怕失敗，就越會失敗。客戶的冷漠和拒絕並不會因為你的恐懼而減少，反而會增加雙方之間溝通的難度。但只要你能像案例中的小蘭一樣，敢於推開拒絕的那扇門，那麼成功終究屬於你。

1. 克服被拒絕，你就成功了

業務員麥克是一位非常上進的年輕人，雖然做業務的時間並不久，也遭遇過無數次的拒絕，但他卻很享受這種拒絕。在他看來，被客戶拒絕對自己是一種挑戰，更是一種心態的磨練，這樣可以讓他變得更加成熟。但是他的同事哈利卻並不這麼認為，在哈利看來，被客戶拒絕是一件很丟臉的事情，對他來說是很大的心理障礙。

一次，哈利去拜訪一位大百貨商場的老闆，老闆以有固定配合的供應商為由幾次拒絕了哈利，這讓哈利很挫折。儘管自己仍有幾次來到了客戶的門口，但是由於害怕被拒絕，連客戶門都沒有進，就直接離開了。當然，這樣難談的客戶卻讓麥克非常感興趣。雖然麥克同樣也遭到了客戶的幾次拒絕，但是麥克並沒有放棄，而是饒有興致地玩起了「攻堅戰」。

一天上午，他來拜訪客戶，客戶照例給他吃閉門羹，無奈之下他遞給商場員工一張紙條請對方轉給老闆，上面寫著：「我希望您能給我十分鐘的時間，為商場的經營問題提一些建議。」當然，最後他被請進了老闆辦公室，與老闆談論起了關於經營方面的問題，雙方聊得十分愉快。突然，麥克告訴老闆：「對不起，十分鐘時間到了，就不耽誤您時間，有時間我

們再聊。」並作勢要離開。意猶未盡的老闆聽得正起勁，急著拉住他坐下來聊，並表示想看看他帶來的新產品，麥克拿出了一款可錄音的布偶娃娃，並做了精彩、吸引人的介紹，最後商場老闆很滿意地訂購了一大批貨。生意也就這樣做成了。於是一步步地，麥克獲得了公司的「新人銷售冠軍獎」，而哈利最後卻因為業績始終做不起來而被公司辭退了。

很多業務員只是被客戶拒絕一次、兩次便沮喪不振，與客戶見面甚至還雙腿發軟、手心冒汗。而這種恐懼被心理專家稱之為「銷售訪前心理障礙症」。若是不能有效克服，是根本無法贏得客戶的青睞，取得成功。

在面對客戶拒絕時，很多業務員總是會為自己不能戰勝拒絕而找一大堆藉口，比如「沒有人鼓勵我」、「今天客戶的心情不好」、「今天自己運氣不好」等，其實這些都是為了逃避找的藉口而已。事實上，越是不敢直接面對客戶的拒絕，你就越容易被拒絕打倒。

既然被客戶拒絕是不可避免的，那麼我們就更應該樂觀面對，把拒絕看做通向成功必走的臺階，每踏上一步，就離成功更近一步。

2. 洞悉客戶拒絕的原因

想要推開阻擋我們走向成功的這扇拒絕之門，就應該從客戶的拒絕中找到真實原因，以便我們更好地掌握應對客戶拒絕的方法。

具體來說，客戶拒絕我們的主要原因以及應對策略如下：

➤ 沒有需要，業務員應該從側面激發客戶對產品的需求。

➤ 客戶對你以及產品存有疑慮，就拿出一些事實證據，例如能證明自己身分的資料、產品所獲得的獎項等或者用熱忱來關心、感動客戶，從而征服對方。

➤ 客戶表示沒有時間，則你可以耐心等待，或者與客戶約定下次見面時間再次拜訪。

➤ 客戶表示沒有錢，經常與客戶保持聯繫，等待客戶有需要時，就會立即想到你。

此外，客戶的拒絕藉口有很多，他們以各種理由來拒絕你，往往說明他們有購買的欲望，只是有一點小小的不滿意，只要你能夠解決客戶的這些異議，那麼成交的可能性就會很大。

3. 抓住拒絕背後的機遇

心理學家指出，當人們想要拒絕你的時候，一般都會採取比較溫和，不傷害到對方的方式來進行。這也是客戶總是會尋找很多藉口拒絕業務員的主要原因。這個時候，如果急於化解客戶的異議，反而越會引起對方的猜疑心。

相反地，有經驗的業務員並不急於一時的成敗，而是冷靜下來，仔細分析客戶的拒絕理由，尋找突破口，從而為自己創造成交的良機。因為他們明白，拒絕很有可能是客戶的一種自我保護心理，有時候冷靜下來分析對策，適當地沉默以及長期的堅持和真誠，也能夠打動客戶的心。

因此，面對被拒絕的時候，一定保持冷靜，這樣才能為找到更好的成交良機奠定下基礎。在遭遇客戶的拒絕後，更不必把自己定位成一個失敗者，也不要過多地考慮客戶以後會怎樣拒絕你，而是應該認真去想要如何才能消除客戶的拒絕。

更重要的是，業務員還應該堅信一點：面對客戶的拒絕，你完全可以透過展現個人良好的形象、利用產品知識以及銷售技能來讓客戶購買到合適的產品等。同樣地，你自己的必勝信念越是勇敢、堅定，那麼你所遭遇的銷售失敗就會越少，業績自然也會提升得更快。

攻心tips

　　當我們遭遇拒絕的時候，應該用樂觀積極的心態來看待一切。銷售業界還有一句話是這樣說的：「當你被一百個人拒絕後，你就成功了。」其實，這並非是真理，而是一種越挫越勇、積極進取的自我暗示。

　　當我們被客戶拒絕了，不妨提醒自己「失敗越多，成功也就離我們越近」，把客戶的拒絕看做是成功的踏腳石，每踏上一步，就離成功更近一步。這樣，我們就會看淡拒絕，時刻保持銷售的熱情，勇往直前地再次迎接挑戰，直到走向成功。

做生意不挑人，
沒有誰是可忽略的客戶

在銷售的世界裡，「所有客戶一律平等」，假若歧視或忽略自認為不重要的顧客，損害的必定是業務員或公司的利益。

英國國家健康服務機構曾制定了一份「顧客規章」，該規章明確規定了「對任何顧客一視同仁，不可慢待自認為不重要的顧客」，這表明該機構對顧客權利和期望的重視，訴求顧客沒有什麼重要與不重要之分。

在現代行銷中，消費者逐漸變得越來越缺乏耐心，各個行業都面臨越來越多的顧客需求。沒有人會希望自己被當作「不重要的顧客」，更不希望自己得到的服務是被打折扣的，如果疏於服務、待慢了客戶，損失的一定是業務員及其公司。

據資料記載，美國一家大型運輸公司對其流失的顧客進行了成本分析。該公司有6.4萬名客戶，今年由於服務品質問題，該公司喪失了5％的顧客，也就是有3200（6.4萬×5％）個顧客流失。平均每流失一個顧客，營業收入就損失4萬美元，相當於公司一共損失了1.28億（3200×40000）美元的營業收入。假如公司的贏利率為10％，那這一年公司就損失了1280萬（1.28億×10％）美元的利潤，而隨著時間的推移，公司的損失會更大。

某車商的業務員洪小萍，一向不以貌取人、不挑人做生意。一天，一位腳穿藍白拖鞋、身穿汗衫的中年人走進店裡來，其他業務員都還沒注意到他，眼尖的洪小萍立即迎向笑臉，熱情招呼，一問之下，原來是一位家

中已有賓士車的工程公司老闆，他想買第二部車，用來做為往來工地的專用車。結果，不以貌取人的她取得了生平第一張百萬訂單。

這樣做，就對了

人不可貌相，從表面印象很容易看走眼。尤其在鄉下，穿著越普通，成交率可能更高。業務員不能單憑客戶的外表穿著，來判斷要給客戶何等待遇或商品，但一旦客戶發現自己是不被重視的，就等於踩到客戶的地雷——自尊心受挫，就算你想挽回，對方鐵定讓你吃閉門羹。

面對顧客的流失，你或許會不以為然，但是根據統計，要獲取一名新顧客的成本是保留一個老顧客的五倍，而且一個不滿意的顧客平均會影響五個人，依此類推，你每失去一個顧客，意味著失去了該客戶身邊的潛在客戶，其口碑效應的影響是巨大的。你能說哪個顧客不重要？

筆者認識很多頂尖業務高手，他們各有各的特質，有些憑著好口才，幫他們賺進百萬業績，有些靠著親和力，客戶把他們當成是「自己人」，自然業績源源不斷，而他們的共通特質是——「不勢利眼」、「不大小眼」，也因此贏得客戶欣賞和信任。

只用眼睛看，沒有心，很容易看走眼，最後吃虧的還是自己，所以，請改變以外表看人的壞習慣，也許你會發現——

負責公司清潔的阿桑，原來是主管的遠親。

菜市場裡賣菜的阿姨，居然有能力捐四五百萬來蓋學校。

今天來店裡買東西的「奧客」，沒想到是總公司派來的稽查人員。

所以不要被外表所迷惑，更不要大小眼，很多有錢人與田僑仔，就是一身樸實騎腳踏車，看似毫不起眼，其背後的財富與實力根本令你難以想像。統計資料指出，四分之三的顧客會因為業務員的漫不經心、不夠禮貌

或者粗野的態度而放棄交易。而且，這些不高興的顧客會與10～20個人談論他們不愉快的經歷。有趣的是，大多數顧客都不會當面對你表達他們的不滿，只是下次就不會選擇再和你做生意而已。

大顧客購買量大，利潤也多，業務員都喜歡和他們打交道，拚命地巴結他們、奉承他們。而對於自認為不重要的小顧客，有些業務員就意興闌珊，採取冷淡或被動地慢待他們，這是銷售的最大禁忌。

業務員應該認識到，你和你所代表的公司的前途取決於顧客的態度。你的薪水來自顧客，而不是來自你為之服務的公司，每一個顧客都是你的衣食父母，請用心服務他們，給他愉快的購物經驗，下一次他們還是會找你。

攻心tips

做業務最怕替客人算命！大業務也是由小業務累積而成的，許多的大客戶在一開始的時候，也是從小規模做起的，如果我們婉拒或者不重視這個小小的案子，很可能我們就因此失去一個好客戶，甚至錯失往後更多或更大的合作機會。所以不要光看客戶的外表或客戶一時的業務量來決定你要不要做這個生意，重視每一個客戶，才是生意做得長久的關鍵，做出好的口碑，才能累積下一次的交易機會。「傻傻的做」才能為你贏得更多成交機會。

氣氛好，感覺對了，溝通的效果才會好

在與客戶洽談的時候，氣氛是相當重要的，它關係到成交的成敗。只有當業務員與顧客之間互動良好，才能在和諧的洽談氣氛中賣出商品。

那麼怎樣才能創造融洽的氣氛呢？要注意的地方很多，比如時間、地點、場合、環境等等。但最重要的一點是：身為業務員的你應當處處為顧客著想。

沒什麼經驗的新手業務員在向顧客介紹產品時，往往不願多花時間去傾聽顧客的想法，甚至自以為是地老想在言語上征服顧客，而這樣的爭論又常常會演變成爭吵，一筆可能成交的訂單往往就這樣告吹了。

要知道，如果你一直聚焦在要在言語上擊敗客戶、佔上風，同時你也就失去了達成交易的機會。殘酷的現實是，客戶若是在爭論中輸給了你，也就沒有興趣購買你的產品了。

沒有人會喜歡那些自以為是的人，當然更不會喜歡那些自以為是的業務員。那些喜歡和客戶爭論的業務員可能忘記了一條規則：當某個人不願意被別人說服的時候，任何人也說服不了他，更何況是要他掏腰包。

這樣做，就對了

要改變顧客的某些看法，首先必須使顧客意識到改變看法的必要性，

讓顧客知道你的建議是在為他著想，為他的利益設想。改變顧客的看法，要透過間接的方法，而不應該直接或強勢地去影響他。你要使顧客覺得是他們自己在改變自己的看法，而不是其他人或外部因素強迫他們改變。

在與客戶溝通時，你要避免討論那些有分歧意見的問題，反而要先著重強調雙方看法一致的部分，並儘量縮小你們的分歧，讓顧客意識到你同意他的看法，理解他提出的觀點。這樣，你們才會有共同的話題，洽談的氣氛才會融洽。

你應當儘量贊同顧客的看法。因為你越認同顧客的看法，他對你的印象就越好，洽談的氣氛就對你越有利。如果你是真心替顧客設想，顧客也就比較容易接受你的建議。有時候必要的妥協有助於彼此互相遷就，有助於加強雙方的聯繫。

在與客戶溝通時即使在不利的情況下，你也應該努力保持鎮靜。當顧客說你向他銷售的是對他無用的商品時，你應當友好地對他笑一笑，並且說：「沒有用處的？我怎麼會向你推薦那些東西呢？特別是我怎麼能向您這樣精明的顧客推薦那些東西呢？我怎麼會向您開那樣的玩笑呢？」

有時候，洽談會出現僵局，雙方都堅持己見，相持不下。這時就要設法緩和氣氛，或者改變話題，甚至先中斷話題，再找合適機會再進行。總之，絕不在氣氛不佳的情況下與客戶溝通、介紹產品。因為客戶不會只因你的產品有效果就決定購買，更微妙的感覺好不好，過程開不開心更是「買不買」的決定關鍵。

人是在無意識中受氣氛支配的，其方法是等顧客多起來後，運用獨特的語言向人們發起進攻，讓人覺得如失去這次機會，就不可能在如此優越的條件下買到如此好的東西，抱有此種觀點的顧客事後都發現「感覺那時沒買，就對不起自己，所以糊裡糊塗地就買了」。

在空間上和客戶站在同一個高度是令氣氛融洽很有效的一個方法，所

以記得和客戶見面時，常常要說：「對不起，能否借把椅子坐？」若不是有什麼特別的考量，通常對方是不會拒絕你的。如一邊說著「科長前幾天談到的那件事……」一邊慢慢地靠近對方，這樣你就和客戶進入了同等的「勢力範圍」，這樣做既能從共同的方向一起看資料，又能形成親密氣氛。不久，顧客本人也會較快意識到雙方的親密感。

　　空間上的恰當位置是促進人與人之間關係密切的輔助手段，是非常推薦業務員運用的方法。如果你還能進一步讓客戶感覺到你是真心喜歡他們，重視他們，那麼你的銷售將無往不利。

攻心tips

　　多多善用笑臉可營造融洽的交談氣氛，此外時時讚美、聊聊家常、吃頓便飯這三種方法，也是業務員們常用的。而最忌諱的是一見面就問他：「你要不要買……？」這樣反而會讓他對你產生反感，所以你不要讓顧客一開始就把你當業務員，先和客戶聊他感興趣的話題及嗜好，關心對方關心的事；欣賞對方欣賞的事，就能營造一種良好的交談氣氛。其實，只要你真誠地、關切地和對方談論他關心的問題，給客戶最好的感覺，接下來的產品介紹、促成交易就會非常自然、順利了。

滿足顧客喜歡被讚美的心理

比恩・崔西是美國一位業務高手，他的銷售祕訣就是：非常善於讚美顧客嘴巴很甜。

一次，他遇到了一位非常有氣質的女士。那時候，比恩・崔西一開始就運用讚美這個法寶，但那位女士一聽到崔西是業務員時，立即很冷淡地說：「我知道你們這些業務員很會奉承人，專挑好聽的說，不過，我不會受騙的，你還是節省點力氣吧。」

比恩・崔西微笑著說：「是的，您說得很對，我們做業務的是專挑那些好聽的詞來講，把人哄得團團轉，像您這樣的顧客我還是很少遇到，特別是有自己的主見，從來不會輕易被人操控。」

這時，女士冷漠的臉才漸漸放鬆。她問了崔西很多問題，崔西都回答得有條有理。最後，崔西開始讚美道：「和您聊了這幾分鐘，我發覺您頭腦聰明又靈活，而您的冷靜又襯托出您的不凡氣質。」

女士聽了笑顏逐開，心情大好的她很爽快地就訂了一套書籍。

隨著銷售圖書經驗的日漸豐富，比恩・崔西總結了一條人性定律：沒有人不愛被讚美，只有不會讚美別人的人。

一天，比恩・崔西到某家公司銷售圖書，辦公室裡的員工選了很多書，正準備要付錢，忽然走進來一個人說：「這些書沒什麼特別，到處都有，沒必要花錢買吧？」

這時崔西正準備回他一個笑臉，那個人立即嗆說：「你別想向我推

銷，我肯定不會買也不想買。」

「您說得很對，您怎麼會需要這些書呢？明眼人一下子都能看得出來，您是學識豐富的人，很有文化素養，要是您有弟弟或者妹妹，他們一定會以您為榮為傲的吧。」崔西始終掛著笑臉不急不徐地說。

「你怎麼知道我有弟弟妹妹的？」那位先生開始有點回應了。

崔西回答：「因為我一眼見到您，就覺得您有一種大哥的風範，我想，誰要是有您這樣的哥哥，那真是有福氣啊！」

接下來，那個人就開始以老大哥的語氣在說話，崔西更是表現得像對大哥那樣尊敬地讚美著，兩人聊了十多分鐘。最後，那位先生以捧崔西這位兄弟的場，為他自己的親弟弟選購了五套書。

人是感性左右理性的動物。要改變一個人，最有效的方式是，傳遞信心，轉移情緒。而要想迅速控制一個人的感性，最快又有效的方法就是恰如其分的讚美，運用讚美來取得對方的好感和信任。

客戶之所以購買東西，除了滿足日常的物質所需之外，也是對自身精神需求的滿足。像是有很多年輕女性喜歡週末去逛逛街，到百貨公司瘋狂購物，其實她們買的東西不一定都很實用或是真正需要的，而只是想透過購物來排解壓力，獲得一種心理上的放鬆。如果在購買過程中，不斷地聽到銷售員讚美自己的相貌、身材、氣質、風度、職業等，內心就會得到極大的滿足，一掃累積許久的壞心情，就會買得更開心。

卡耐基曾分享過這樣一個故事：

「有一次，我到郵局去寄一封掛號信，人很多，排著長長的人龍。我發現那位負責掛號信的職員對自己的工作很不耐煩——收信件、賣郵票、找零錢、寫發票。我想，可能是他今天碰到了什麼不愉快的事情，天天做著單調重複的工作，他肯定早就膩了。那時，我對自己說：『我想要讓這位仁兄喜歡我。顯然，要使他喜歡我，我必須說一些令他高興的話。』所

以我就問自己：『他有什麼值得我欣賞的？』我稍加用心觀察他，立即就在他身上看到了我非常欣賞的一點。因此，當他為我服務的時候，我很真誠地說：『我真希望也有您這樣的頭髮。』他抬起頭，有點驚訝，面帶微笑說：『不像以前那麼好看了。』我肯定地對他說：「雖然您的頭髮失去了一點點光澤，但仍然很好看。」他高興極了。我們愉快地聊了起來，最後，他頗為自豪地說：『有相當多的人稱讚過我的頭髮哩！』我敢打賭，這位仁兄當天在回家的路上一定會哼著歌，他回家以後，一定會跟他的太太提到這件事，或是對著鏡子說：『這的確是一頭美麗的頭髮。』想到這些，我也非常高興。」

這樣做，就對了

讚美是一切人際溝通的開始。對於業務員來說，讚美他人是必須的訓練。

讚美和欣賞是一種肯定、認同，學會讚美和欣賞你的顧客，會使你更容易建立或維持與顧客的關係。如何讚美你的顧客呢？如何以恰當的方式向顧客表達出你的讚美和欣賞呢？

讚美顧客的目的是要消除與顧客之間的隔閡，使銷售溝通擁有和諧的氛圍，贏得顧客的信任。讚美不一定要用語言來表達，目光、微笑或者手勢等都可以表達出對顧客的讚美之情。

業務員對顧客的讚美之辭越詳細具體，說明他（她）越了解顧客，越看重顧客的優點。當顧客感受到業務員的親切、真誠和可信時，自然會縮短自己與業務員的心理距離。

讚美一定要真誠，要發自內心、實事求是、有所憑據，這樣才會讓人樂於接受。如果你的讚美並不是出於真心或者沒有基於事實，就很難令顧

客相信，顧客甚至會認為你是在嘲諷他。當你與客戶一見面時就要讚美對方，所以，你要練習如何在最短的時間內找出客戶更多的優點。你可以讚美客戶身上確實存在的優點與特質、你欣賞他的地方、或對方希望你欣賞的地方，像是他換了新髮型、新手機……等。從頭到腳都可以讚美，並一定要很真誠地告訴對方你的感覺，讓他感受到你的真心。

讚美不應是千篇一律的，對不同的物件應採取不同的讚美方式和語氣。如對待德高望重的長者，讚美時應尊重；對待年輕人，讚美時可稍誇張；對思維敏捷的人，讚美時要直截了當。

在運用讚美的技巧時，時機的選擇也很重要；否則，顧客感受不到你的真誠，再動人的讚美之辭也會被顧客當成是虛偽的奉承話。顧客會對你產生不信任感，你和顧客之間的距離也會逐漸增大。就算顧客一時間被你的讚美迷惑，你們的談話也會與銷售話題相差甚遠，對於你的業績是沒有幫助的。

攻心tips

　　每個人都喜歡被讚美，比如誇自己聰明、羨慕自己漂亮、說自己身材苗條、讚美自己文章寫得好……等等。聽到這樣的話，不管屬實與否，聽者的內心都會泛出掩飾不住的喜悅，甚至忍不住偷笑幾聲。這就是人們喜歡被恭維的心理。因此如果你能恰如其分地讚美你的客戶，滿足他們想被恭維的心理，他們就會很高興地購買你的產品。而讓人產生優越感最有效的方法就是對他感到自傲的事情加以讚美。若客戶的優越感得到滿足，初次見面的警戒心就會消失，彼此距離就拉近許多。

墨菲定律──
業績再差也應該保持活力

生活中，我們總是希望能夠事事一帆風順，期盼自己的事業能夠一片坦途、毫無挫折。但計畫總趕不上變化，因為生活中的很多困難與挫折也不是你想避開就能避開的。如果我們因為害怕這些挫折而不敢正視它們，那最終的結果就是我們將會被輕易擊倒。就好比你不小心在浴室打破玻璃罐，儘管你已經仔細檢查和沖刷乾淨，也暫時不敢光著腳走路，等過了一段時間確定沒有危險之虞，不幸的事還是照樣發生，你還是被碎玻璃弄傷了腳。這種現象就被稱為「墨菲定律」（Murphy's Law）。用通俗的語言來說，事情如果有變壞的可能，不管這種可能性有多小，它總會發生。「墨菲定律」告訴我們，容易犯錯誤是人類與生俱來的弱點，不論科技多發達，事故還是有發生的可能。所以，我們在事前應該是盡可能想得周到、全面一些，如果真的發生不幸或者損失，就微笑面對吧，關鍵在於總結所犯的錯誤，而不是企圖掩蓋它。

銷售過程中的困難與挫折又何嘗不是如此呢？你越加害怕困難與挫折的出現，它們還是存在的，也就是說它們必定會出現，你的擔心完全是多餘的。所以，我們不應該害怕，而是要選擇坦然面對它們，具備鍥而不捨的精神與幹勁。

趙建宇大學畢業之後選擇從事保險業。初入保險行業，他對這份工作充滿了幹勁，而且每天他都堅持拜訪五名陌生的客戶。雖然他是這樣的勤奮，但兩個月下來，卻一筆生意都沒談成。而且在這個過程中，他吃了很

多苦頭，承受了許多客戶的冷眼相對，但他並沒有放棄，而是依舊堅持完成自己每天訂立的目標。

一天，他去拜訪一位建築公司的老闆。儘管這位老闆多次拒絕過他，但是他並沒有直接放棄，而是每週都過來給對方一個親切的問候。又是一個週一的上午，他來拜訪這位老闆，恰巧老闆正在工地視察。於是，趙建宇二話沒說，直接跑到工地，當時剛下過雨，建築工地泥濘不堪，連計程車都不願意進去，於是趙建宇立即下車踩著兩腳泥親自走了進去。就這樣，他始終堅持著。「皇天不負有心人」，這張訂單就這樣讓他拿下來了。

做成了一筆生意，趙建宇的工作幹勁又更來勁了。那段日子，他每天早上六點就出門，在完成自己的目標後，差不多十點鐘左右才回到家。堅持了半年之後，他的努力終於出現成效了。客戶資源越來越多，業務量也不斷攀升。就連公司的老闆、同事都為他工作的幹勁所激勵，整個保險公司人人都活力十足，公司的業務量也得到了顯著提升。

案例中的保險業務員趙建宇，儘管自己很勤奮，每天堅持拜訪很多客戶，但兩個月下來自己的業績並不理想，可是最終為什麼又能取得如此亮眼的業績呢？很簡單，趙建宇在業績很差的時候並沒有直接放棄，而是時刻保持自己的工作幹勁，隨時將這種鍥而不捨的工作熱情堅持下去。是的，沒有嘗試就沒有成功。在嘗試的過程中，如果你失去了幹勁與活力，沒能堅持下去，滿腦子都是失敗之類的結果，儘管這些結果僅占1%，那麼最終它也可能發生。

這樣做，就對了

所以，也只有具備了以下這些在失敗與挫折面前良好的心理特質，才

能喚起客戶的購買欲望，並讓業務的工作獲得最大的成功。

1. 培養自己強烈而執著的成功欲望

心理學家調查發現：如果你具備堅定的成功欲望，並且不達目的誓不甘休，那麼即便成功猶如伸手摘星那般困難，最終你也會找到方法，取得成功的。因為在這個過程中，如果這個方法不行，你就會主動換個角度，換種思考模式去尋找其它的方法，直至成功。

當然，在工作出現疲勞或者遭遇挫折的時候，你不妨把自己的長遠目標以及自己的願望寫下來，並尋找實現這些目標以及願望的有效途徑，將目標按照年、季度、月、日等進行分解，重新找回自己實現這些目標的活力，從而更加執著地投入到自己的工作之中，尋找通往成功的方法。

2. 不積跬步，無以至千里

如果你連走都不會就想學跑，那麼最終註定你會在前進的道路上不斷跌倒。任何一位業績突出的業務人員都是從失敗開始的。沒有一個人能夠一步就獲得成功，就像世界銷售冠軍喬‧吉拉德說過的：「成功的祕訣就是經歷無數的挫折與失敗，而且在經受挫折與失敗之後仍然毫不氣餒地堅持下去，一直堅持到最後的成功。」只有經歷失敗，經歷挫折，你累積的經驗才會比別人多，同樣才能讓自己蛻變得更強。而這就是一名業務員必須經歷的成長過程，即使是那些優秀的業務員也不例外，同樣需要具備紮實的基礎知識。

因此，無論在剛開始吃過多少閉門羹，遭遇過多少客戶的冷眼相待，業績有多差，但只要把這些當作是你日後成功的必經階段和必須累積的經驗，看淡失敗，堅持不懈，那麼最終將會收穫成功的。

3. 有活力，才能點燃客戶的購買熱情

想要點燃客戶的購買熱情，首先就應該點燃自己內在的幹勁，以自己的氣場感染客戶，令他們不由自主地掏腰包購買產品。

一個人最讓人無法抗拒的魅力就在於他的熱情。一個人是否熱情，決定了我們是否喜歡他、親近他、接受他。無形的影響力比說服更重要，客戶不看你說什麼，而是看你做什麼，而你的一舉一動會告訴他所要的訊息。人的情緒是會被感染的，你快樂，所以客戶就快樂。與客戶打交道，你應該處於一種活力有勁的狀態，這樣你的行動也會變得讓人愉快。艾施・玫琳凱曾過：「任何一個偉大事業的成功都是一次熱情的勝利。」一個業務員如果缺乏熱情、面無表情、像機器人一樣，那麼誰也不願接近他，更不用說購買產品。因為客戶會根據你的表現和態度來做出相應的反應，如果你缺乏主動和熱情，很難影響客戶的想法和行為，就無法打動客戶，業績必然難以提升。

攻心tips

「墨菲定律」引申到這裡，就是把棘手的工作看作是一種挑戰，不管成功的可能性有多小，但只要有一點成功的可能性，我們只要堅持下去，滿懷幹勁地去付出與投入，以充滿活力的精神去對待工作，儘管剛開始業績很差，但只要我們保持足夠的熱情，不斷嘗試，即使成功的可能性再小，最後一定會出現的。

木桶定律——
做好銷售的每個環節才有勝算

眾所周知，一個木桶盛水的多少並不取決於最高的那塊木板，而恰恰取決於桶壁上最短的那塊木板。人們把這一規律稱之為「木桶定律」。我們可以再衍生出一個很重要的推論：只有當桶壁上的木板都齊高的時候，木桶才能盛滿水；但只要這個木桶裡有一塊木板高度不夠，那麼水桶裡的水就不可能是滿的。

在銷售中，從售前發現客戶、培養客戶，售中和客戶談判，尋找雙方利益平衡點到成交，最後直至售後的追蹤、回訪等，每個環節都相互影響、相互制約。做不好售前工作，同樣售中、售後無從談起；但售前工作做好了，售中、售後環節出現差錯，那麼最終還是前功盡棄，還是實現不了成交。可以說，銷售的各個環節環環相扣，做好銷售的每個環節你才能有好業績。

趙博宏是某食品加工廠銷售部門的經理，平時為人爽快，穿衣不修邊幅，雖然主管高層已經多次提醒他要注意形象，可是他就是沒放在心上。在他看來，別人買的是公司的食品，自己並不經常與客戶見面，穿那麼好給誰看呢？

這天上午，上級經理打電話過來，通知他們有一個外商要來食品廠參觀，可能有機會與其合作，並指示趙博宏接待。掛完電話，趙博宏趕緊把員工召集起來並著重強調了食品廠的衛生問題。趙博宏本來也想著應該換一套衣服的，誰知時間緊迫，處理完廠裡的事情之後，還沒來得及換，就

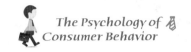
見老闆帶著一行人走到了食品廠門口。於是趙博宏趕緊禮貌、熱情地迎了上去。但看到趙博宏之後，外商不由得皺了一下眉頭，與隨行的幾個人相互對看了一下。參觀完食品廠，但外商並沒有特別說什麼，臨走時表示要回去商議一下再決定。可是第二天等來的卻是不合作的婉拒。事後，外商表示，連食品廠的經理都不講究衛生，我又如何放心與他們進行合作呢！就這樣，一樁大買賣就因為服裝不整潔的問題給搞砸了。

一般的業務員都比較注重大方向，而對銷售中的一些小細節忽略不計，但「千里之堤，潰於蟻穴」，一些小環節沒有顧及到，勢必就會影響到業績的好壞。業務員的服裝對於銷售來說雖然是很小的細節，卻也是銷售成敗的關鍵因素，因為客戶要先對你有好印象，才會喜歡你，進而信任你，買你的產品。因此，要想追求高成交率，勢必就應該認真做好銷售的各個環節，做好細節中的細節，讓自己的銷售工作取得更大的進步。

這樣做，就對了

1. 隨時修正自己的銷售方式，及時充電

優秀的業務員經常會「三省吾身」，時刻注意檢視自己的銷售方式。一旦發現自身的「短板」，就立即去「加長」，這樣銷售工作才能夠越做越好。

檢視自己的銷售方式時，可以將做銷售必備的素質、技能、心態等列在一張紙上，根據自己的情況進行檢視。是技巧最糟糕？行動沒做好？還是宣傳不到位？總之，你首先要做的，並非是改進你最強的，而應該是你最薄弱的環節。一旦找到薄弱的環節之後，就要及時補強，參加課程為自己充電，彌補影響自身發展的短板。

2. 加強短板訓練，自身的特長也不能忽視

對於很多人來說，他們知道加強短板的重要性，但卻也容易忽視自己的特長。但強項是我們的資本，可以讓自己變得更強大。若在這個基礎上加長短板，效果才會更好。因此，做好銷售的每個環節的同時，還應該保持自己的強項地位，例如：業務員開發客戶的能力很好，或者是與客戶的溝通能力很強、或者察言觀色能力很敏銳等等。在你加強短板的同時，更應該好好保持自身的這些優勢。

3. 職業生涯規劃──為避免短板做好詳細計畫

職業生涯規劃，是指個人與組織相結合，在對一個人職業生涯的主客觀條件進行測定、分析的基礎上，確定最佳的職業奮鬥目標，並為實現這一目標做出行之有效的安排。這樣才能有針對性地自我訓練，從而有效避免短板的出現。業務員可以從以下幾方面做起：

20~30歲，職業生涯早期，業務員主要任務是學習、了解和磨鍊。

30~40歲，職業生涯中期，業務員要爭取職務輪調，提升才能，尋找最佳貢獻期。

40~55歲，職業生涯的中後期，要學會創新發展，創造輝煌成就。

55~70歲，職業生涯的後期，主要任務是領導、決策或總結教訓，教授經驗。

攻心tips

細節往往是解決問題的突破口，只有關注細節、懂得思考細節的人，才能更快找到高效解決問題的辦法。有時候業務人員沒有注意到的細節，可能就是客戶遲遲無法下決定的原因。細心講解客戶可能忽略未提的細節，然後請客戶坐下來喝杯咖啡，再好好地聊一聊，最後往往就能順利簽約。

感謝你的每一個客戶

身為一名業務，你要明白：自己的薪水和業績都是建立在客戶對你的認可和信任基礎上的，你要懷著一顆感恩的心與客戶進行溝通。因此，不管是初次拜訪的客戶，還是老客戶之間的合作，你都要滿懷感謝地面對他們，了解客戶的狀況，解除他們的擔憂，重視與客戶發展長期友好的合作關係。

對初次拜訪的客戶，不管成交與否，即使客戶與你之間只有片刻的溝通，你也要感謝他們能接待你，感謝他們給你介紹產品的機會，感謝他們能對你的介紹提出疑問。心存感激，你就不會對客戶的挑剔產生反感，你就會耐心聽完他的意見，做出理智的答覆。心存感激，你就能在道別之前，有禮貌地對客戶的接待說出感謝的話，你就能用眼神傳達你的感謝之意。

 這樣做，就對了

之所以要用一顆感恩的心面對客戶，除了因為客戶是我們薪水的來源之外，還有以下其他原因——

1. 是客戶給了你信心

初入銷售這一行，你總會為無數次的拒絕沮喪、苦惱，儘管可以自己

給自己打氣，話說銷售是從被拒絕開始的，但如果一個月下來你沒有談任何一筆訂單，再堅強的信念也可能會被擊垮。但是，就在你就要承受不住的時刻，有一個客戶突然對你說：「好，我們就合作一次試試看吧。」在這一刻，無論多麼大的沮喪，也會一掃而光。次日早晨，你會對自己說：「幸運之神終於要眷顧我了，成功已經向我招手了，今天我要拜訪更多的客戶。」可見，你的客戶可是見證你汗水的人，是你勝利的指引。

2. 贏得老客戶信任，爭取更大訂單

人是感情動物，既然交給誰做都是一樣的，何不賣個面子給老朋友。所以，我們有時候會發現，為什麼一個家庭五口人，甚至整個家族，都是向同一位保險業務員投保的。當然，要爭取客戶的信任，贏得更大的訂單，你就必須給予客戶更加出色的服務；同樣，他們也會是你最忠誠的支持者。

老客戶還有利於擴大你的客戶資源，為你做免費廣告。在很多時候，熟人的一句推薦，勝過一個業務員的費盡唇舌和三番五次地拜訪。如果你的老客戶認可你，當周圍的親朋好友需要此類服務時，他就會主動把你推薦給他們。你也可以在老客戶的周圍，積極地開發你的客戶資源，而這個時候也往往很容易達成目標，因為你可以透過老客戶來快速掌握你需要的客戶資訊，這樣你的影響力就會越來越大，業績也會越來越好。

那麼，我們如何來展現這些感激之情呢？

1. 別忽略老客戶

日本壽險界最知名的TOP SALES柴田和子，有一個銷售大絕招：「火雞銷售祕訣」。她在每年感恩節的時候，都會送出超過一千隻的大火

雞給客戶，來表達她感恩的心，卻也因為火雞很大，客戶通常吃不完，所以會分送給親朋好友，而分送過程就是一種最好的免費宣傳，大家自然會口耳相傳這名業務員柴田和子的服務品質。

在你的銷售業績不斷上升的階段裡，翻開你的訂單記錄，你總會看見一些熟悉的名字。對這些伴隨你不斷成長的老客戶，你千萬不要認為老客戶不用特別照顧，對他們的來電或請求反而要多一分的重視，以免冷淡了他們。客戶之所以和你保持長久的合作，也許就是因為他欣賞你那種積極做事的作風，感覺你誠信可交。

2. 學會換位思考

如果業務員能夠站在客戶的角度上考慮問題，往往會取得意想不到的效果。

曾有一位總經理要應徵一位秘書，他收到許多簡歷，看得他頭昏眼花，不知道該如何選擇。突然間，有一封求職信吸引了他的目光：「總經理先生，您好，我知道您現在要看很多求職信，一定很頭痛，而我非常希望幫您處理這個問題。過去我曾經在人事單位工作多年，經驗豐富，我相信自己有能力來幫您解決這個問題。」這位總經理頓時眼睛一亮，立刻打電話通知這位求職者來上班。

這封求職信的文筆並不特別突出，求職者也沒有大肆宣傳自己的能力。她只是站在這位總經理的立場，考慮他的需求，於是在眾多競爭者中脫穎而出，為自己贏得了一個工作機會。這樣的理念如果用在銷售上，也會產生神奇的效果。

3. 經常保持聯繫

你可以不定時地給客戶打個電話，發一封郵件或問候簡訊，也可以親

自拜訪客戶，當你知道一種新的產品可以滿足你客戶的需求時，你就要及時告訴他們。對他們變更的電話號碼、住家住址要能及時掌握。總之，積極發展與他們的關係，真心和他們交朋友，讓他們對你的好感一直持續下去。

表達感恩心理時要「大處著眼、小處著手」，也就是要從生活中的小事開始：說一句感恩的話，寫一篇感恩的短文，做一件感恩的事……當你與人交流時，感恩心理會令你心胸放寬。面對客戶的挑剔與指責，你會變得更有耐心。

攻心tips

面對一些生活上、工作上的酸甜苦辣，我們都要以一種感恩的心態去接受，笑對生活，方能做好業務，才能成為一個優秀的業務員！此外，有客戶才會有業績，有業績公司才能生存，因此我們要對客戶常懷感恩的心。成交後應該主動了解客戶使用狀況，是否滿意我們的產品或服務，有無其他需要我們協助的地方等，讓客戶知道我們關心他。最重要的是別忘了感謝他讓你有這個做生意的機會。

破冰有術：
常見的消費者心理

沒有需求的地方，就沒有購買的行為。

只有發現、喚起甚至創造客戶對產品和服務的需要，

才能實現一次成功的銷售。

—— 全美房地產銷售天王 *湯姆‧霍普金斯*（Tom Hopkins）

光環效應——
抓住客戶的興趣點，努力說服成交

美國心理學家愛德華・李・桑代克（Edward Lee Thorndike）提出了「光環效應」（Halo Effect）這一概念。他認為，人們在對他人的認知判斷首先是根據人的好惡得出的，然後再從這個判斷推論出認知物件的其他品質。在這種印象的影響下，人們也會對這個人的其他品質或這個物品的其他特性給予同等的評價。我們通常所說的「一白遮百醜」、「情人眼裡出西施」，都是光環效應作用的結果。

現實生活中，無論是識人交友還是消費購物，我們或多或少都會受到光環效應的影響。而很多業務菁英就是利用這個光環效應的原理來打開客戶的錢包。

傑克是一家服飾公司的業務員，主要針對企業以及專業人士的需要，上門為客戶服務，幫客戶節省時間，讓客戶不用出門逛街就可以購買到合適的服裝。由於傑克在這一行做很久了，面對客戶的時候，他總是能夠根據對方的喜好、興趣來投其所好。

這天，傑克準備拜訪一位公司的老總，這位老總個性比較嚴謹，喜歡做事穩重、周全的員工。來到這家公司，傑克的第一句話就是：「尹總，我之所以到這裡來，是想成為您的私人服裝顧問。我知道，如果您能從我這裡買衣服，是對我、我的公司以及產品有信心。因此，我先自我介紹：我在這一行有多年的經驗，我對服裝的式樣以及質地很有研究，我相信可以幫助您挑選到合適的衣服，而且這項專業服務是免費的。」

傑克繼續說：「我們公司成立已有四十年的歷史了。而且每年我們都以超過20%的比例成長，我們的營業額主要來自於老客戶的支持，我們公司保證能滿足客戶所有的服裝需求。我可以很自信地說，只要您願意嘗試，就會發現我們是最好的。」

「我們有西裝、運動服、休閒服、褲子、襯衫、大衣等，可以說只要是您想要的，我們都有。同樣我們的衣服是由專門的工廠製造，而且配備有優惠的價格、與良好的品質及服務，這也正是我們的優勢所在。尹總，到目前為止，您的感覺如何呢？」

客戶：「既然你自己都對自己的公司、產品充滿信心，那麼我還有什麼不放心的呢？我願意嘗試一下。」

當然就在傑克貼心又用心的服務之下，交易就做成了。

可見，光環效應作用於人的心理，影響著人的情感。也就是說，你了解到某個人具備某種突出的優點時，你就很可能會認為他在其他方面也很好，這個人就會被一種積極、肯定的光環所籠罩。案例的中傑克正是因為對自己的產品有足夠的信心，才感染了尹總，讓客戶覺得產品一定不錯，從而爽快地下了購買決定。

據一份市場調查結果顯示，由於蘋果公司推出的智慧型手機iPhone手機熱賣暢銷，結果蘋果公司的筆記型電腦的銷售量也跟著帶動起來。這也就是客戶的心理受到了「光環效應」的影響。

這樣做，就對了

而身為業務員的我們應該如何有效地利用這種心理來爭取每一筆訂單。

1. 讓良好的第一印象，先入為主

心理學上，初次見面的兩個人所形成的直覺感受被稱為第一印象。由於它有先入為主的特點，因而往往比較深刻。一般來說，先得到的資訊總是會影響著對後來資訊的解釋方式，也就是說，如果客戶對業務員的第一印象較好，成交的機率會更高。所以，一定要注重儀表，要讓你一站出去就是成功的樣子，讓客戶眼睛發亮。因此，初次和客戶接觸的時候，服裝搭配方面宜乾淨整潔，符合自身的性格、身分、年齡、性別、環境以及風俗習慣，既要符合時尚美感，又要恰當展現個人特色；與客戶說話時，態度應該謙遜有禮，讓客戶覺得你很有教養，只有彬彬有禮的人才會受到人們的歡迎。

羅伯特·龐德說：「這是一個兩分鐘的世界，你只有一分鐘能展示給人們你是誰，另一分鐘是讓他們喜歡你。」要想給客戶留下成功的第一印象，就要有良好的專業形象，客戶願不願意跟你購買，在初見的一剎那，心中早已決定。

2. 尋找客戶喜歡的名人，借助於名人效應

電視上的廣告多數是一些有名的歌星、影星，而很少是名不見經傳的小人物。這是因為明星推出的商品更容易得到大家的認同。一個作家一旦出名或是得獎，以前壓在箱子底的稿件全然不愁發表，像是2012年諾貝爾文學獎得主莫言，所有著作一時之間人人搶購，這都是光環效應的作用。人們在購物時總有自己的喜好，某個人因為喜歡你商品包裝的顏色而買你的產品，或者因為喜歡你的廣告詞而買你的產品，再或者因為品牌的代言人是消費者喜歡的明星，這些都會引導客戶選擇你的產品。在明白了客戶這種愛屋及烏的心理，只要施以相應的對策，我們就能夠宣傳自己的產品，有助於提升銷售。

因此，我們可以借助於客戶喜歡的名人來聚集人氣，使人們一想到名人，就會聯想到你的產品。不過要留意的是，所提及的名人一定要是客戶喜歡的人物，這樣才能達到預期的效果。

3. 用微笑、自信與熱情感染客戶

在商店、賣場中，不少消費者會被銷售人員的微笑、熱情周到的服務所感染，而決定購買產品，這其實就是因為客戶受到了「光環效應」的影響，喜歡上了你的服務、你的微笑、你的人，自然就不會討厭你的產品，甚至有可能因此而成為你的永久客戶。所以，在與客戶交往時一定要表現出足夠的自信，同時做好售前、售中、售後的一致性服務，面帶微笑，這樣才能夠打動客戶，自然就會買你的產品了。

攻心tips

光環效應有點類似「愛屋及烏」的概念，就會像月暈光環般向四周瀰漫與擴散。所以我們可以利用光環效應來強化自己產品的品牌價值與客戶的認同，和光環效應相反的，則被稱為「惡魔效應」，即對人或物的某單一品質產生壞印象，也將影響客戶對於此人或物的其他品質產生負評。因此一定要慎選你的標的，才不會弄巧成拙。

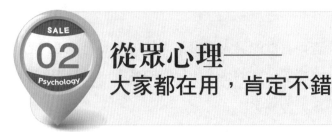

02 從眾心理──
大家都在用,肯定不錯

從眾,通俗地解釋就是「趕流行」、「人云亦云」、「跟風」,它是一種比較普遍的社會心理與行為。通常表現為──大家這樣認為,我也就這樣認為;大家這樣做,我也就跟著這樣做。當然,這種心理在消費活動中表現得也尤為明顯。大部分的顧客都有這種心理效應,他們對流行和周圍環境非常敏感,總想跟著潮流走。他們總是喜歡湊熱鬧,看到別人排著長隊爭先恐後地搶購產品,自己惟恐落後也趕緊加入到搶購隊伍之中。有這種心理的顧客,購買某種商品,往往不是有急切的需要,而是為了趕上他人,不甘落後,以求得心理上的滿足。大多數情況下,他們其實並不了解產品,一聽別人說產品好就趕緊購買;即使產品真的不怎麼樣,看到這麼多人購買,也會在心理上有所安慰,認為大家都在買的產品一定不會錯。

正是由於客戶的這種從眾心理,因此,為了吸引客戶對產品的注意,有些店家或企業故意製造出很熱鬧的行情,為的就是要吸引客戶,創造出更多的購買良機。例如,你正在選購某一件產品的時候,業務員會說:「您的眼光真好,這件產品可是今年的明星商品,深受新舊客戶的喜愛」、「有很多像您這樣的準媽媽也都很愛用」等,這樣的話語一方面切中了客戶的從眾心理,另一方面無形之中又暗示了產品的品質,更進一步地讓客戶在心理上得到了一種依靠和安全的保障,更加強化客戶的購買決心。

　　某品牌的化妝品業務員小芷正在為顧客黃小姐推薦一款護膚品。

　　儘管小芷生動有加地介紹了很多有關於這種品牌護膚品的效果以及優點，但是黃小姐始終不說一句話，更沒有透過任何方式透露一絲想購買的意願。經過幾輪的「攻堅戰」之後，黃小姐最終表態了：「這個牌子的護膚品我之前沒有用過，而且市面上也很少見過這個牌子，因此我並不知道效果好不好。」

　　這個時候，小芷終於知道了背後的原因，緊接她說：「是呀，選擇適合自己皮膚的護膚品的確很重要，正好我們這週末會有一個大型的新品發表會，我們品牌的化妝顧問與代言人都會出席，還有很多像您這樣對產品存有好奇之心的客戶。借此機會，大家可以多交流一些關於美容護膚方面的話題，不知道您是否有興趣參加？」

　　黃小姐一聽，眼睛一亮，顯得非常興奮，並立即答應了下來。週末的新品發表會上，參加聚會的女士們一個個都打扮得非常高雅、大方、美麗動人，黃小姐頓時驚呆了。她一找到合適的時機，就趕緊私下向小芷詢問她們是否用的是之前她介紹的那款化妝品。最後在得到肯定答案之後，黃小姐開始有些心動，她相信只有好產品才會有這麼多人使用，才能打扮出這樣的效果。最後，她在參加完新品發表會後，也給自己買了一套。

　　客戶在購買產品時，往往不願意冒險嘗試。凡是沒經試用過的新產品，客戶一般都持保留態度，不敢輕易選用。而對於大家認可的產品，他們則比較容易卸下心防，有嘗試的意願。眾人爭相購買的風潮，可以減輕客戶的購買風險心理，促使人們迅速做出購買決策。像是某家餐廳或服飾店門口排了一條長長人龍隊，路過的人很容易就跟著一起排隊。因為顧客寧願相信顧客，也不願相信自己，更不願相信店員或業務員。在這個案例中，小芷就是抓住了客戶的這種從眾心理，找準時機，讓對產品帶有疑慮的客戶，透過讓他們直接與其他客戶接觸，進一步了解產品，就能減輕其

對產品的擔憂，並促使其決定購買。

其實，除了案例中的這種方法之外，很多商店在開幕時，往往都會舉辦一些優惠活動：給客戶足夠的折扣、「買一送一」活動等，總之只要能達到聚集人氣的目的，即使會有些許的虧損也在所不惜。這樣做的目的無疑都指向一點——聚集人氣，提高銷售的成交率。

這樣做，就對了

為了確保銷售能取得更好的效果，運用從眾心理還應該注意以下幾點：

1. 實事求是地列舉案例

如果想要有效刺激客戶的從眾心理，你所列舉的例子一定要屬實，符合實際情況。例如，你可以說：「小姐，這是今年春天最流行的款式，像您這種年齡的OL都喜歡這種，今天我已經賣了好多件，尺寸已經不多了」然後秀出今天賣出商品的明細作為佐證。否則，不僅不能夠贏得訂單，反而還會給客戶一種被愚弄甚至是被欺騙的感覺，進一步影響到公司的形象與信譽，甚至影響到更多的客戶，反而是自砸招牌。

2. 將影響力較大的客戶作為列舉物件

一般來說，在列舉案例時，影響力較大的客戶才具有足夠的說服力，才容易被打動。因此，你可以儘量挑選一些客戶比較熟悉、比較具備權威性的老客戶作為列舉物件，這樣才能有效激發出客戶的從眾心理。

例如，一位知名的業務冠軍在向客戶推薦產品的時候，這樣說：「一些著名的大型超市，諸如××、××等，都是與我們公司長期合作的供應

商」、「國內某知名的品牌電器公司就是由我們提供幕後贊助的⋯⋯」等等。這樣的一席話直接就會讓客戶覺得自己在消費方面是有身分和地位的，從而會很樂於與你合作，並迅速簽下訂單。

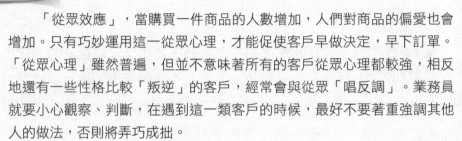

攻心tips

　　「從眾效應」，當購買一件商品的人數增加，人們對商品的偏愛也會增加。只有巧妙運用這一從眾心理，才能促使客戶早做決定，早下訂單。「從眾心理」雖然普遍，但並不意味著所有的客戶從眾心理都較強，相反地還有一些性格比較「叛逆」的客戶，經常會與從眾「唱反調」。業務員就要小心觀察、判斷，在遇到這一類客戶的時候，最好不要著重強調其他人的做法，否則將弄巧成拙。

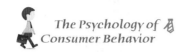

攀比心理——
他有買，我也能買得起

攀比之心，人皆有之。尤其在人們生活水準日漸提高的今日，名牌、高檔產品等的熱銷形成巨大的市場規模，更對消費者的攀比心理發揮很大的推波助瀾作用。與普通的炫耀心理相比，消費者的攀比心理更在乎「有」──你有我也要有。

基於消費者的這種心理，一些商家、企業就開始大肆地利用這種消費心理，為自己帶來可觀的收益。

一天，一位開著一輛老舊汽車的男子下車後，走進了鄰近的車行。汽車業務員小馬趕緊迎上去，仔細一看原來是前幾天來這裡看車的王經理。由於雙方之前有談過一、兩次有比較熟絡了，小馬也沒有怎麼寒暄，而是直接與其談論正題。

業務員小馬說：「王經理，您這次過來應該已經下定決心要買了吧？」

「下決定倒沒有，還是想先來看看再做決定。而且我想我的車還能夠開一段時間呢。」王經理氣定神閒地說。

「您說的對，但是當車子使用的年限較長的時候，無論我們再怎麼保養，不論在外型或安全性來說都很難能像新的一樣。無形之中也就會影響到我們的面子與形象問題。您說對吧？」小馬很認真地提出了他的看法，但王經理卻沒有答話，而是直接走到他上次看的那輛車旁。

小馬見王經理沒有回應，只好先一路跟著走在王經理身後，這時他突

然好像想到了什麼似地說道：「對了，王經理，您記得上次看過的那輛
××車嗎？那輛紅色跑車已經被您的競爭對手胡總給買走了。我想如果您
開著您現在的車與胡總同時去爭取同一筆生意，我想胡總肯定一開始就給
客戶留下很好的印象吧？您認為呢？」

王經理聽小馬說完，立即陷入了沉思之中。過了一會兒，他直接轉而
去看另一輛比競爭對手的車還稍貴一點的車，並在那天決定買了下來。

我們從以上的案例中不難看出：客戶一般都愛面子，都具備很強的攀
比心理。他們總是喜歡有意無意地與人進行比較。如果自己略勝一籌，自
然會沾沾自喜，甚至到處宣揚一番；倘若自己不如別人，那麼往往這種
「就是不能被比下去」的欲望很容易就會被激發出來。因此，在銷售活動
中，就可以好好借助客戶的這種「攀比心理」來促成交易。

這樣做，就對了

想要徹底掌握客戶的這種心理，有效促成生意，就應該這樣做：

1. 找一個合適的攀比物件

當你想要運用客戶的攀比心理時，首先要為客戶找一個攀比物件。而
這個攀比物件必須是客戶熟悉的人，而且是與客戶經濟實力、背景、地位
相差不大的人，否則就會弄巧成拙，白費功夫。

例如，對於學生來說，手機、電腦是最普遍、最常用的。因此業務員
可以著重對他們強調同年齡學生手機的時尚機型、功能等方面，而不是讓
學生族群與上班族來比較車子、房子等。

此外還應該留意自己說話的用詞及語氣，才不會在不經意間刺傷到客
戶的自尊。例如，「先生，您的鄰居那天才來這裡買了一台冰箱，你們這

麼不乾脆，買一台冰箱還要考慮這考慮那的嗎？」這樣說的話，只會得罪客戶，後果將得不償失。

2. 抓住客戶愛面子的心理，給客戶「戴高帽」

心理學有這樣一句話：「身分」層次決定了「行為」層次。人們總是會做一些與自己身分相適應的事情。如果你期望能順利說動客戶購買你的產品，那麼你首先就應該給客戶戴高帽子，給他一個身分和定位的想像空間，讓他覺得只有這個產品才配得上他的身分。讓客戶認可這個身分，才會比較容易認可並接受你的產品。

這一類客戶購物時內心的真正想法是：「我要買的不是汽車，而是要買地位；我要買的不是名牌，而是要買自信。」他們購物的主要目的是想彰顯自己的地位和威望，希望以高價的高級品或名牌來炫耀自己。例如，你面對一對猶豫著是否該背房貸買房的新婚夫妻時可以這樣說：「現在的房價確實有點高，但是像這樣地段、環境及規劃都較好的社區，無疑是最有眼光、有品味的人士心目中的首選。真是羨慕小姐您真有福氣，有這樣一位疼愛您、又有品味的老公，真幸福呀……」這樣先給客戶戴一頂「有眼光、有品味」的高帽，這樣接下來的成交就容易談了。

3. 提供多款不同等級的產品，讓客戶選擇

具備攀比心理的客戶，儘管自己並不是很捨得花錢，但是他們還是會習慣性地把目光停留在比較昂貴的商品之上。在這種攀比心理的驅使之下，他們常常會做出超出自己預算或者支付能力的購買決定。我們可以完全利用這一點，運用類比的方法，在為客戶提供產品的時候，儘量展示出幾種不同等級的產品，為自己創造更高的營業額。

例如，在提供不同等級的產品時，可以這樣向客戶介紹：「其實，這

幾款產品主要的功能都一樣，只是這款稍微精緻的，擺在家中比較氣派、
更顯質感與品味，而且實用性比較大，起碼用上幾年都不會退流行。而這
款是比較經濟型的，用料自然沒剛才那款好，是比較合適汰換率高的需求
的人。」這樣的說法是不是就能觸動客戶的攀比心理，更快做出購買決
定。

攻心tips

　　所謂的攀比心理，其實就是跟身邊的人比較，大到國家，小到個人都
有攀比的心理。攀比是不滿足於現狀，不甘落後於他人而想追求擁有甚至
超越他人的心理意識。業務員若能有效運用客戶這方面的心理，利用客戶
的攀比心理，就能刺激其購買的欲望，從而達到自己的銷售目的。你可以
透過稱讚客戶的眼光獨到，產品如何與客戶相配，讓客戶感覺大有面子而
開心下單。通常在好面子心理的驅動下，會消費超過甚至大大超過自己支
付能力的商品。

 **物以稀為貴心理──**
我要買限量版

曾經有人做過這樣一個實驗：一家食品店將味道一樣但形狀不同的巧克力餅放在兩個不同的罐子裡供人們免費品嚐。其中一個罐子滿滿的，另一個罐子裡面的巧克力餅所剩無幾。結果大多數消費者認為那一罐所剩無幾的巧克力餅更好吃。可見，人們總是認為稀有的東西更好，更值得自己去擁有。

正如著名的心理學家羅伯特・西奧迪尼（Robert B. Cialdini）博士說的：「對於那些稀有的物品，人類有一種本能的佔有欲。」的確，大多數人都有這種心理，渴望擁有那些稀有物品，對那些越是得不到的物品，就越覺得它好，更認為值得自己擁有。其實，這在心理學中也就是「物以稀為貴」的心理，越是得不到的就越想得到。從心理學的角度來看，這就反映出了一種深層次的需求，因為稀少或缺乏，所以害怕失去。

「限量」不僅可以滿足消費者希望與眾不同的心理，可以為你的產品營造物以稀為貴的尊貴感，提升品牌獨特性與附加價值。因此身為業務員的你可以利用客戶的這種心理，將自己的產品「稀有化」，以此刺激客戶的興趣，並進一步讓對方「很聽話」地買下來。

黃采莉是一位服飾公司的銷售經理。眼看著冬天即將接近尾聲，倉庫裡還積壓著很多羽絨衣，若不趕快想個法子，再這樣繼續下去，那麼這一季的銷售目標就到達不了了。想來想去，終於讓她想到了一條妙計。

第二天，她讓員工貼出一張廣告文宣，上面寫著──

本店新進一批羽絨衣，物美價廉，由於數量有限，所以每位顧客限購一件。

海報一張貼出去，不到半天的時間，店裡就被人潮擠得水洩不通。

沒多久，一位顧客來到黃采莉的辦公室說：「經理，我是離家在外地工作的，過年要回家，沒有什麼禮物可帶的，所以想買幾件羽絨衣回家。您能不能通融一下呢？」

黃采莉聽了之後，沒有立即回應，而是沉思片刻才回答：「那您要幾件呢？我看能不能幫您？」

「我需要六件，您看……」顧客回答。

「數量挺多的，那這樣吧，我先給你四件，我再看看年前我們進貨的時候再幫您訂兩件回來，不過到時候可能最後兩件的成本會高一點點。如果您覺得OK，您就留下電話，我再通知您來取貨，這樣好嗎？」

顧客喜出望外，留了電話之後滿意地離開了。

這位顧客前腳才剛走，一位顧客又氣急敗壞地推門而入：「你們公司姿態真高呀，還限量銷售？我好不容易看上一件合適的衣服，你們只能限購一件？」

黃采莉微笑了一下，回答：「先生，我們這樣做主要也是根據市場狀況與公司的實際情況為考量，請您諒解。當然如果您真的有需求的話，我們也是會通融一下多賣給您兩件。只是希望您配合一下，不要對外聲張？」

一聽這話，那位先生語氣緩和許多：「我是來這邊旅遊的，想多買幾件帶回家鄉，既然經理這樣說了，那我就不客氣了。」說完，立即轉身回賣場去，開心地挑選衣服了。

沒幾天的時間，服飾店限量銷售的消息就傳遍了大街小巷，店裡老是擠滿搶購人潮，最後竟然提前達到了銷售目標。

物以稀為貴，東西越少人們就會越覺得珍貴。人們這種害怕失去的心理對購買的激勵作用是相當大的，就像每到百貨公司週年慶化妝品廠商們就會推出一些獨家、限量款的組合，令一些OL、貴婦們甘心早早就去排隊搶購，甚至還不惜請假去買。而在以上的這個案例中，銷售經理黃采莉就是抓住顧客的這種「物以稀為貴」的心理，實行「限量銷售」的策略，給客戶一些小小的刺激，暗示著「這次不買，下次不一定買得到」誘發了客戶的購物欲望，瘋狂得想要立即擁有它。

這樣做，就對了

那麼在實際操作中，我們應該如何掌控這種心理，達到我們所期望的目的呢？

1. 設置期限，增加客戶的心理壓力

為什麼很多商家或企業經常會做這些促銷活動：「賣場商品一律8折，僅售5天」、「在本店消費的前50名顧客，可以免費獲贈一份防曬套組」等？而又為什麼顧客一看到這些活動就爭先恐後地購買呢？因為，「機不可失，失不再來」的心理，引導著客戶不買不行。

而在這個「時機」的限制是必不可少的。換句話說，設定的時間限制越明顯、越徹底，那麼人們害怕錯過，想要購買的欲望就會越強烈。因為這些期限的限制往往就是在告訴人們：除非在限定的期間內購買，否則你就要用原價購買，甚至很有可能再也買不到了。而這樣就能巧妙虜獲客戶的心理，讓客戶快速下決定。

2. 鎖定客戶的心理關鍵點，才有奇效

其實，並非所有的限量銷售都能達到預期的目的。要知道，限量銷售是一把雙刃劍，用得巧妙，才能創造出更大的附加價值；反之，則會降低其附加值，讓你的產品徹底滯銷。怎樣才能有效運用客戶的這種心理呢？

其實，針對客戶的這種心理，產品的品牌、品質，要對客戶具有吸引力才是成功的關鍵。因此，業務員在利用客戶的這種心理時，首先要了解市場訊息，了解競爭對手的產品狀況，更應該對自己的產品進行明確的定位，這樣才能透過惜售向客戶傳達產品的稀缺性，並定一個明確、合適的銷售期限，最終達到讓客戶買「限量版」的目的。

攻心tips

限量到底有什麼魔力？可以讓客戶不只有想買的念頭，還產生了「非買不可」的欲望。物以稀為貴，東西越少人們就會越覺得珍貴。心理學家研究發現，人們的這種害怕失去的心理會對購買決定產生激勵作用，商家或業務員用「限量」二字，似乎傳達了這是個搶手、便宜的產品，大家都搶著買的意思，彷彿這個東西真的是大家都喜歡的，人氣和銷售量就會立即向上攀高。透過營造某種「危機感」，能有效激發出客戶想買的衝動，讓他們迫不及待地想要立即擁有。

逆反心理——
不賣給我，我偏要買

「逆反心理」是指，一種故意與他人看法相違背的心理狀態。如對事情的反應與對方的意願，或是與多數人的反應完全相反，也是「叛逆心理」。其實，這種心理狀態在生活中屢見不鮮：對於長輩的教導，有很多人會感覺莫名的厭煩；對一些人提及的建議，我們產生的第一反應是「憑什麼聽你的，你說往東，我偏要往西」；在實際的消費活動中，因為受過一些購物經驗的影響，當我們聽到店員或業務員承諾「物美價廉」時，我們腦海中閃現的印象就是「這產品品質一定是比較次一級」……其實，這些都是人們逆反心理的種種表現。

一般來說，在實際的消費活動中，業務員越是天花亂墜地介紹產品，苦口婆心地說動客戶購買，客戶的逆反心理往往就會表現得越明顯：不是直接反駁，讓業務員知難而退；要不就是保持沉默，態度冷淡，來個不理不睬；或是不接受業務員的介紹，表示自己了解產品；甚至直接拒絕，堅決表示自己不喜歡等。業務員努力的最終結果，也只能是一次次地吃「閉門羹」。

看到這裡，你是不是會不解地問：難道客戶一旦產生這些逆反心理，我們的產品就註定賣不出去嗎？當然不是。正如物理學家所說的：「力的作用是相互的」，既然客戶的逆反心理會對我們的銷售產生不利影響，那麼我們也可以逆向操作，促使其轉向對銷售有利的方向，當然這就需要你有技巧地引導。

　　湯姆現在住的房子是多年前父母留給他的，外觀看上去已經非常破舊了，但是湯姆一直捨不得換新房。不過由於現在工作的地點離家比較遠，上下班非常不方便，令湯姆不得不決定若是找到合適的房子就準備換房子了。同時，他還把這個想法告訴了身邊的好朋友以及同事，希望大家都能夠幫他留意一下。

　　沒過多久，一些房仲員不知道從哪裡得知了這個消息，一下子都紛紛找上湯姆，要推薦房子給他。當然，他們在介紹自己的房子物件時，幾乎每一個業務員都會詳細介紹自家公司的房子地理位置多好，居住環境多舒適，並一再強調非常符合湯姆的需求。這些業務員還有一個共同點就是，他們總是反覆強調湯姆的舊房子是多麼地老舊，多麼地不適合居住。對於非常敬愛自己父母的湯姆聽來，這些話是多麼的刺耳和令他相當反感與不舒服。

　　湯姆心裡是這樣解讀的：說這麼多花言巧語，不就是想慫恿我買你們的房子，你們可以從中得利吧？我偏不買！面對著打電話、上門的業務員越來越多，湯姆的防備之心更是日漸堅實。

　　某個週末，突然又來了一位房仲員，湯姆暗自下定決心：不管你怎麼說，我就是不買你的房子，不能被你的花言巧語所騙！然而，這位房仲員並沒有像其他業務員那樣一進門就滔滔不絕、天花亂墜地誇自己推薦的房子好，而是進門之後，細細端詳了屋子的屋況，然後對湯姆說：「這房子外表看起來是挺破舊的，但是房間的設置以及裝潢都讓人感覺非常溫馨，古色古香，我很喜歡它。如果換新房，我想這種溫馨是很難營造出來的，而且最近房價較高，我想您是不是要再考慮一下真的決定換屋嗎？」說完，在轉身離開的時候，不忘在桌子上給湯姆留下一張名片。

　　這名房仲員的做法，出乎湯姆的意料之外，他感覺自己的防備之心完全是多餘的，這次他終於卸下了自己的「武裝」。在考慮了一天之後，湯

姆果斷地打電話給那位房仲員，並提出了自己對房子的幾點要求，並初步談好在那個週末去看房子。

其實，逆反心理的最突出表現也就是，當人們的心理需求得不到滿足的時候，反而會更加刺激他們強烈的內心需求，例如東西越得不到，我們就會越想得到；越是別人不想告訴自己的事情，我們就越有一種探究到底的欲望等。在購買產品時，客戶也是如此。業務員越是窮追猛打，客戶就越有一種害怕上當受騙的感受，就會「逃」得越遠。但是，如果你從客戶相反的思維方式出發，打消他的逆反心理，他反而會主動找你買。

這樣做，就對了

1. 增加可信度，消除客戶的反抗心理

初次與業務員見面時，客戶難免會對陌生的業務員產生抗拒。一般來說，抗拒的情緒越強，客戶的逆反心理就會越深，從而導致客戶總是對業務員防備得緊。因此，當你在接觸客戶時，首先就是增加自己在其心目中的信任度。信任度越高，我們與客戶的關係就會越融洽，同時就越能減少客戶逆反心理的發生機率，有效打開溝通的交流之門，降低銷售失敗的風險。

首先，你要有足以讓人信賴的外在形象。不一定要穿西裝打領帶，但穿著一定要整齊大方，給人一種穩重的感覺。領帶過於花俏，全身上下被一些「金色首飾」所裝飾的業務員，會給客戶一種精明、市儈的感覺，而令對方預先在心中築起一道防線。其次，拿出具有一定可信度的專業資料，讓客戶放鬆對你的心理防線。最後，還要對客戶提出一些中肯的意見，但最好不要勉強客戶，給客戶足夠的選擇空間，讓他在完全放鬆、無

壓力的狀態下，產生購買欲望。

2. 擅用好奇心降低逆反心理

在與人的交流過程中，你可以發現，當人們開始對某句話產生好奇心的時候，交談的氣氛就會變得異常輕鬆，更加投入到這個話題，甚至注意力更集中，他們會提出問題來滿足自己的好奇心，從而令雙方進行更深入地交流。相應地，有好奇心的客戶會更願意多了解你的產品以及服務，讓自己的逆反心理降至最低。

聰明的業務員在拜訪客戶的時候並不會直接把產品的所有資訊平鋪直敘地介紹完畢，而是在客戶面前有所保留，讓客戶感受到一股神秘的氣息，從而想更進一步挖掘關於產品的資訊，那麼業務員自然就能順利地贏得下次拜訪的好時機。像是銷售軟體設備的業務員會這樣說：「先生，如果現在有一件產品，能在現有基礎上為您提升30%的工作效率，您是否有時間了解一下呢？」……等等。

3. 立場轉換，讓客戶主動說出你想要的答案

降低客戶逆反心理的方法很多，還有一種最有效的方法——業務員轉換自己的立場。通常情況下，我們提出客觀問題，但客戶的逆反心理總是會與我們想要的答案格格不入。例如，「今天天氣真好，是吧？」，但是客戶可能就會說「風有點大」、「太熱了」等；「沒打擾您吧？」，客戶可能會回答「當然打擾到了」、「你說呢？」等。這樣的回答很容易就會讓場子冷掉，加深客戶的逆反心理。

這時你可以從一些負面的問題著手，讓客戶的逆反心理使他的回答，正中我們下懷。例如「今天冒昧來訪，打擾到您了吧？」「沒有，別那麼客氣！」「這週三就來為您介紹使用方法是不是太快了點？」「我並不這

麼覺得！」等。可以說，立場轉換，不僅能夠達到一種聲東擊西的作用，同時對於降低客戶逆反心理，完成銷售工作的確是一個很有效的方法。

攻心tips

　　逆反心理有時並不是真的反對，而是一種與常規相反的意識和行動。當人們的心理需求得不到滿足的時候，反而會更加刺激他們強烈的需求，例如東西越得不到，我們就會越想得到；越是別人不想告訴自己的事情，我們就越有一種探究到底的欲望等。因此你一方面是避免客戶因逆反心理而拒絕你的產品，另一方面還應該控制好客戶的這種逆反心理，激發他的好奇心，讓其產生強烈的購買欲，真正達到「你不賣，他偏要買」的效果，這樣成交就有望了。

害怕被騙心理──
他會不會騙我

隨著市場競爭的日趨激烈，很多人在生活經歷中曾因為買來的商品不能滿足期望而覺得受騙，或者經常會看到一些有關客戶利益受到損害的案例等，這些都給消費者的心理留下了的陰影。尤其是上門推銷的業務員，客戶總會認為他們提供的產品資訊中會不同程度地夾雜著一些虛假的成分甚至一些欺詐行為。所以，當他們在與業務員進行交流的過程中往往會心存芥蒂、害怕被騙，並且時刻懷著警惕之心。試想，這樣生意有可能成功嗎？答案當然是否定的。

萬先生和太太一直商量著準備買一台全自動的洗衣機。但是由於受到上次購買的受騙經歷，他們並沒有「輕舉妄動」。上次他們經不起售貨員的鼓吹買了一台，卻是沒幾天就出現小毛病，就這樣修了又壞，壞了又修，勉強持續使用了兩年。

為了能夠買到合適的產品，萬先生和太太這次決定先四處逛逛，先「貨比三家」之後再做決定。

這天，他們剛一走到賣場的門口，幾位發送DM的業務員就趕緊圍著他們，七嘴八舌地說著。

業務員甲：「先生、太太，一看就知道你們是很有眼光的人。想必您也聽過××產品，我們的產品品質絕對一流，而且符合國家標準通過ISO國際認證的，您可以放心使用……」

業務員乙：「太太，我們買產品不僅要求品質好，還必須價格實惠，

對吧？我們這款××產品是國家認可的節能產品，可獲得政府補助2000元，錯過這麼好的機會就沒有了。」

業務員丙：「還有，還有，我們這一款家電還可以為您提供免費到府服務。如果您家住得遠，不方便直接帶回家，那麼我們將會在三天內保證宅配到府。當然您可以選擇直接刷卡或者現金支付。機會不容錯過，先生太太，趕緊行動吧！」面對業務員的全面火力進攻，萬先生和太太直覺聯想到上次不好的購買經歷，兩人不約而同地直接轉身離開。

本來這對小夫妻完全有購買意向，但是為什麼最終會放棄呢？原因很簡單，業務員太過熱情地推銷往往會帶給客戶一種「甜蜜的負擔」，使客戶害怕在這個優惠的背後是不是隱藏著一個巨大的陷阱。

這樣做，就對了

如果你無法從根本上消除客戶害怕被騙的心理，那麼成交的機率是相當低的。因此，在介紹產品的時候，不妨多關注客戶在這方面的疑慮，有針對性介紹，才能有效化解客戶的防備心。

1. 先打預防針——說出產品的缺點

客戶擔心被騙的心理主要源於自己親身經歷的不愉快經驗，而擔心產品的品質或者功能可能被誇大了。針對這一類的客戶，業務員不妨抓住時機，直接向客戶說出關於產品的一些無關緊要的缺點。當然，要留心的是，說出的這些缺點，並不會對產品的使用功能有直接的影響，而且是可以透過一些措施，達到有效地避免。這樣一來，很容易就可以打消客戶的抵觸心理，讓客戶認為你是一個誠實的人，從而減少對你的疑慮，有效避免與客戶發生爭執，讓你轉守為攻，更容易促成交易的成功。

2. 不要急於求成，有針對性地介紹產品

面對陌生的銷售人員，很多客戶都會表現得異常謹慎，害怕自己一不留神就掉進業務員的陷阱。在這種情況下，如果業務員一直誇誇其談，不停地介紹產品的諸多好處，說得越完美，反而會讓客戶更加懷疑，不利於成交。

往往具備這種心理的客戶，儘管內心想買，但卻總是希望產品能夠降價銷售，以盡可能低的價格購買到產品，這樣即使上當，他們感覺也不會虧很多，因此他們經常會找同類的商品優惠措施來刺激業務員，要業務員降價銷售。但業務員絕對不能輕易「投降」，要心平氣和地讓客戶了解到產品的獨特優勢，以及能夠為客戶帶來的利益。告訴客戶購買你的產品是他們在價值以及利益方面做出的最好選擇。另外，如果公司舉辦優惠活動時，你要能及時通知客戶，讓客戶感受到你對他的重視。這樣客戶的防備之心自然就會大大降低或者是消失。

攻心tips

總之，客戶在購買產品時害怕上當受騙是相當普遍的現象，也是影響成交的主要障礙。如果你想要更好地賣出產品，關鍵就是要能化解客戶的這種害怕心理，讓客戶對你充滿信任，這樣你的銷售之路才會暢通無阻。

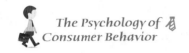

讓客戶對你放鬆戒心的親近心理學

如果和客戶初次見面你一開口就介紹產品，就真的是太唐突，容易讓對方對你產生反感，從而給你吃閉門羹，失敗的機率也比較高。大部分的業務員一見到客戶就急切地想賣出產品，話題總是不離產品，好像除了銷售產品之外就沒什麼可以說似的。而那些成功的業務們卻不是這樣做的，他們深諳讚美之道，還養成了讚美的習慣，總是不忘找機會讚美客戶。很多時候他們並沒有過多提及產品方面的內容，但往往卻收效頗豐，這是什麼原因呢？

因為唯有先解除了客戶對業務員的警戒心，取得客戶的信賴後，業務員才有機會了解客戶的需求，這樣接下來與客戶的交流就好溝通了。

 ## 這樣做，就對了

那麼，如何化解客戶的疑慮，解除他們的戒備心呢？

1. 嘴巴要甜，讚美客戶

沒有人不喜歡被稱讚和肯定的，當一個人聽到別人對自己真誠的讚美時，就會精神振奮，產生快樂的情緒。一個人如果長時間被他人讚美，其心情會變得愉悅，心理防線就會鬆懈，客戶也是普通的人，在聽到別人的讚美時也會陶醉其中，而我們就可以好好把握客戶的這種心理，多讚美客

戶，這樣才能順利接近客戶，贏得他的好感，讓他在短時間內接受你。

如果你在拜訪客戶時，只是淡淡地說：「你們家裝修得很漂亮」這一類空泛的語言是沒有感染力的。你可以說：「裝修很有格調，很大氣，特別是哪一部分很有設計感……」筆者一次去一位客戶家裡，她客廳的主色調是草綠色，而我之前見過的牆壁都是以白色居多。所以進門之後我就找到讚美點了：「哇……你們家裡的裝潢是誰設計的？」那個女主人說：「是我自己，有興趣玩玩而已。」我說：「一看您就是非常有格調的人，是一位非常優雅、懂享受、有品味的女士。這個顏色看起來多舒服，就像置身在大自然一樣，不輸專業的設計師。」她聽得心花怒放，由於她被我哄得很開心，後面的事情就很好談。所以讚美首先要具體化，你要仔細地觀察你的客戶，舉凡服裝搭配、配件、五官、身材……都是可以讚美的。

透過具體的讚美，對方會覺得你的讚美是真誠且與眾不同的，就會對你留下很好的印象。有了很好的印象，客戶就會喜歡你。

當然，在運用讚美的技巧時，必須掌握好說話的時機和讚美的尺度。否則，客戶會認為你不真誠，只會說奉承的話而已，這樣反而讓客戶對你產生不信任感，拉開了你和客戶之間的距離。

而這尺度要如何拿捏，才不至於讚美過頭呢？

找具體明確的事情來讚美，而不是空泛、含混地讚美，讚美點一定要是事實，客戶才會心安理得地接受。在讚美客戶的時候，我們會發現客戶身上具備很多優點和長處，例如：客戶的長相、舉止、身材、穿著等方面。讚美客戶的點一定要是個不爭的事實，而且是客戶身上所具備的，而你的讚美並沒有誇張、虛假。這樣的讚美，客戶才會自然接受。如，客戶的身材不好，我們可以讚美對方的皮膚；倘若她外型並不亮眼，我們還可以讚美她的服飾以及眼光等。此外，語調要熱忱生動，不能像背稿子一樣，往往就能獲得客戶的認可並坦然接受你的讚美。

每個人都有希望別人認可他不同凡響的心理，最好能讚美別人讚美不到的地方。因此，如果你在讚揚客戶時，能適當迎合對方的這種心理，去觀察發現他異於別人之處，從而真心讚美，一定能取得出乎意料的效果。

讚美是說給人聽的，所以一定要將亮點與客戶聯繫起來，必須是有針對性的讚美。讚美的話不用一次說完，分開說更有效果。一些比較沒經驗的業務員在稱讚客戶時常把讚美的話一次說完，但這樣不僅沒達到應有的效果，還會讓客戶覺得你動機不單純。試想，如果你遇到一位陌生的業務員利用讚美來對你「狂轟濫炸」，你是否感覺自己的警惕心越來越高了呢？當你帶著警惕心來傾聽別人的讚美時，你與對方始終都隔著一道牆，你們之間的溝通自然就順暢不起來。

選擇恰當的時機，把讚美的話語表達出來。讚美要在合適的時機說出來，這樣的讚美才是自然的，才能發揮調節氛圍，讓客戶感覺很舒服的目的。當然，如果客戶有意無意地透露出一些個人隱私，比如職業、家人、私人物品等等，這很有可能是客戶在暗示什麼。此時，你一定要抓住機會予以回應、讚美，這樣你和他就會聊得更融洽。

2. 讓客戶親自體驗產品

如果客戶對產品的品質、性能等存有疑慮，那麼，讓他親自體驗是最直接有效的方法。比如在銷售汽車時讓客戶親自體驗汽車的操控、加速、穩定性、舒適性等各項指標，那麼他對汽車的各種疑慮也就隨之煙消雲散了，進而產生想要擁有的欲望。

需要注意的是，當你在向客戶展示產品時，就必須表現出十分欣賞自家產品的態度。而如果業務員自己就不欣賞自家的產品，在展示產品時勢必會不自覺地顯露出來，這時細心的客戶就會發現：連業務員自己都不欣賞自己的產品，那這肯定不會是好產品。

3. 聊客戶感興趣的話題

如果在接近客戶時，與客戶溝通的資訊不能引起他們的興趣，只是把自己想要傳遞給客戶的資訊傳遞過去，往往會為失敗埋下種子。因為客戶常常會打斷你的思路或者話語，讓你「趕快離開」，即使客戶允許你說完那段令人厭煩的開場白，他也不會對你的產品感興趣，更不會購買。

但是，如果是與客戶聊他們感興趣的話題，則可以使整個銷售溝通過程充滿生機。一般情況下，客戶是不會馬上就對你的產品或企業產生興趣的，這需要業務員在最短的時間內找到客戶感興趣的話題，然後再伺機引出自己的銷售目的。比如，你可以先從以下這些事情談起，以此活絡溝通氣氛，增加客戶對你的好感：

➤ 談論客戶的工作，如客戶在工作上曾經取得的成就或未來的美好前景等。

➤ 提起客戶的主要愛好，如體育運動、飲食愛好、娛樂休閒方式等。

➤ 談論時事新聞、體育報導等，如每天早上迅速流覽一遍報紙，那麼與客戶溝通時就可以把重大新聞拿出來與客戶閒聊。

➤ 詢問客戶的孩子或父母的資訊，如孩子幾歲了、上學的情況、父母的身體是否健康等。

➤ 談論時下大眾比較關心的焦點問題，如奧運、世界盃或是NBA、職棒的賽事情況、房地產是否漲價、如何節約能源等。

➤ 和客戶一起懷舊，比如提起客戶的故鄉或者最令其回味的往事等。

➤ 談論健康、養生話題，如提醒客戶注意自己和家人身體的保養等。

即便是與客戶聊他感興趣的話題，業務員也要時刻留意客戶的表情變化，當客戶有露出一絲不耐煩時，就要考慮改變話題。

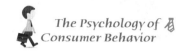

4. 多向客戶提問，解除其疑惑

在我們經由與客戶交談、溝通後，會了解客戶對自己的產品和服務的想法和存有疑慮的原因，明白客戶的疑慮主要是哪些方面，然後拿出有說服力的資料，用專業的知識消除顧客對產品的疑慮。

有時候，客戶雖然心存疑慮，但卻不肯主動說出口，這時候就需要業務員巧妙地提問來引導他說出內心真正的需求。事實上，在銷售中，提問的能力與銷售的能力是成正比的，優秀的業務員往往會根據具體的環境特點和客戶的不同特點進行有效的提問。你問的問題越多，獲得的有效資訊就會越充分，成交的可能性就越大。

其實，巧妙地向客戶詢問好處多多，它能更有效地幫助你掌握客戶需求，與客戶保持良好的關係，還有利於掌握和控制談判進程，減少與客戶之間的誤會。

但是，向客戶提問是需要技巧的，如果提問的方法不對，那樣不僅達不到預期的目的，可能還會引起客戶的反感，使你們的關係惡化。所以，在向客戶提問時需要掌握以下要點：

➤ 必須保持禮貌和謹慎，不要給客戶留下不被尊重和不被關心的印象。

➤ 問題必須切中實質。任何提問都必須緊緊圍繞特定的目標展開，這是每一個業務員都必須記住的。

➤ 多提開放性的問題。不要限定客戶回答問題的答案，而完全讓客戶根據自己的興趣，圍繞談話主題說出自己的真實想法。

總之，在面對客戶時，尤其是第一次拜訪客戶時，對方存有防備心理是很正常的，這是一種自然的、本能的排斥心理，除非他正好餓了而你銷售的正好是麵包。明白了這一點，是不是就樂觀地看待客戶的排斥，不再

怕客戶的冷漠。破冰要有新意，掌握以上化解客戶心理防線的技巧，並多加體會和練習，相信你的成交機率會大大提升。

攻心tips

　　適當的讚美能夠快速拉近人與人之間的距離。因雙方還不熟悉，談話內容可從較表面化的話題去打開話匣子，較表面化的話題如稱讚對方的外型、穿著如：「您的領帶真好看，很適合您。」業務員誠心誠意地讚美客戶，能夠為雙方的交談營造一種和諧的氣氛。盡量用正面的話語來讚美客戶，但也要本著實事求是的原則，不要過於恭維、吹捧，以免給客戶留下虛偽、拍馬屁的印象。

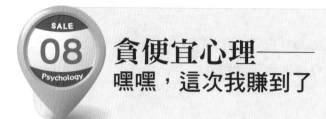

08 貪便宜心理——
嘿嘿，這次我賺到了

貪便宜是一種人性的特點，人人都希望「天上掉下來禮物」的美事發生在自己身上，更希望能夠吃到「免費的午餐」。但其實人們追求的並非是產品的便宜價格，而是一種貪到小便宜之後的喜悅心情，也就是一種精神上的愉悅。大多數的客戶，真正要的是那種「賺到了」的「感覺」。

你越是滿足客戶這種佔便宜的心理，那麼他們就越容易接受你推薦的產品。即使是一些對他們來說是可有可無的產品，他們還是會因為促銷打折而高興地買回家。

「用盡可能少的經濟付出得到盡可能多的回報」的心理影響著大多數人的購買行為。這類型的客戶在選購商品時，往往會先對同類商品進行比價，還偏愛有折價或有贈品的產品。對於限時與打折的誘惑力，他們通常是難以抗拒，必定是先買為快。所以說，在銷售產品時，儘量給予客戶這種「賺到了」的感受，給他們物超所值的心理暗示，那麼你的產品將會非常暢銷。

安娜開了一家化妝品專賣店。走進店裡，你會發現除了化妝品之外，裡面還陳列著各式各樣的物品，抱枕、雨傘、背包等生活用品；人偶公仔、機器人等各種玩具；居家佈置之類的手工藝品等等，雖然看不出來像化妝品店，但是她的生意卻異常興隆。

一天，一位顧客走進店裡，準備買一套美白保濕的化妝品。最終雙方

經過一番激烈的討價還價之後，客戶對價格還是不滿意，正相持不下時，客戶偶然瞥見放置在儲物櫃的那款抱枕，並要求既然價格無法降，那就把抱枕送給她作為贈品。這個時候，安娜知道自己的目的即將達到，還故意面露難色：「那是裝飾店面用的。」但顧客依舊不作罷，最終安娜還是把抱枕送給了那位顧客。顧客得到「買一送一」的抱枕之後，自然覺得很開心，並十分爽快地買了那套價值千元的化妝品。其實，那抱枕是安娜先前就批發回來預先放在店裡的。

之後，如果遇到帶小孩的客戶或者在店裡買了化妝品的客戶，安娜總是利用客戶的貪便宜心理，故意不說是贈品，而是等客戶提出要求後再裝作非常「慷慨」地送給對方。往往這就讓對方「感覺」是占了小便宜。正是這樣，安娜的生意越來越好。

小東西雖然不值什麼錢，但是卻能夠給予客戶大大的滿足，讓客戶非常爽快地付錢買單。以上的案例中，安娜在店裡擺飾了各種小物品，就是充分利用了客戶愛貪小便宜的心理，最後既滿足了客戶的需求，又成功賣出了商品。

業務員的業務完全是靠客戶的支持來獲得的，如果沒有足夠多的客戶，那麼商家的利潤就會變得極其微薄。換句話說，客戶只有購買了產品，業務員和公司才可能有利可圖。表面上是客戶自己覺得占了便宜，實際上真正獲利的卻是業務員及其公司。所以說，業務員應該有「放長線，釣大魚」的頭腦，讓愛貪小便宜的客戶嚐到甜頭，這樣才有機會促成合作。

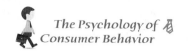

這樣做，就對了

1. 為客戶提供一些便宜的贈品

人的欲望是無限的，如果在實際購買過程中，如果你一次就滿足了客戶降價的目的，那麼他們還是會一而再、再而三地要求你降價。因為他們覺得既然你能降價，說明利潤的空間很大，就應該再多降一些，不然自己可不是虧大了。

如果客戶依舊是得寸進尺，那麼你就要立即切斷客戶的這種不切實際的想法，曉之以理地告訴客戶公司的規定或者不能降價的原因。這個過程中，態度應該理直氣和，讓客戶明白自己的苦衷。

另外，你還可以從另一方面告訴客戶：雖不能降價，但卻有贈品。這對於愛佔便宜的客戶來說，自然也是一個比較大的誘惑。

2. 利用「捆綁銷售」策略

愛貪便宜的客戶有一個顯著的特點就是，只要有利可圖，有便宜可占，他們一般都不會錯過。所以就要抓住客戶的這種心理特點，想方設法滿足客戶的這種心理。

例如，你可以將銷售產品、送貨以及售後等一系列的服務，形成免費的「一條龍」服務；例如將洗髮精與護髮乳搭配起來進行銷售、買咖啡豆送隨手杯；可以舉辦「買一送一」的促銷活動等，這樣完全可以激起客戶貪便宜的心理欲望，並最終選擇購買產品。

3. 辦活動促進銷售

某一汽車公司為了推廣自家的新型汽車，曾經和一家家電公司進行合

作。只要在活動期間，在該家電公司買足一定數額的產品，就可以免費參加抽獎。特等獎的獎品就是一輛汽車，當然還設有很多獎項。這樣好的機會又有誰會願意錯過呢？因此購物的人絡繹不絕，活動現場也非常熱鬧，吸引了很多人潮。當然，這家汽車公司既達到了宣傳的目的，又間接地提升了自己的銷量。此外，如果「小便宜」不能讓客戶感到欣喜的話，那麼你可以準備一些特色的服務或者優惠來給客戶一個「意外驚喜」，順利達到讓客戶吃到「免費午餐」的目的，而讓客戶滿意而歸，成為你忠實的老客戶。

攻心tips

我們要明白客戶真正要的不是便宜，而是要感覺到佔了便宜。客戶有了佔便宜的感覺，就容易接受你推薦的產品。而每個客戶雖然都有愛佔便宜的心理，但是又都有一種「無功不受祿」的心理，所以只要我們能善用這兩種心理，在剛和客戶見面或者生意才剛剛開始洽談時拉攏一下客戶，送客戶一些精緻的小禮或請客戶吃頓飯，就能提高雙方合作的可能性。

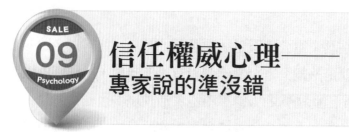

信任權威心理——
專家說的準沒錯

美國心理學家曾做過這樣一個實驗：讓一名「化學專家」來為一所大學心理系的學生講授一節課。課堂上，這位「化學專家」拿出一個試管，並聲稱是他發現的一種新的化學物質，具有強烈的氣味，但是對人體無害。如果打開蓋子，誰聞到的話就請舉手。結果班上大多數人都舉了手。其實，這位所謂的「化學專家」僅僅是一名普通的老師，而那瓶液體也只是一管蒸餾水而已。但卻經這位「化學專家」的推薦，而變得有氣味，有價值了。這個實驗讓我們簡單認識了權威效應。

其實生活中這種權威效應無處不在：當我們生病去看醫生的時候，儘管實習醫生看得再好，我們還是更相信滿頭白髮的老醫師，他隨便一開口我們會完全遵照他的意思去做；當家長為孩子請家教的時候，也會關注家教老師的學歷，越是高學歷的老師，越容易得到家長的信任。因為在我們看來，權威人物的思想、行為以及語言是正確的，服從他們或是跟著模仿他們可以讓我們產生安全感，讓我們更確認我們的行為是正確。

老王是一位資深的房仲業務員，雖然他和老李是同時進公司的，但是老李的業績卻遠遠不如老王，就連客戶資源也差了老王一大截。

其實，關鍵原因並不在於銷售技巧的差別，而是老王給了客戶一種更專業的形象。每次老王接待客戶的時候，總會在無形中對客戶灌輸一些相關的專業知識與建議。

一次，一對夫妻帶著小孩來看房子，本來客戶已經有了中意的房子。

但是在老王了解了他們的情況後，給客戶提出了這樣的建議：房子最好附近有學校，方便小孩上學；由於家裡成員還有老人家、孩子，在傢俱選擇上最好選擇一些收納空間大，把手、邊角更安全的傢俱等。這些貼心的建議都讓客戶感覺到了老王的專業素養。

在帶領客戶看房子的時候，老王還會分享一些關於房間的佈置建議，例如，「房子樓層高，光線較好，應該使用不易反光的產品」、「這個房子的格局有兩間衛浴，較大間的衛浴可以選擇簡潔、大方的磁磚，小間的衛浴可以選擇一些較溫馨、個性的磁磚」、「如果嫌這間小臥室的光線不好，可以選擇顏色稍淺的地磚，這樣除了能提升房間的採光，也比較好搭配傢俱」等等。

別看老王囉囉嗦嗦，但就是因為他的細心和設想周到，使得他的客戶資源日益變多，一躍成了公司的銷售冠軍。

懂得善用權威策略抓住客戶心理才能取得更好的業績。像老王這樣的業務員就是完全站在客戶的立場之上，不僅銷售了產品，同時也顧慮到客戶的需求，替客戶解決了一些難題，進而給客戶一種專業、權威的形象，自然就更受客戶的信賴與認同。

通常情況下，一旦業務員在客戶心目中建立起了權威的專家形象，那麼接下來客戶就是會主動或者是積極地回答業務員的提問，這樣雙方的交流自然能夠更順暢、深入地進行下去。

這樣做，就對了

然而，想要在客戶心目中樹立起專家的權威形象也不是三兩天的事，需要腳踏實地慢慢累積，最終達到「質」的突破。

1. 掌握產品專業知識，成為專家

充分了解自己的產品，熟知自己產品的各個面向，能夠準確應對客戶提出的任何問題，熟練地向客戶展示產品，這是成為一名顧問型業務員最基本的要求。

你應該掌握產品的名稱、技術含量、物理和化學特性、品牌價值、售後服務以及與競爭對手產品的差異等；如果是房產經紀人等這類職業，那麼應該熟知市區地形，進行住宅介紹的時候，最好讓客戶感受到你的幹練與精明，談及房屋貸款問題時，還應該利用自己財會專業知識，給客戶一種能夠獲得優質服務的感受。也只有成為一名專業的業務員，才更容易受到客戶的信賴。

除此以外，還應該多累積與產品相關的其他周邊知識，例如與產品相關的文化，一定的心理學知識等，把服務做到家，如此一來，你在客戶心目中的地位自然就會顯著提升。

2. 保持自信，樹立好專家形象

權威業務員最大的特點就是自信，試想一個沒有自信的人做事唯唯諾諾，如何能贏得他人的信任呢？

正如一家高級房車的銷售顧問，開口問客戶的第一句話就是「車是大型的耐用消費品，投資大，選車一定要謹慎。一款好車應該關注五個方面：造型與美觀、動力與操縱、舒適實用性、安全性能以及超值性的表現。不知道在您心目中最關心的是哪個方面呢？」這樣一問，相信很多客戶就會肅然起敬，真幸運自己遇到懂車的「專家」了！而願意與之深入討論各個方面以及自己的需求，這就是自信的魅力。

要想培養足夠的自信，掌握足夠的產品知識是關鍵；其次，應該保持整潔、大方的專業形象；最後，在銷售時，要善於引導客戶，不要被客戶

牽著鼻子走。能做到這些，才能真正成為客戶的產品顧問。

3. 洞察客戶心理，引導客戶走向預期方向

　　其實，銷售最終是一場心理攻堅戰，權威業務員往往也是心理高手。他們能夠透過觀察、了解客戶的心理，進而採取相應的策略，成功將產品推銷出去。例如，如果一位客戶並不了解自己的產品，但是卻表現出有購買意向，那麼業務員就要重點講解產品的優勢以及與競爭對手產品的差別，吸引客戶深入了解產品。如果客戶非常了解我們的產品，那就說明他們不只是來看看，成交的機會很高。對於這類客戶來說，價格只是一個參考因素，只要產品能夠滿足客戶的心理預期，他就會購買。針對這類型的客戶，最好的解決方案就是：不要提前表明優惠條件，讓客戶自己來決斷或者砍價，再慢慢釋出優惠，並展現出為難，讓他們感覺優惠並非是隨便給出的，那麼客戶也不好意思再隨意砍價，反而其相應滿意度會逐漸提高，進而順利與你成交。

攻心tips

　　由於客戶是將把自己的購買行為當成一項風險的投資，他們需要專業的業務員為其提供抵抗風險的保護傘。如果客戶在購買產品的過程中，有一個專業的業務員為其提供專業的產品資訊以及額外的說明，那麼他們往往會毫不猶豫地決定購買。我們常在廣告中會看到有些品牌找專家、知名人士對產品或服務進行推薦，並且強調產品的位階，營造令人信賴的權威感。也有人善於借用名人或權威人士的格言，提高說話的權威感。即使是很普通的一句話，也會顯得意義重大，這都說明了權威感的重要。所以，在銷售活動中，你還可以多多利用權威機構的檢測報告或專家的論據來為你的產品背書。

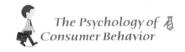

禮尚往來心理──
人情債，讓客戶再度光臨

隨著市場競爭的白熱化，產品以及服務的同質化越來越明顯，真正吸引客戶的並非是產品本身，還包括隱藏的利益，諸如情感、信任等，因此，想要取得好業績，我們要做的不僅是提供給客戶滿意的產品以及周到的服務，關鍵是還要捨得花時間投資情感，和客戶「交陪」。這樣才能做到鞏固客戶的忠誠度，增加「回購率」。

生活中，如果我們收到別人的幫助或者一份禮物，我們往往會在心存感激之餘，就想迫不及待地立即回禮，因為人人都不想欠別人人情。於是受這種心理重壓的影響，一旦別人提出什麼要求，我們總是會給予自己最大努力的回報，這樣心理重壓才能有所減輕。其實，這也就是人們的「禮尚往來」心理，總是想把別人給的人情送回去。

將這樣的心理引申到銷售行業之中，是完全可以好好來運用的。你可以站在客戶的立場上，為他們爭取最大化的利益，讓客戶感覺他欠了你的人情，不買會不好意思，同時增加客戶對你的信任感。

小徐去年買了一輛新車，並在車商那裡順便買了車險，最後發現車險比別人買的貴了10%。氣憤之餘，心裡想下次不會再這樣傻傻被騙了。

這天，距離車險到期還有一個月的時間，他接到一位保險業務員打電話來推銷保險，他早就已經做好拒絕的準備，並想好一套說辭。誰知對方正在推廣「救援卡」的活動，擁有這張卡的車主可以全年享受五十公里內免費的道路救援服務。一聽到免費，小徐眼睛整個亮了起來，並爽快地告

訴了對方地址。收到卡片之後，覺得自己撿了一個不小的便宜。

過了兩天，那位業務員打電話來詢問是否收到救援卡，並提醒小徐買不買保險，這張卡都是有效的。這讓小徐頓時大受感動，一個勁地道謝。在小徐車險就剩下兩週的時間到期的時候，那位業務員及時提醒小徐車險要到期了，並給小徐傳過來了一份車險的報價單，希望小徐能夠及時投保。由於有了前兩次的接洽，小徐更不好意思拒絕了，結果就購買了該名業務員推薦的車險。

案例中的業務員很聰明，在與客戶接觸時並沒有開門見山地介紹產品，而是贈送給客戶一個「人情」，讓客戶感覺自己欠下了一份「人情債」，最終，在他提出請求的時候，客戶基於這份「人情債」而不好意思拒絕，所以就「禮尚往來」地買下對方所推銷的車險。

這樣做，就對了

想要創造好業績，就要不斷地撒播人情，讓客戶感覺到你的真心，他才會心甘情願地購買你的產品。因此，利用客戶禮尚往來的心理，在一定程度上，可以有效地確保銷售工作的暢通無阻。那麼，應該怎麼做，才能讓客戶感覺欠了你一個人情呢？

1. 像朋友一樣記住客戶的名字、長相以及特點

每個人都希望自己受到足夠的重視和尊重。一位優秀的業務菁英在分享他的成功經驗時，這樣說：「成功與我良好的記憶力是分不開的。在顧客一踏進店裡的時候，我總是會仔細打量他的長相以及各方面特點。等到這位顧客第二次光臨本店時，我就會認出他，並立即叫出他的名字，顧客此時也會很自然地回應。等到他第三次來的時候，我就會像朋友一樣與他

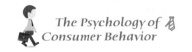
交談，並讓他記住我。到第四次的時候，我會很親近地與他打招呼，讓他感覺我是值得信任的，並與他聊一些家常，想盡辦法讓其多在店裡留一會兒，從而增加銷售機會。往往經過幾次的接觸，顧客們會很信任我，並且很願意購買我推薦的產品。」

的確，優秀的業務員總是會以最快的速度記住顧客的名字。在與顧客交談的時候，如果你能夠以朋友的語氣來稱呼對方的名字，客戶就會對你有一種很親切的感覺，從而增加對你的信任與好感。

因此，在接下客戶名片的時候，記得對照客戶的長相與姓名多進行、確認並記憶，或者借助於客戶與眾不同的地方來記住對方的姓名。在下一次見面的時候最好能夠立即叫出對方的姓名，這樣很容易就能贏得客戶的好感。

2. 使用「免費」策略感動客戶

我們逛街購物時，往往會看到一些商家在門口推出「免費試用」、「免費品嚐」等活動，而這些商家裡的人潮也是最多的。這是因為商家掌控了人們的這種禮尚往來的心理，在人們接受這些「免費」待遇時，心裡難免會有一些不買不好意思的感受，而這種力量往往促使人們就買了。

總之，無論你從事的是服務業，還是銷售業，你完全可以先以免費的產品或者服務「誘」之於客戶，讓客戶嚐到「甜頭」，接受你的人情，那麼客戶往往也會對你慷慨、大方，購買你的產品。

3. 被客戶拒絕後，不妨退而求其次

一般來說，業務員為了能有高業績，總是想方設法看能不能讓客戶多買一些。但這也常常會遭到客戶的拒絕。此時，如果你能做出一定的讓步，那麼客戶心理便會隨之產生一種負債感，彷彿委屈了你，而為了彌補

他對你的這種虧欠，而會做出同樣的讓步。

因此，在客戶拒絕了我們推銷的產品時，我們可以試圖從另一方面來獲得客戶的補償。例如，客戶不接受價格高的產品，我們可以為其推薦價格適中的產品；客戶並不打算買我們的產品，但只要進店光臨我們就免費贈送一份小禮品，讓他們為我們做免費的宣傳或者推薦新客戶等。

4. 放長線，釣大魚

現在市場競爭激烈，或許有些消費者早已對商家採取小恩小惠討好顧客的手法司空見慣。即使人們收下我們的禮物，未必就會給我們做免費的宣傳，因為他們也可能會收取競爭對手的禮物。那麼，對於這種情況來說，要如何讓客戶專門為自己的產品做出「回饋」呢？要做到這一點，首先業務員應該保證我們的禮品適合客戶，並且還應該長期堅持，當對方有任何使用上的問題時，最好及時提供說明，這樣客戶才會對你心存感激。此外，當你送給客戶禮物的時候，你可以告訴客戶不要有心理壓力。其實，往往我們越是不要求回報，客戶的心理負擔、回報感就會越強烈，這樣更有助於我們順利完成交易。

5. 處理好抱怨，客戶更信賴你

來自客戶的抱怨及客訴，如果沒處理好，勢必就直接影響到客戶對產品的滿意度，從而影響客戶的再次回購。

一般來說，在處理抱怨之前，首先一定要先安撫客戶，讓他的情緒平靜下來。如果時間和地點都不適合解決，就要改變時間和地點，也可以把客戶帶到辦公室或者一個獨立空間，給客戶遞上一杯咖啡或茶，並且換位思考，站在客戶的立場說話，並說明後續的處理事宜。同樣還可以提供客戶一些物質上的補償，比如贈送一些小禮品、送給客戶一張會員卡等以示

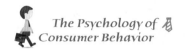

歉意；做好售後的相關工作，及時與客戶進行溝通，讓客戶充分體會到你的誠意。

攻心tips

　　客戶之所以會買單或是重複回購，並非僅僅是因為產品好，更重要的還有他對業務員的好感。良好的服務可以為自己贏得更多忠誠的顧客。「禮尚往來」心理，是人們總是想把對方給的人情盡快還回去。業務員完全可以利用客戶的這種心理來爭取你的訂單。像是建立客戶檔案，為客戶提供「暖心」服務，新產品上市的時候，及時為客戶提供產品上市以及各種優惠活動資訊……等等，就是要時刻站在客戶的立場上，為他們爭取最大的利益，讓客戶感覺他欠了你一份人情，不買會不好意思，這樣你就成功了。

二選一定律——
給客戶表面上的主導權

　　生活中，隨著同質化產品的日益增多，人們在購買產品時經常會面臨「魚與熊掌不可兼得」的兩難情況。作為業務員，你當然希望客戶能夠順著你的心意乖乖做出選擇，但如果你強把自己的意志加到客戶身上，反而會引起客戶的反感與不舒服，這樣生意很快就會破局。

　　業務高手在遭遇這種情況的時候，通常會根據客戶的情況縮小選擇的範圍，採用「二選一」問話法讓客戶做選擇，如「您是要一包還是兩包」、「您喜歡紅色還是黑色」、「您是要大平板還是小平板」等。這種問話方法表面上是給了客戶一個自主選擇的機會，實際上卻能夠讓業務員在銷售中擁有絕對的控制權，把銷售結果轉向自己期待的方向。

　　「二選一」問話法又被稱為封閉式的提問法，其形式就是用「是……還是……」的句型，而且答案只限定在你所提供的選項。這樣的問法方便客戶做出選擇，有助於提高成交率。

　　一天，保險業務員張偉明去拜訪一位書店老闆，希望對方能夠投保。張偉明做完自我介紹之後，老闆卻告訴他要等到兩個月後定存期滿才會投保，並表示現在很忙還不想考慮這件事情。

　　「鄭老闆，光陰似箭，兩個月很快就會過去，我們應該提前準備才行呀！其實這就像是給小孩子買衣服一樣。小孩剛出生沒多久，我們就會提前準備一歲穿的衣服，但感覺沒過多久，小孩就能穿了，不是嗎？現在準備才不至於將來手忙腳亂呀？您說對吧？」張偉明說完，鄭老闆並沒有說

話，似乎已經認可了張偉明所言。

　　於是，張偉明接著問：「鄭老闆，我們可以約個時間先聊聊？」

　　「可以，但是我最近真的很忙。」

　　「我也知道您很忙，所以我才想與您見面溝通。只要花費您幾十分鐘的時間就可以了。您看是本週有時間，還是下週有空呢？」

　　「這週我的計畫已經安排滿了，那就下週吧！」

　　「好的，那您看是下週三還是週四，您更方便一點呢？」

　　「週四吧！」

　　「好的，那您是上午還是下午更好呢？」

　　「最好是下午。」

　　「嗯，我記下了。時間我們精確一些，二點還是三點見面呢？」

　　「三點就可以。」

　　「好的，鄭老闆，下週四下午三點鐘我來您辦公室與您見面，到時候我們再詳談。謝謝，再見！」

　　通常狀況下，有經驗的業務員最常利用這個「二選一」定律來促使客戶購買自己的產品，通常效果都很好。以上故事裡的業務員也同樣是運用這個方法，當客戶表現出了購買意向時就主動出擊。他並沒有詢問客戶是否購買，而是假設客戶在購買的前提下，以「提問法」爭取到了洽談的時間，最後也為自己贏得了一次良機。

這樣做，就對了

當然，在使用這種「二選一」定律時，需要注意以下幾點：

1. 假設客戶有明確需求

一般來說，無論是客戶進店了解產品，還是業務員登門拜訪，在雙方初次接觸時，大多數客戶並沒有明確的購買意向。此時，如果直接詢問客戶是否購買，客戶出於防備很容易就一口拒絕。所以，最好是先假定客戶購買，並在此基礎上使用「二選一」詢問法，引導客戶按照你的思路走，這樣我們的銷售勝算才會大一些。封閉式的提問也是要注意技巧的，比如你問客戶：「要不要來份鬆餅？」，客戶可以選擇買或者不買，就像扔硬幣，成交率是一半一半。 而如果你換個方式問：「鬆餅您是要水果口味的？還是冰淇淋口味的呢？」這樣客戶不管怎麼選都會選一種。成交機率可達九成。

2. 認同客戶的觀點，讓他覺得是自己在主導選擇

使用「二選一」定律的前提是，要先明確客戶的購買意向，並且在雙方交流中，一定要認同客戶的觀點或者選擇是正確的，然後再在銷售的細節上做文章。記住，反駁客戶的觀點只會讓客戶產生對立情緒，讓客戶留下不好的印象，會覺得自己的主導地位受到侵擾，這樣一來就會導致雙方交流的中斷或者夭折。

3. 多在詢問順序上花些心思

一般情況下，我們在使用「二選一」法進行提問時，詢問的順序應該極具邏輯性，環環相扣，逐步縮小對方的選擇範圍，這樣客戶才能在你的

引導下逐步做出正確的判斷。

　　此外，人們還有一種跟隨最後選擇選項的習性。換句話說，當你想讓客戶跟隨你的意願進行選擇的時候，不妨把希望客戶選擇的那個選項放在後面，讓客戶不由自主地選擇合你心意的那一個。巧妙運用這種心理，往往能夠讓你獲得你所期待的答案。

攻心tips

　　約客戶見面時，絕對不要問：「請問你什麼時候有空？」或「請問你有沒有空？」你應該使用二選一法則，挑出兩個時間來，讓你的客戶選擇，這才是比較有效的方式。此外為了防止客戶脫離談話主題，在提問時，也可以多多運用「二選一」的提問方式，將有利於雙方的談話持續圍繞著主題進展。

選擇心理——
我要挑出最好的

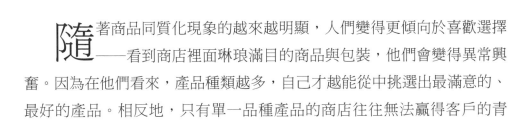

隨著商品同質化現象的越來越明顯，人們變得更傾向於喜歡選擇——看到商店裡面琳琅滿目的商品與包裝，他們會變得異常興奮。因為在他們看來，產品種類越多，自己才越能從中挑選出最滿意的、最好的產品。相反地，只有單一品種產品的商店往往無法贏得客戶的青睞。

週末，趙太太和鄰居一起去逛家電商場，她打算選購一台電磁爐。

來到廚房用具的樓層，售貨小姐很熱情地迎了上來：「太太，這是我們主打的電磁爐品牌，今年的銷量一直很好，節能、高效、安全、易操作、使用壽命長，隔熱性以及絕緣性都非常棒，尤其適合居家使用。」售貨小姐熱情洋溢地介紹。

「說的都挺好，但我看價格都挺貴的。還有其他品牌或者是其他價位的產品嗎？」趙太太問。

「太太，我們是專門代理這種品牌的，其他品牌的產品暫時還沒有。不過同類品牌其他規格的產品，價格會稍微便宜點，您要看看嗎？」

「沒有其他品牌的？看來便宜的一定不如它囉！」趙太太對鄰居說道。

售貨小姐趕緊回答：「在規格方面比不上它，但是其它功能方面是差不多的，這您不用擔心。」

「嗯，我們先去看看別的產品，回頭再說吧！謝謝妳。」說完，趙太

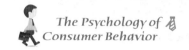
太就和鄰居一起去逛別的櫃位了。

在另外的一家電磁爐專賣店，售貨小姐同樣很熱情地接待了她們。但唯一不同的是，售貨小姐按照趙太太的需求，給她介紹了三種品牌的電磁爐，其中包括趙太太先前看的那一款。經過仔細比對，趙太太發現之前看的那一款雖然價格有點貴，但比較下來，CP值是三款當中最高的一款。因此，趙太太立即決定買下了那一款。

以上的故事中，為什麼趙太太沒有直接在第一家就選擇那台電磁爐，而是在另一家專賣店毫不猶豫地選購了同款電磁爐呢？原因很簡單，前一家專賣店的產品品牌過於單一，不能滿足客戶的選擇心理，而後一家產品種類比較齊全，讓客戶有充分的挑選與比較的空間，這樣客戶才會認為自己選擇出來的產品是最好的，也是最適合自己的，最後滿意而歸。

顯然，這是銷售員的一種心理戰術，利用客戶的選擇心理最終促成了交易。

這樣做，就對了

那麼，應該如何利用客戶的這種心理提高自己的銷售業績呢？

1. 利用感官邏輯，多給客戶選擇的餘地

「感官邏輯」行銷顧問丹‧希爾曾說過：「成功的商店總是會利用高價產品來創造『混合著憤怒與幸福的複雜感受』。」仔細想想，不無道理。有經驗的業務員想賣出去一件產品時，總是會在它的旁邊擺上比它貴很多的同類產品，目的就是要製造出便宜的感覺來，讓客戶覺得這個產品的CP值比較高，從而吸引客戶購買。

其實，歸根結底，當客戶說他們需要更多的選擇時，他們往往是想要

一個選擇的經歷，想要體驗更好的挑選過程。因此，業務員不妨在提供滿足客戶需求的產品時，多提供一些不同品牌、數量、規格、品質的產品，讓客戶自己挑選出最滿意的產品。

2. 刪繁就簡——產品種類並非越多越好

心理學研究發現，人們往往很難分辨七種以上物品的屬性與性質，所以過多的選項只會讓人們無所適從，結果導致他們不是放棄多數，選擇熟悉的產品，就是選到最後發現自己的選擇最糟糕。換句話說，業務員不應該提供給客戶很大的選擇範圍，精而簡的選擇範圍才能讓客戶迅速鎖定購買範圍。

所以，不妨在為客戶提供產品之前，先弄清楚客戶的需求，根據客戶的需求刪減掉一些不符需求的產品，然後再依客戶各方面的要求精心挑選一些產品，最後呈現在客戶面前，讓客戶挑選。貼心地從客戶的利益出發，為客戶提供最佳的選擇建議，反過來客戶又會透過購買產品來回報你。

攻心tips

由於客戶喜歡自己做決定，所以在提供產品的時候，最好給客戶足夠的選擇餘地，讓他可以根據自己的需求來決定。此外，還要正確分析和確定客戶的真正需要，以提出適當的選擇方案。只有提出與客戶需要相符的選擇方案，才有助於客戶選購，有利於成交。但選擇範圍應該根據客戶的需求有所刪減，給出的選擇方案不宜過多，否則，會使客戶挑花了眼，拿不定主意而不了了之，另一方面也節省了時間，提高了成交效率。

虛榮心理──
它才配得上我的身分

曾經有一篇報導中提到：一些女OL她們的月收入不過三萬出頭，但為了在別人面前顯得有面子，寧可自己省吃儉用存錢去高級名牌店買一個LV的名牌包，然後每天背著名牌包擠公車、捷運或者走路上下班省錢。其實，現實生活中，這樣的例子是多不勝數：買房子不是量力而為，適用就好，而是盲目追求大坪數、追體面；買車的目的不是用來代步，而是為了炫耀、為了在朋友前有面子，其實，這都是人們的虛榮心在作怪。

由於受到這種消費心理的影響，這些人在購物的時候並不看重產品的使用價值，而是用消費行動來證明自己的財富或者身分，並力證只有好產品才能配得上自己的身分。所以，業務員在介紹產品時就可以著重強調產品的最好、最獨特、最能體現身分的一面，以此來誘導消費者掏腰包。

劉芳美大學畢業後開了一家時尚服飾店，由於爸爸是經營超市的，因此她對客戶的心理自小就耳濡目染。再加上她天資聰穎，做事也很細心，因此沒多久就擁有了一大批忠實顧客，而且每個月的收入也不菲。

這天中午，一位與她年紀相仿、穿著時尚的女孩走進店裡。她趕緊招呼了這位顧客，明顯看來，這位女孩是個上班族。於是劉芳美一邊與女孩聊天，一邊把她引向了價位較高的服飾區。透過聊天，劉芳美得知女孩是剛剛開始工作的社會新鮮人，而且月薪很高，也很捨得花錢。當然，從這幾方面看來，女孩絕對是一位炫耀型的消費者。

　　劉芳美大致了解了客戶的心理之後，就給她介紹了幾款高檔的服裝，並不停地誇讚她身材好、有眼光，而且還著重強調了女孩就應該把自己打扮得漂亮點。當然，這一句句都說中了女孩的心思。女孩連續試穿了幾件衣服，最後對一件高單價的針織衫非常感興趣。

　　劉芳美立即就在旁邊「趁熱打鐵」：「小姐，看這件衣服穿在您身上多顯氣質呀！我真羨慕妳有這樣的身材和收入。」女孩聽了之後，虛榮心彷彿已經得到了最大程度的滿足，二話不說，直接就將這件將近快五千元的針織衫買下來了。

　　當然，在臨走的時候，劉芳美還不忘給女孩提建議，讓她選購一件合適的褲子相配，女孩經不住劉芳美的推薦，最後也買下了一件二千元左右的褲子。

　　虛榮心強的人總是喜歡講排場、擺闊氣，喜歡事事和他人攀比，目的是要證明自己比別人更強，同樣這也是他們獲得心理滿足的一種有效方式。劉芳美也正是抓住了女顧客的這種虛榮心理，對她進行了積極的引導，並著重強調高檔產品給人帶來的身分以及社會經濟地位，最終讓對方得到了心理上的滿足，並滿懷欣喜地購買了產品。

這樣做，就對了

　　當然，對於這一類客戶，就是要善於引導，可以向其推薦一些比較高品質的產品但千萬不能為了實現成交而坑害客戶。你應該這樣做：

1. 順著客戶意向走，不要自作主張推薦廉價產品

　　虛榮心、愛面子是每個人都會有的，只是每個人的愛面子程度不一樣罷了。在接待客戶的時候，能察言觀色，但要盡量避免「以貌取人」。

客戶穿著時尚、奢華就直接引向高檔服務區；若是穿著過於普通，就直接自作主張地介紹廉價產品，這樣只會讓客戶覺得業務員看不起自己，對你產生反感，更不會向小看自己的業務員購買產品。

一般來說，業務高手不論客戶地位的高低，一開始都會先順從客戶的意願引導客戶，然後在根據客戶的具體需求，站在客戶的角度上為對方提供合適的產品，這樣才能真正討得他們的歡心。

2. 透過對比，讓產品提高客戶的身分

由於炫耀心理的影響，這些人在購物時往往會打腫臉充胖子，死撐到底，因而使消費變成失去理性的炫耀性消費。他們一般會主動選擇那些較高價位的產品，目的是為了把自己與低層次的消費者區分開來，從而展現自己的身分與尊貴。

因此，精明的業務員總是會透過高低檔產品、價位的對比，來向客戶展現出高價產品的與眾不同，並適當把高價產品能夠顯示一個人的身分與地位的思想貫穿其中，從而讓客戶在不斷助長的虛榮心的控制下購買產品。

3. 會說「場面話」恭維客戶

「場面話」也就是稱讚的華麗詞句，當然這需要以事實為基礎。對於客戶來說，與其開門見山倒不如用委婉的話語給對方思考的餘地，有時適當地加點奉承話輔助，就會收到更好的效果。

一位電器公司行銷課的許課長曾說：「拜訪客戶時，若是看到門口整齊擺放了小孩的鞋子，我就立刻稱讚說：『府上的家庭教育，做得真好，實在令人佩服……』。我想任何做父母的人，聽到這樣稱讚小孩的話一定是滿心歡喜……」。

在銷售過程中，適度地恭維客戶是必須的。這種方法不僅能夠突破客戶的心理防線，還能贏得客戶的青睞，那麼訂單就有望了。

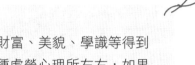

攻心tips

　　虛榮心理是指人們渴望自己的身分、地位、財富、美貌、學識等得到他人認可及讚揚的心理。客戶在消費時也會受這種虛榮心理所左右，如果你能夠利用好客戶的虛榮心理，那麼它就是促成交易的催化劑；為了博得這類客戶的歡心，就要懂得運用「奉承」和「恭維」來迎合客戶，說動客戶成交。面對虛榮心強的客戶，只要是能夠滿足其虛榮心的高單價商品，他反而能一擲千金而面不改色；只要能填滿其渴望最高級的東西的需求，就能成功售出。若是你一味地強調非常便宜、划算，反而引不起他們的興趣，就會與這筆訂單擦身而過。

折衷效應——
客戶購買前都會權衡利弊

　　美國人西蒙森曾做了一個實驗：他提供了兩間房子供一所大學的學生選擇。一間非常漂亮，離學校11公里遠；一間稍次於第一間，但離學校6公里遠。最後50%的學生選擇了第二間房子。然後西蒙森又加入一間房子，條件不如第二間，但步行10分鐘就可以到達，結果66%的學生選擇了第二間房子。經過深入研究，西蒙森發現人們在面臨選擇時，只要存在中間選項，該選項會獲得平均17.5%的支持。這也就是我們接下來要說的「折衷效應」。

　　客戶在做出一個購買決策時，也需要全盤考慮，權衡利弊。因為他們經常會因為受到某種條件的限制而無法買到稱心的好產品。比如，款式新穎但價格過高、價格合適但品質一般……等。一旦購買的選擇受到局限，他們便會在心裡權衡，希望自己能夠買到物有所值又能滿足自己需求的產品。這個時候，客戶就希望能有更大的挑選空間來折衷處理，從而買到比較接近自己心理需求的產品。

　　既然客戶會對產品的各種條件進行一番權衡，那麼他們在購買產品時，當然希望自己能有一定的選擇空間，以使自己更有彈性地選擇購買哪種產品，這種是折衷心理的重要體現。因此，當你在向客戶銷售產品時，不妨給他們留下彈性選擇的餘地，讓他們能在更大的空間內進行選擇。比如多準備幾種不同型號、不同造型、不同品質的產品，當然了，產品的價格也要分不同層次。這樣一來，既可滿足不同客戶的不同需求，又能讓每

位客戶都能在一定範圍之內充分選擇，進而滿足客戶的折衷心理。

當然，在把握客戶的折衷心理時，你不僅要把不同種類和特徵的產品一一陳列在客戶面前，同時還要根據自己的觀察和分析，針對不同的客戶需求對客戶提出合理建議。比如，當客戶在面對諸多選擇而猶豫不決時，你若發現客戶更在意產品的品質和價格，就要著重推薦簡單實用的產品；如果客戶在意的是產品的外型，則要全力主推造型特別、新穎的產品。而在客戶經過自己內心的一番權衡和業務員的合理建議之後，客戶會結合自己權衡的結果與業務員的建議，做出選擇。

這樣做，就對了

對於從事銷售工作的人來說，要能確實掌握客戶購買產品時的心理，並根據客戶意向採取相應的方式，這樣才能真正做到讓客戶滿意。

1. 給客戶更多的選擇空間

正是由於客戶折衷心理的存在，他們總是喜歡在挑選產品的時候仔細權衡其利弊。這個時候，你就要給客戶足夠的選擇空間，讓他們選擇出最滿意的產品。例如，你可以多提供幾種不同款式、不同品質、不同價格、不同型號的產品供客戶挑選。這樣一來，既可以滿足客戶的不同需求，更容易讓生意成交。

2. 提供產品的時候，附上你的建議

客戶在對產品權衡利弊的過程中，有的業務員覺得客戶優柔寡斷，也會因為客戶遲遲下不了決定而不耐煩。這個時候，如果你直接打擾到客戶挑選的過程與思緒，很有可能就會引起客戶的不滿。但是，如果在這個關

鍵時刻，你要給予客戶足夠的理解與關心，最好先給予他一些建議與分析，接著給他空間思考，不去打擾他，這樣客戶比較好做決定。

例如，如果你的客戶比較感性，比較注重產品的外觀，那麼可以推薦外觀相對精緻，符合客戶氣質特點的產品；如果客戶更注重價格，你可以向客戶推薦一些物美價廉的產品；如果客戶比較關注產品的品質，就可以給客戶推薦高、中、低不同檔次的產品，並分別說明各自的特點，讓客戶自己做選擇。記住，你僅僅是扮演著提供建議的角色，並不用說服客戶做決定。

一般來說，客戶在自己以及業務員提供的建議權衡之下會及時決策，提高雙方的成交效率。

攻心tips

客戶總是希望以更少的金錢購買到更合意的商品，當條件不允許時，他們會根據自己的特點和需求來選擇，因此你必須把握客戶的選擇傾向，並持續在一旁加強並催化他購買的決心。在幫助客戶抉擇時，一定要使用「商量」的口吻，肯定句或命令句會使他們感到不舒服，即使你是對的，客戶可能也不會認同。

登門檻效應——
對於客戶的要求，不能全盤接受

生活中，或許你也有這樣的經歷：走在馬路上被人攔住，對方表示只會耽誤你一分鐘的時間，如此簡單的要求，你就答應了，接著，他請求你幫忙填寫問卷，說有禮品贈送，再接著向你銷售產品，你可能不好意思拒絕，就買了；去超市買東西的時候，碰到某品牌食品在促銷，你被吸引過去「免費試吃」後，本來只打算買一個，但促銷員說「買二送一」，於是你最後在本無計畫之下購買了很多。

其實，這就是「登門檻效應」對人的影響。心理學家認為，一下子向別人提出一個較大的要求，人們一般不會輕易接受。如果逐步提出要求，不斷縮小差距，人們就比較容易接受。這主要是由於人們在不斷滿足小要求的過程中已經漸漸適應，而意識不到逐漸提高的要求已經大大偏離了自己的初衷。

反過來講，在購買產品時，很多客戶總是會向業務員提出很多要求。對於這些要求，如果業務員全盤接受，那麼很有可能客戶會提出更多得寸進尺或者是比較過分的要求，此時，業務員若不接受，就很有可能前功盡棄。

一天，熱水器業務員趙正凱去拜訪一家裝潢公司的李總。見到李總之後，趙正凱把所銷售熱水器的特色、性能向李總進行了簡單的介紹。面對趙正凱的熱情介紹，李總對他們公司的熱水器產生了濃厚的興趣，並不斷地向他詢問不同款式熱水器的功能以及價位。對此，趙正凱都一一做了詳

細的回答。雙方的溝通也非常順暢。終於到了洽談合作事宜的階段了。

李總：「對於你們的產品，基本上我是挺滿意的，只是價格偏高，你看能不能在原來報的價格基礎上降低兩個百分點呢？」

業務員：「我們的價格已經很合理了，畢竟我們的產品是有品質保證的。當然，李總，如果我們能夠長期合作的話，那麼這是沒有問題的。」

李總：「那太好了！」

業務員：「既然李總都這樣說了，那麼我們就簽一下合約吧！」

李總：「這沒問題，但是現在還有一個小問題，出貨的運費由誰支付呢？」

業務員：「李總，您真是會開玩笑，價格我們已經給您降低了，運費當然是由你們負責呀！」

李總：「我們訂購的產品數量不少，運費也不是一筆小數目，再說了我們之前合作的供貨方都有承擔運費的。你們看是要承擔運費還是把產品價格再稍微下調一下呢？」

業務員：「李總，價格給您報的已經是最低的，而且看在長期合作的情況下，我才又降價的，現在您這個要求我們完全不能接受。」

最後雙方不歡而散，自然約也沒簽成。

由於業務員與客戶各自的利益點不同，因此在談判中他們總是會想方設法為自己謀取更多的利益。很多時候，業務員為了取得業績，會一步步地妥協，甚至盡可能地給客戶提供便利。但殊不知，這樣反而很容易「縱容」客戶，讓客戶產生「反正他都答應了所提的條件，再答應一個小條件又有何妨！他不答應我就不買」的心理，進而不斷在小要求之後提出更大的要求，就猶如是登門檻一樣，一級級地向上爬，直到業務員滿足自己的要求為止。

案例中的業務員趙正凱也就是中了客戶的這種「圈套」，對客戶的要

求全盤答應，最後在一個客戶看似並不過分的要求上卻無路可退，而使談判破局。

這樣做，就對了

其實，很多客戶都存在這種得寸進尺的心理，如果不懂退讓的技巧，那麼很可能就會處於被動，被客戶牽著走。所以只要掌握好以下原則就可以在維護自身利益的同時也不怕丟失客戶。

1. 避重就輕，維護好讓步的底線

在交易雙方進行談判的時候，客戶總是會一而再、再而三地提出各式各樣的要求，以此來達到自己獲取更多利益的目的。這個時候，不妨採取避重就輕的策略，避開客戶所提的要求，找一些無關緊要的條件來讓步，滿足客戶想佔便宜的心理。

同時在讓步的過程中，業務員還應該強調那些條件的重要性以及可能帶來的損失，並且表現出要答應讓步很為難，可以假裝必須請示老闆、上司等，讓客戶一方面產生一種被重視的感覺；另一方面也不好再提出更多過分的請求。

2. 面對苛刻的要求，不妨搬出「老闆牌」

很多時候，客戶提出的要求會非常苛刻，那麼不妨虛設一個「主管、老闆」，把決定權推給這位「主管」。這樣一來，客戶知道你不具備這方面的決定權，即使他說破嘴皮子也沒用。因此，便不會再向你提要求了。當然，業務員自己還應該明白，這個主管是自己虛設的，自己是有這個決定權的，絕對不能把責任真推給主管。否則，很可能會引起不必要的麻

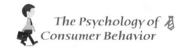
煩。

3. 找同事幫忙扮黑臉

還有一類客戶特別喜歡軟磨硬泡，他們本來已經有很強烈的合作意願，但是為了獲取更大的利益，不惜花費很長時間來讓業務員妥協。這種情況也最讓業務員感到頭疼。

在面對這樣的情況時，不妨請同事來幫忙。讓其以主管的身分出現在客戶的面前，直接開門見山地告訴客戶，由於業務員沒有經驗，優惠的條件遠遠超出了底線。雖然會讓客戶大發雷霆，但由於之前談妥的條件已經有了一定的優惠，在一定程度上，客戶還是會按照之前與業務員談妥的條件購買。這樣往往在達成交易的情況下，還能打消客戶繼續向業務員提出苛刻條件的想法。當然這種方法僅僅適用於死纏爛打型的客戶，偶爾使用效果才會顯著。

攻心tips

不要輕易答應客戶的要求，在客戶面前做好人，有時會苦了自己，吃力不討好，被客戶牽著鼻子走。客戶的要求是無止境的，所以建議可以掌握80/20原則，不能輕易地全盤接受，但也不能完全拒絕他們，應該漸進、委婉但明確地表示拒絕，所以，在滿足客戶的同時，也需要具備維護公司利益的交涉能力。

超限效應——
見好就收，千萬不要歹戲拖棚

超限效應主要是指刺激過多、過強或者作用時間過久，從而引起心裡極度不耐煩或者逆反的心理現象。令大家感受最深的就是，一些企業主為了吸引消費者的目光與注意，在收視率高的電視劇中不斷插播廣告；一部電視劇的收視率很高，馬上就有續集、第三部等的推出，但品質往往沒有第一部好，因趕製的關係而品質粗糙，令人大失所望。這種密集型的宣傳方法雖然可以達到一定的宣傳效果，卻不懂見好就收，極易使人產生厭煩，最後適得其反，引來負面觀感。

當然，這種宣傳方法並不僅僅存在於電視、電影之中，實際的銷售活動中，業務員因為沒有注意到消費者的這種心理現象，而造成反效果的更是時有所聞。王明華是一家飼料加工公司的業務員，由於他是新入這一行，總是在客戶面前顯得很被動。

一天，王明華來到一家養殖場向趙老闆銷售飼料。見到趙老闆之後，王明華笑著說：「趙老闆您好，我是××飼料加工公司的業務員，您可以叫我小王。」

誰知趙老闆連正眼都沒看他，就說：「我們養殖場最近剛進了一批飼料，暫時不需要，你還是別在我這裡白費力氣了，趕緊走吧！」

聽了這話，王明華依舊笑著說：「趙老闆，我可以先跟您介紹一下我們飼料的與眾不同之處，您買不買都不要緊。」趙老闆心想：他愛嘮叨就嘮叨吧，反正我是打定主意不會買。於是他索性就懶洋洋地回答了一句：

「其實，飼料都是大同小異的，沒什麼不同。」

面對趙老闆的不理不睬，王明華還是很有勁地介紹了自己的產品，並把飼料的獨特之處說得仔細又詳盡。竟然讓趙老闆聽了也感覺飼料的品質、價格等方面都還不錯，於是決定先買一批試用。

王明華一聽說趙老闆答應要買，樂得頓時不知道應該怎麼辦才好，不斷地說：「趙老闆，您大可放心，我雖然是新手，但是我以後還要靠著產品混飯呢，所以相信我就行了。」說著，一邊顫抖著拿出合約，一邊還在不停地說：「趙老闆，您真是一位大好人呀，我以前向別人推銷都無人問津，沒想到在您這裡這麼順利，我終於可以做成一筆生意了……」

一聽王明華這樣一說，趙老闆本來準備拿筆簽約，這心裡便不由自主地想：「原來沒人買他的產品呀，自己會不會上當呢？」最後，趙老闆還是找了一個藉口急踩剎車，沒有和王明華簽訂合約。

眼看著離成交只有一步之遙，但業務員王明華卻不懂見好就收，而是過度地感謝客戶，也正是他的這種喋喋不休，讓客戶產生了疑問，同樣也失去了銷售產品的好機會。其實，無論做什麼事情，我們都應該把握好「度」，達到自己預期的相應效果就好。倘若過分推銷或者不明就裡地喋喋不休，這樣非但讓客戶感覺不到被尊重，反而還會讓客戶產生疑問與反感，最終痛失銷售良機。

這樣做，就對了

1. 做好準備，讓銷售更有針對性

在銷售的各個階段，業務員都應該有明確的洽談目標、洽談方案以及思路，並且能夠隨機應變，以合適的方式來說服客戶。很多時候，正是因

為在拜訪客戶之前沒有做好充分的準備，沒有明確自己的目標，才會令自己在銷售過程中誇誇其談，廢話連篇，甚至影響到客戶的心情，讓客戶對你感到厭煩。

所以，最好在出門拜訪客戶之前列出自己的計畫、目標，時刻謹記實現成交才是你的目標。當然，你還需要在心中明確客戶的需求，客戶的喜好以及對產品的特殊要求等等，這樣才能在與客戶談話時有重點，同時更有針對性。

2. 要時時留意、收集客戶所表達的資訊

在與客戶交流的時候，多問客戶一些問題，讓客戶多說，以了解對方的需求，最好時時關注客戶的表情、動作、態度等方面，掌握客戶的內心世界，並及時挖掘出對方喜歡聽的話題。同時，還要主動打消客戶的顧慮，積極地引導客戶實現成交。不了解客戶就開始銷售，是不會有成果的，在你開始銷售前，要讓客戶告訴你他關心什麼，而不是你認為他關心什麼，知道客戶的期望又是什麼，然後想辦法解決客戶在意的問題，這樣才有機會成交。

3. 養成傾聽的好習慣

和客戶交談不是演講，不能多說少聽或者只說不聽，良好的傾聽習慣不僅可以使業務員有充分的時間判定客戶的真實需求、疑慮等問題，幫助自己及時捕捉各種購買信號，同時還能夠投其所好，贏得客戶的注意與信任。

例如，業務員正在喋喋不休地介紹產品，客戶說一句：「現在的汽車真是養不起呀。」聰明的業務員會立即換個角度，給客戶介紹省油的節能車；精明的股票經紀人因為聽到客戶說去年收入達到六位數但仍舊攢不下

錢時，他就馬上改變介紹思路，給客戶介紹那些高投入、高報酬的股票。但是，如果業務員沒有留心傾聽客戶的心聲，而是一味地介紹產品，話語沒有針對性，不能說到客戶心坎上，那麼很可能就會令銷售提前終止。

因此，無論如何你都應該認真傾聽客戶的談話，表明你對他的關心，這樣你才能有成交的機會。

攻心tips

許多人的失敗就是不知道要見好就收，反而越講越長，結果弄巧成拙。在與客戶洽談的過程中，一定要隨時留意節奏，控制好談話的時間，重要的內容最好安排在前面半個小時，並且鋪陳不宜過長。當然，如果你發現在交談過程中對方已經開始看錶或者左顧右盼、東張西望，那麼你就應該及時收場。在收場的時候，最好把自己的態度或者觀點重新總結一次，效果會更好。

SALE
17
Psychology

反悔心理——
適時給予顧客反悔的機會

從心理學的角度來看，一般消費者在消費之後往往會出現反悔心理，對此業務員一定多加留心，儘量防止顧客因為反悔而做出退貨的決定。如果因為業務員在細節上處理不當，而導致消費者的反悔，那只能說明，這樣的業務員還不合格！

以下就是一個很好的例子——

劉先生是位大廈清潔公司的業務，當一棟新的大廈蓋好時，他就會馬上去拜訪該大廈的負責人，想承攬所有的清潔工作，例如，各個樓層的地板清掃、玻璃窗的清潔、公共設施、大廳、走廊、廁所等所有的清理工作。當劉先生承攬到生意，辦好手續，從側門興奮地走出來時，一不小心，把消防用的水桶給踢翻，水潑了一地，有一位事務員趕緊拿著拖把將地板上的水擦乾。這一幕正巧被大廈的負責人看到，立即皺起了眉頭，並打電話將這次合約取消，他的理由是：「像你這種年紀的人，還會做出這麼不小心的事，將來實際擔任本大廈清掃工作的人員，更不知會做出什麼樣的事來，實在很難令人放心，所以我認為還是解約的好。」

業務員不要因為生意談成，就開心得昏了頭，而魯莽地做出把水桶踢翻之類的事，使得煮熟的鴨子掉了。

世界第一的銷售大師喬‧吉拉德提醒大家，當生意快談攏或成交時，千萬要小心應付。所謂小心應付，並不是過分逼迫客戶，只是在雙方談好生意，客戶心情放鬆時，業務員最好少說話，以免攪亂客戶的情緒。此刻

最好先將攤在桌上的文件，慢慢地收拾起來，不必再花時間與客戶談有關交易的事，只需要恭禧他，讓他知道他的選擇是明智的、值得的即可。因為與客戶一聊開了，有時也會使客戶改變心意，如果客戶說：「嗯！剛才我是同意了，現在我想再考慮一下。」那你所花費的時間和精力，就白費了。

有一點業務員一定要明白：成交之後，你的銷售工作仍要繼續進行。專業業務員的工作始於他們聽到異議或「不」之後，但他真正的工作則開始於他們聽到「可以」之後。

永遠也不要讓客戶感覺到你只是為了佣金而工作，讓他感覺一旦你達到了自己的目的，就消失不見了。如果這樣，客戶就會有失落感，而產生反悔心理，那麼他很可能會取消和你的合作，或是沒有再次合作。

對有經驗的客戶來說，他會對一件產品發生興趣，但他們往往也不會當時就買。而業務員的任務就是要為客戶創造需求或渴望，讓客戶參與進來，讓他感到興奮，在客戶情緒到達最高點時，說動他成交。但當客戶有機會冷靜下來時，他往往會產生反悔心理怕自己買得太衝動。

很多客戶在付款時，不管是一次付清，還是分期付款，總要猶豫一陣子才肯掏錢。一個好辦法就是：寄給客戶一封簡訊或mail、一封信或一張卡片，再次稱讚和感謝他們，並再次強調他的選擇是對的、明智。

專業業務員不會完成交易後就將客戶忘掉，而是定期與客戶保持聯繫，客戶會定期得到他提供的服務。而老客戶也會為他介紹更多的新客戶。

獵犬計畫是名銷售大師喬・吉拉德在他的工作中總結出來的。就是在完成一筆交易後，要想方設法讓顧客幫助你尋找下一位顧客。喬・吉拉德認為，從事業務這一行，需要別人的支持。吉拉德的很多生意都是由「獵犬」幫助的結果。吉拉德的一句名言就是：「買過我汽車的顧客都會幫我

推銷。」

在生意成交之後，吉拉德總是把一疊名片和獵犬計畫的說明書交給顧客。說明書告訴顧客：如果他介紹別人來買車，成交之後，每輛車他會得到25美元的酬勞。

幾天之後，吉拉德會寄給顧客感謝卡和一疊名片，接下來至少每年他會收到吉拉德的一封附有獵犬計畫的信件，提醒他吉拉德的承諾仍然有效。如果吉拉德發現顧客是一位領袖人物，那麼，吉拉德會更加努力促成交易並設法讓其成為獵犬。

這樣的做法不僅有效防止了客戶的反悔心理，而且還讓客戶有被重視的感覺，進而產生一種回報的心理，熱心地幫助吉拉德銷售汽車。

攻心tips

不要試圖強逼客戶接受這張訂單，更好的做法是讓客戶在簽署前對他的購買決定100%滿意，並且使他絕對相信沒有理由會反悔。所以，我們更應該給客戶一個反悔的機會！鼓勵他慎重考慮他的決定，確保他沒有疑慮。如果還存在什麼不確定之處，可以提出來討論，讓客戶對這個決定感到100%的舒服。因為大部分的顧客通常缺乏經驗，會趨向於退縮與保守，你越給他反悔的機會，他反而越願意提前成交。

蝴蝶效應——
好口碑讓你受益無窮

　　一隻南美洲亞馬遜河流域熱帶雨林中的蝴蝶，偶爾搧動幾下翅膀，可能在兩週後於美國德州引起一場龍捲風。從這可以看出，一隻蝴蝶翅膀的搧動促進了龍捲風的產生，這就是「蝴蝶效應」。當然，口碑行銷的目的也在於此。

　　每一個企業都希望透過讓個別使用過其產品或服務的客戶主動為自己的產品做宣傳，從而發揮到一傳十，十傳百，繼而讓更多的人都知道其產品或服務的作用。良好的口碑就是這樣樹立起來的，口碑好了，銷售業績自然會隨之提升。

　　有一家飼料公司向自己的經銷商明確表示，如果需要送貨，那麼即使兩噸他們也會送貨。誰知，經銷商每次都只訂兩噸，因為他們打的如意算盤是這樣不僅不會佔用到倉庫空間而且資金的運用也更有彈性。其實，飼料公司原意是想集中運輸，可誰知這種方式最終因虧本而必須放棄，一時間造成了壞口碑。

　　與之相反的是海爾公司的做法。福州的一位用戶打電話到青島總部，希望海爾能在半月內派人來修好他家的冰箱。不料第二天維修人員就趕到他家，客戶不敢相信，一問才知道維修人員是連夜搭飛機趕到的。客戶感動到在維修單上寫下：「我要告訴所有的人，我買的是海爾冰箱。」搭飛機來修冰箱，從單純的效益角度來看，來回的差旅費與冰箱售價相差無幾，有點得不償失；但從企業形象角度來看，它為海爾贏得了良好的口

碑，也為企業引來了更多的潛在顧客。

生活中口碑行銷無處不在，在我們消費時，那些具備良好口碑的產品往往是我們購買的首選。其實，業務員向客戶承諾出了自己的服務範圍就應該認真做到，否則就會像案例中的飼料公司一樣搬石頭砸自己的腳，這樣只會讓自己得不償失。

全球最大儲存電腦製造商EMC公司認為，一旦你的顧客相信你，你就必須盡力保持這份信任。如果公司能證明自己對消費者負責到底的決心，顧客就一定會成為你的忠誠顧客。可見好口碑只會讓你收益無窮。但我們還必須清楚地認識到，雖然大多數口碑仍舊屬於自發而成的，當客戶需要你的時候，就是你與客戶建立感情、塑造口碑的最佳時機。用傑出的服務贏得回頭客，來建立起好口碑，這樣才能在銷售行業建立起自己的不敗地位，因為千好萬好，不如客戶說好。

這樣做，就對了

那麼，應該從哪幾方面出發建立起自己的良好口碑呢？

1. 從穿著開始，打造自己的良好形象

在銷售過程中，業務員給客戶的第一印象十分重要，對於業務員來說，專業的制服無疑是最好的選擇，可以給人專業、整潔、幹練的印象。此外，還應該時刻注意自己的言行舉止，是否得體、大方，具備足夠的專業知識，否則在客戶心目中的形象一定就會大打折扣。

2. 工作時面帶微笑、神采奕奕

業務員的微笑對於客戶來說就是一塊敲門磚，愁眉苦臉的業務員只會

讓客戶失去購買產品的興趣。日本保險銷售大師原一平就曾經用他的微笑征服了千千萬萬的客戶。戴爾・卡內基說：「假如你要獲得別人的喜歡，請給人真誠的微笑吧！」那些百萬業務菁英都是經常面帶微笑。因為微笑可以拉近彼此之間的距離，增強親和力，解除對方的抗拒。微笑最傳神的也是眼睛，要讓你的眼睛笑起來，這種眉眼笑才是最有感染力和最傳神的。

因此，不妨對著鏡子練習，找到自己最自然、親切的微笑，時常保持這種微笑，相信會贏得更多客戶的青睞。

3. 小恩惠會給你換來大口碑

小恩惠，往往不在於「惠」而在於「恩」。對於業務員來說，要贏得顧客的好口碑的小技巧就是提供客戶一點點小恩惠。

你可以在節假日親自登門拜訪客戶或者利用電話進行拜訪；在客戶喜慶的節日，如生日、高升的時候等，順便帶一些小禮物表示祝賀；或是在了解客戶的需求後，及時貼心地為客戶提供一些公司最新產品的資訊或者資料；關注產品的使用情況，及時為客說明、排憂解難等。小恩惠可能就需要多做那麼一點點，但也就是這麼一點點，卻可以為你贏來大口碑。

4. 做好售後服務，敬業精神會幫你帶來好口碑

敬業精神對於業務員來說至關重要，也是建立個人口碑的重要法寶之一。

許多世界級的銷售大師之所以獲得了舉世矚目的成就，都與他們的敬業精神離不開關係。喬・吉拉德、原一平就是這樣的例子。也正是他們的敬業精神打動了客戶，增強了對他們的信任，才使他們擁有了大量的客戶與訂單。

　　因此，業務員不僅要做好售前、售中的工作，更應該注意售後的那部分工作。如果產品出現問題，就要及時站在客戶的角度上考慮和提供解決問題方法與建議，用實際行動挽回給客戶造成的損失。

攻心tips

　　客戶是業務員最寶貴的資源，只要我們將服務做得徹底，始終與客戶保持良好的關係，客戶會把這種貼心和周到的感覺記在心裡，放心與你長期合作，不僅比開發新客戶節省更多精力，而且還能讓客戶免費替你義務宣傳，並在朋友面前替你說好話。只要能夠得到客戶的信任，再靠樹枝狀的人脈轉介，生意就做不完。而這樣的轉介紹其成交率通常都是很高的。

溝通巧用心理戰，hold住客戶心

The Psychology of
Consumer
Behavior

人們買的是價值，或是對價值的感覺，而不價格。

—— 知名銷售顧問 *尼爾・瑞克門*（Neil Rackham）

做客戶的消費顧問，而非產品介紹員

不論是企業經營者、管理者還是公司的業務員，「成交」都是他們的終極目標。為了達成這個終極目標，他們都不懈地努力著：將產品做得更盡善盡美、提高銷售員的專業素質等。但實際生活中，很多業務員卻把贏利作為銷售的唯一目標。也正是因為這種心理，有些業務員難免會急功近利，不考慮客戶的需求及利益，顧此失彼地一味介紹產品，不懂得把產品的優點與客戶的需求做連結。雖然這樣做可以在一定時期內達到營業額，但最終往往會因誠信問題而失去客戶的信任，生意無法做得長久。

同樣地，站在客戶的角度看，客戶是產品的使用者，對產品的了解自然沒有業務員多，他們之所以購買產品，是對產品有需求。而怎樣才能買到既適合自己又經濟實惠的產品正苦惱著他們，因此，他們往往寄希望於業務員。

從這兩個方面來看，我們應該轉而與客戶站在同一立場上，把產品與客戶需求聯繫起來，為客戶介紹適合的產品，這樣才能實現業績持續長紅。

李明順夫婦都是大學老師，收入穩定，夫妻倆準備在學校附近買房子，方便上下班。但是，他們逛遍附近的房仲公司，一進門房仲員不是滔滔不絕地介紹公司房產狀況，就是不停地誇讚公司在業界的各種優勢，而且還總是推薦一些與他們需求不相符的房子，這讓他們再也不敢隨意走進

房仲公司諮詢了。

週末，他們又來到一家房仲公司，銷售小姐Mary熱情地接待了他們，並透過聊天了解了他們的收入以及經濟狀況。緊接著，Mary建議：「我覺得你們最適合買一間約26坪左右的房子。」「那會不會有點小呀？我們常常會邀請朋友到家裡聚會。」李明順疑惑地問。Mary微笑地說：「請先看看我們的B戶型，兩房一廳，客廳空間大，用來接待朋友以及客人都很體面，而且臥室設計得很好，節省了不少空間，廚房、浴室以及儲物間的空間相對來說也足夠大。」李明順聽了介紹後，感覺還可以，於是就要求Mary再多詳細介紹。Mary接著說：「其實，買房子並非要選很大空間，適合自己的才是最好的。根據二位的薪資，付完頭期款之後，每月還得支出房貸××元，買這樣大小的房子是比較不會影響到您的生活品質。相反地，如果您買的房子坪數大，各方面花費都會比較多，這樣就會影響到您的生活品質。」

「妳和其它的業務員還真不一樣，他們總是鼓吹我們買大空間的房子。每月的房貸金額我們還真沒考慮到，謝謝你的建議，否則我們很可能就要為以後的生活發愁了。」女客戶說。「這都是我們應該做的。很多客戶在購屋時都會遇到相似的問題，房子並不是越大越好，適合自己的才是最好的。」

Mary的這種介紹方式成功贏得了很多客戶的心，不到一年，她就成為公司的銷售冠軍了。

作為房產經紀，誰不希望客戶購買坪數大的房子呢？這樣自己獲得的佣金就會更多，而主動推薦面積大的房子。但Mary卻沒有這樣做。她根據客戶的實際情況為客戶推薦了一套比較適合的房子。這樣做看似「很傻」，但卻為她自己贏得了更多的客戶與業績。

這樣做，就對了

因此，業務員應該學的是如何說動客戶「買東西」，而非向客戶「賣東西」，客戶買的永遠不是產品，他們買的是這個產品背後所能夠帶來的利益和好處。在銷售過程中，一定要告訴客戶，產品會帶給他哪些好處和利益，對他的工作，對他個人，以及對他的生活能帶來哪些利益。當然，想要成為一名消費顧問並不容易，還要確實做到以下幾點：

1. 不做唯利是圖的業務員，樹立為客戶服務的意識

一般的業務員在介紹產品時，總是會強調產品的優勢，借此來吸引客戶的關注。但從某種意義上來說，這種銷售方式可以暫時吸引客戶的注意力，但如果一味介紹產品，而不站在客戶的角度上為客戶推薦產品，沒有告訴他這個產品能為他帶來什麼好處？避免什麼麻煩？那麼客戶一定會因為索然無味而離開。要知道客戶真正想要的是身邊有一位專家或者顧問，能夠為自己提供專業的產品資訊，買到符合自己需求的產品。因此，我們就應該早早樹立起這種意識：讓客戶購買適合他們的產品，而不是想方設法把自己的產品推銷給客戶。

如果能建立起「賣好處，不要賣產品」這種意識，那麼在介紹產品的過程中，就能做到時刻以客戶的需求與利益為中心，讓客戶感受到你的真誠，進而在客戶自願的情況下促成交易的順利進行。

2. 成為你所在行業的專家

根據業務員的經驗來看，如果以專業知識的掌握程度劃分，一般客戶可以分為三種類型：完全不了解產品型、對產品一知半解型、精通產品型。而想要成為客戶的消費顧問，業務員就應該精通了解客戶所知道的，

掌握客戶所不知道的專業知識，這樣才能博得客戶的青睞。否則，客戶不僅不會信任你，更不會信任你的產品，產品滯銷也是在所難免。

要想成為專家，你不僅要了解自己的產品，更要了解競爭對手的產品，學習他們的長處，了解他們的弱點。熟悉業界的最新動向，閱讀行業的所有資料和訊息，也只有在客戶面前表現得十分專業，客戶才會相信你，信賴你，並樂於購買你的產品。成為行業的專家會非常機敏地處理各種問題，同時贏得老練客戶的尊敬，他們會信任你的專業能力，聽從你的建議。因此，不僅要掌握紮實的產品以及業務知識，注重實踐與累積，還應該掌握一些關於心理學方面的知識，掌握好客戶的心理活動，這樣才能為客戶選擇適合的產品或服務。所謂專業是讓客戶覺得你會站在他們的立場為他們著想。否則，你無法協助客戶解決他們的問題。專業銷售是客戶要什麼業務員就給什麼；而非專業的銷售是業務員給什麼，客戶說不要什麼。所以銷售不順遂，通常不是客戶不想買，而是你沒有了解客戶的需求。不論你賣什麼，請清晰地傳達給你的客戶知道，讓他明白買下它比不買它要來得好。

3. 不懂就問，千萬別怕丟面子

對於業務員，尤其是新入行的業務員，難免會直接遭遇到「專業型」的客戶的「刁難」。但這個時候，不需要驚慌，而是保持一顆平常心，盡力回答客戶自己了解的知識。對於那些自己不熟練或者掌握不牢固的知識，業務員最好不要用「不確定」、「應該」、「可能是」等這些不確定的詞語給予客戶答覆，而是及時請教公司的資深員工、前輩，給出對方確定的答案，才能讓客戶滿意。

攻心tips

　　成為客戶的消費顧問，才是銷售成功的最高境界。並不是每個客戶都對他想要購買的產品有充分的瞭解，這就需要業務員的介紹和建議，如果你能站在客戶的角度，向他們提出一些可行性的建議，那麼你就不僅是一個業務員，而是進階成為客戶的產品顧問。當客戶開始依賴你，買東西就自動想到你的時候，與客戶長期合作的目標也就達成了。此外，還要注意的是，如果你開口閉口都是「應該買這個」、「不應該買這個」，對客戶用命令和指示的口吻，即使你給客戶的建議是最適合的，卻反倒會惹來客戶的反感。因為客戶購買的不只是產品，還希望能買到被尊重和重視的感覺。一旦你讓客戶感覺到他沒有受到尊重，如此一來，不但賣不出產品，還會把客戶越推越遠。

02 迎合心理——
迎合客戶的愛好或興趣

每個人都有自己的愛好或興趣，並且希望得到別人的讚賞和認同，更希望找到與自己興趣相同的人。如果你懂得迎合客戶的喜好，那麼你要說動他買你的產品就容易多了。

在銷售過程中，如果能準確地發現顧客的愛好或興趣，並且很有技巧地去迎合他，讓他想要被讚美的心理需求得到滿足，對方一定會把你當成知音，這種做法往往會產生很好的效果。

你有好產品，顧客也不一定會買你的帳。尤其是在市場競爭日趨激烈的今天，好產品不會就只有你的公司有，別人也會有，關鍵還是要有良好的客戶關係。如何給顧客留下好印象？如何讓顧客喜歡你、認可你、信任你？如何成為顧客的好朋友呢？

「顧客買的不是商品，而是購買賣商品的人」這句金玉良言流傳已久。豐田營業所的神谷卓一曾說：「接近潛在顧客時，不要一味地向顧客低頭行禮，也不要迫不及待地向他介紹產品。這樣做，反而會讓顧客離你越遠。我剛進公司時，還是新人的我在接近顧客時只會推銷汽車，因此，我往往無法迅速地突破顧客的『心理防線』。在無數次的體驗揣摩後，我終於體會到，與其直接介紹商品，不如先談些有關顧客太太、小孩的話題，或聊些鄉里間的事情，讓顧客先對自己有好感。這直接關係到銷售業績，因此接近顧客的重點是先讓顧客對你有好感。」

姚經理公司的通訊產品在業界處於名列前茅，產品CP值也很高。

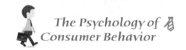

一年來，他多次拜訪某集團的設備採購部王經理，卻都未能獲得對方的認可。然而，該單位每年採購同類產品高達幾千萬元。姚經理嘗試了很多方法，但都未能如願。

一次拜訪時，恰好王經理外出不在，姚經理發現王經理辦公桌上陳列了很多篆刻作品。經詢問才知道，王經理喜歡篆刻到了如癡如醉的地步，這些作品全是王經理的得意之作。得知此事，姚經理立即趕緊收集相關的篆刻書籍資料，努力學習篆刻知識。等到累積、收集了許多相關知識後，他再去拜訪王經理。這次姚經理閉口不談生意，而是以篆刻為題談古論今，並以篆刻愛好者的身分讚賞王經理的作品和篆刻的造詣。雙方大有相見恨晚的感覺。王經理多年來身邊的朋友不少，但真正喜歡篆刻和懂得篆刻的人卻少之又少，如今碰巧遇到一個知音，而且又特別欣賞自己的作品，真是欣喜若狂，對姚經理的態度與以前自然不可同日而語。

之後，姚經理又陪同王經理去參觀一次篆刻展覽，雙方的感情日益增進。沒過多久，姚經理就獲得了每年近千萬元的訂單。

顧客對欣賞自己愛好的人通常會產生好感，也容易因此而認可對方。上述情景就是一個典型的例子。姚經理雖然有好的產品，但一直難以與王經理建立良好的關係，在長達一年多的時間裡始終不得其門而入。他偶然間發現了王經理的愛好，立即投其所好，扮演知音角色，成為與王經理有著共同愛好的夥伴，可謂費盡心思，這才收成了好業績。

因此，用心發現顧客的愛好和興趣，去迎合他、讚賞他，並把它作為建立關係的切入點和途徑，不能不說是開發客戶的好辦法，這種屢試不爽、頗見成效的做法，是業務員必須掌握的技能。

這樣做，就對了

發現並迎合顧客的愛好或興趣，是促成交易的有效方法，那麼如何發現和迎合顧客的愛好或興趣呢？關鍵在於用心。在與顧客接觸時，要善於觀察和分析，從物品擺設中琢磨顧客的愛好傾向，從顧客的話語中捕捉愛好的身影，透過顧客周圍的人員掌握一些訊息，必要時也可以採取試探的方法。不要羞於詢問顧客的愛好或興趣，他們往往希望別人問起，通常也樂於告訴別人。

發現顧客的愛好或興趣後，一定要善於迎合，迎合的技巧主要有以下幾點：

1. 要以羨慕的語氣去恭維對方，讓對方感到自豪與得意。
2. 多挑起與顧客愛好或興趣有關的話題，多鼓勵顧客談論自己的愛好或興趣，要善於傾聽、呼應，並表示肯定、欽佩。
3. 可收集與顧客愛好或興趣有關的資料或物品，贈送給顧客。
4. 在合適的場合，可大大地讚賞顧客的愛好或興趣。

攻心tips

談論客戶的興趣是你拉近與客戶距離的最佳方式，所以要懂得瞭解客戶的興趣後去迎合他的興趣，才能刺激到客戶的購買欲望。如果你發現客戶會對你的話毫無反應，你就要立即放棄這個話題，將話題轉移到客戶感興趣的事物上，不如先與客戶話家常，談些有關客戶太太、小孩的話題或客戶關心的話題，一定會先讓客戶喜歡你、對你有好感，你才有成交的機會。每個人都喜歡被特別對待的感覺，投其所好的目的就是在滿足客戶希望被捧在手心裡的虛榮心。而且在很多情況下，客戶會為了滿足自己的虛榮心不會很計較產品的價格，通常很快就會決定買了。

你為客戶考慮，
他也會替你著想

成熟的業務員在與客戶溝通時，他們並不急於直接把產品銷售出去，而是時刻站在客戶的角度上，為客戶推薦符合需求又適合客戶的產品。同樣在面對一些對產品並不了解的客戶時，他們也能夠滿懷熱情地介紹產品，並給予客戶最合理的建議，讓客戶最終滿意而歸。這樣做很容易就能贏得客戶的歡心，而且人們都有一種互利心理，當你全心全意為客戶著想，自然客戶也會反過來替你著想。

Jeff是一家銀行理財產品的業務員。一次，他看見一名客戶提領了一筆三十萬的大額定存，在授權的過程中，他發現這名客戶要把這筆資金轉存到其它銀行，於是走過去與這位客戶聊了一下。

原來，這位客戶將這筆資金轉走是為了到其他銀行購買理財產品，同時他也希望能夠獲得更多的理財知識。於是Jeff就把他引導到貴賓室的電腦前，為他講解了一些基金知識。面對電腦中的基金資料，這位客戶有些心動。此外，在溝通的過程中，Jeff了解到客戶是需要一些風險小但收益很好的理財產品。

於是，就在當天晚上，針對客戶的需求，Jeff為他設計了一套基金的理財方案，並在第二天與這名客戶溝通，這名客戶不僅認同了Jeff的理財方案，而且還打消了轉出資金的念頭，相反地還從其他銀行轉來20萬元，讓Jeff代為理財。

業務員要想獲得客戶的認可，就應該站在客戶的角度上真心地為客戶

的利益著想，這樣客戶才會信任你，也才有成交的機會。而Jeff之所以銷售成功就在於他站在客戶的立場上，為客戶分析了基金資料，更重要的是，他根據的客戶的需求提供了一份令客戶滿意的理財方案。正因為此，才讓客戶對他產生了信任，並願意讓他來幫助自己理財，同樣，Jeff也圓滿地完成了自己的銷售目標。

這樣做，就對了

那麼業務員應該如何全面做到為客戶著想呢？

1. 學會換位思考，給客戶一個購買的理由

想要創造高業績，就必須站在客戶的角度上思考問題。正如你想和自己的老闆相處愉快，並有良好的溝通，就必須得像他一樣看問題。

銷售也是一樣的道理。你想要從客戶的口袋中掏出錢來，就必須給客戶一個掏錢的理由。而這個理由往往源自客戶的內心！也就說，你在為客戶推薦產品的時候，要詳細了解客戶購買的理由，清楚產品的哪些方面能夠滿足客戶的需求，要把產品的特色和客戶的需求連結起來，轉化成客戶的利益；你的產品或服務將如何使他們的生活和工作變得更便捷；能幫助他們解決哪些具體問題；帶來哪些好處，如何為他們省時省錢……。這樣在介紹產品的時候你才能夠有重點地介紹，讓客戶儘早決定購買。

2. 把客戶當作自己，學會省錢

客戶總是想以最低的價錢買到最好的產品，這合情合理，人性也是如此。因此，我們應該主動為客戶省錢，這樣客戶每次都會想找你買。

所以，在為客戶推薦產品的時候，應該遵循「不推薦最貴的，只推薦

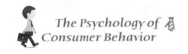
最合適的」的原則。同時，在產品做活動或者進行促銷期間，及時通知你的客戶，並針對客戶的需求為客戶推薦合適的組合產品等等。

3. 把決定權交給客戶

業務員要時刻記住，你在銷售過程中扮演的是銷售顧問以及引導者的角色，最後是否購買的決定權還是在客戶的手中，所以在最後的決定階段，務必把決定權交給客戶。

當然，在這個過程中，你只需要提供給客戶最合適的建議，往往只要客戶認為是為他著想的建議，一定會欣然接受，對你產生信任，也就會同意買了。

接下來，以下列出客戶不說，但你一定要知道的——客戶心裡的十大期待，將有助於你更了解客戶的需求。

1. 讓我覺得自己有被你特別對待，給我愉快的購物體驗。
2. 只要先告訴我重點就好，不清楚的我會再問你。
3. 如果你能證明產品特點給我看，我的購買意願會比較強。
4. 不要和我爭辯，而是要理解我的疑惑，並化解它。
5. 在我說話的時候，請專心聆聽，而不是去想你接下來要怎麼介紹商品。
6. 協助我買適合的產品，而不是硬賣給我我不需要的。
7. 不要用瞧不起我的語氣和我說話，笑我不懂、買錯東西。
8. 給我一個要買的理由，為什麼這個產品合適我，我會需要它。
9. 向我證明價格是合理的，最好是物超所值，我不想花冤枉錢。
10. 請強化我的決定，讓我開心且自信滿滿地買下它。

攻心tips

　　有些客戶的購買目的比較模糊，他們不知道哪種產品更適合自己，在這種情況下，你就應結合客戶的具體情況進行分析，幫助客戶挑選最合適的產品。優秀的業務員都是朵「解語花」，能知道、明白客戶的心，善於和客戶進行心靈溝通。其實，客戶也是普通人，也有自己的喜怒哀樂、家庭瑣事、對錢的憂慮以及工作上的問題等，所以，你在與客戶溝通時，一定要以同理心站在客戶的角度，了解他們的期待，真心替客戶設想，客戶就會把錢放到我們的口袋裡。

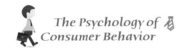

微笑是最有效的溝通工具

美國成功學家戴爾・卡內基說過：「如果你想要獲得別人的喜歡，請給人以真誠的微笑吧！」的確，微笑是自信的標誌，也是禮貌的象徵。它是人際往來的潤滑劑，也最能打動人。而對服務行業來說，至關重要的就是微笑服務。世界飯店業鉅子希爾頓說：「我寧願住進只有殘舊地毯，卻能處處見到微笑的旅店，也不願走進一家只有一流設備，卻見不到微笑的高級飯店！」

美國一家百貨賣場的人事經理也說，她寧願雇用一名學歷不高但卻有愉快笑容的女孩，也不願聘用一名神情憂鬱的哲學博士。可見，微笑的力量是巨大的，在銷售業中更是如此。

每個人，即使是你，也都想與一個面帶微笑、極具親和力的業務員來往，帶著一副冷冰冰面孔的業務員只會讓客戶對你躲得遠遠的。所以不管你認不認識，當你的眼神接觸到對方時，一定要先對對方微笑，把自己最親切的微笑展現出來，拉近與客戶之間的距離，接下來就好溝通了。

幾年以前，底特律的哥堡大廳舉行了一次大型的汽艇展覽會。在展會期間，一家汽艇廠有一筆大生意跑掉了，而第二家汽艇廠卻用微笑把顧客挽留了下來。

一位來自外國的產油富商對其中一艘大船表現出了極大的興趣，他站在大船旁對他面前的業務員說：「我想買艘汽艇。」這樣的大客戶對業務員來說是求之不得的，那位業務員很周到地接待了富商，只是他臉上冷冰

冰的，絲毫沒有笑容。

　　雖然這位富商對這艘展示船很感興趣，但富商看著這張沒有笑容的臉，越談興緻就越減，所以轉向別家繼續參觀，走到了另一艘船前，他受到了一個年輕業務員的熱情招待，這位業務員臉上洋溢著歡迎的微笑，那微笑如同太陽一樣燦爛，這位富商有一種賓至如歸的感覺，他滿意地對業務員說：「我想買一艘汽艇。」

　　「沒問題，我會為您做詳盡的介紹。」緊接著，這位業務員邀請富商參觀了那艘船，並始終面帶微笑地為他介紹產品。

　　兩人在整個參觀過程中有說有笑，讓富商感覺很輕鬆、親切。最後這位富商竟然果斷地當場交付訂金，並在第二天帶著一張支票過來，買下了那艘價值2000萬美元的汽艇。他親切地對這位業務員說：「我喜歡人們表現出一種喜歡我的樣子，而你用微笑向我表現出來了。在這次的展覽會上，你讓我感受到了我是最受歡迎的人。」

　　案例中的業務員之所以成功取得訂單，關鍵也就在於他真誠的微笑，給客戶帶來愉快、輕鬆的感受，讓客戶覺得自己是最受歡迎的人，而開心地買單。

　　同樣，微笑不僅是一種愉快心情的反映，也是一種禮貌和涵養的展現。在客戶來消費時，用微笑表示自己的歡迎；與客戶溝通時，你的微笑表示你在認真傾聽，營造愉悅的氛圍，讓客戶更願意與你交談下去；當客戶怒氣衝衝來投訴時，微笑又能緩解客戶的激動情緒，使客戶的心情平靜下來，扭轉僵局。如果你想在業務這一行走得順遂，就要隨時保有隨和歡迎的微笑，拉近與客戶之間的距離，從而使雙方的交流能夠更順暢地進行下去。

這樣做，就對了

雖然說，微笑是一種表情符號，但微笑本身和個性的內向與外向無關，只要用心練習，任何人都能擁有迷人的笑容。

1. 誠於中而笑於外──做好情緒過濾

成功的業務員臉上總是掛著誠懇、發自內心的微笑，在他們看來，感動不一定要用淚水去表達，有時候微笑也能讓人感動。那麼怎樣做才能讓自己的微笑發自內心呢？

一位業務菁英是這樣說的：「我之所以微笑，是因為自己的情緒並沒有被煩惱所支配。到公司上班，我把煩惱留在家裡。回到家裡，我又將煩惱留在了公司。因此，我總是能夠保持輕鬆、愉快的心情。」的確，一個人遇到不順心的事情，自然心情會不愉快。銷售是一份需要隨時與人打交道的工作，如果業務員在工作中把這種不愉快的情緒傳遞給客戶，就會影響到客戶的心情，也會影響到客戶購買的興致。所以，你可以每次在走進客戶的辦公室前，先利用幾分鐘的時間回想一些開心的經歷、有趣的事或是值得感激的事，就會自然地眉開眼笑，嘴角上揚，這種笑才是最有感染力的，然後再走進客戶辦公室。

一方面你要把客戶當成自己的朋友，想客戶之所想，急客戶之所急，你才會很自然地帶給他們一見如故的親切感；另一方面在遭受打擊或者情緒低落的時候，可以聽聽舒緩的音樂、品一杯茶、做一些愉悅身心的運動等，當然也可以和要好的朋友溝通、談心，排解心中的煩惱；適當的時候，利用假期多進行一些戶外旅行等，緩解身心疲勞，為自己接下來的工作加油打氣。

2. 加強微笑訓練，讓自己的微笑更迷人

作為業務員，微笑是你最基本的職業要求。當然，每個人都會各式各樣的笑，只有最有魅力的微笑才能為你廣開財源。以下的訓練方法可以讓你的笑容更加迷人。

對著一面鏡子，說「E——」，讓嘴的兩邊朝後縮，微張雙唇。輕輕淺笑，減弱「E——」的程度，這時可感覺到顴骨被拉向斜後上方。相同的動作反覆幾次，直到感覺自然為止。當然，在微笑的時候，眼睛也要「微笑」。你可以取一張厚紙遮住眼睛下方，對著鏡子，心裡想著最讓你高興的情景，這樣你的整個臉部就會呈現出最自然的微笑，然後放鬆臉部肌肉，目光中含情脈脈。同時在微笑的時候，還應該與語言、身體動作相結合，這樣才能相得益彰。用親切、傳神的微笑，給客戶留下最佳印象，讓他們覺得和你溝通很愉快。

攻心tips

微笑是征服世界最好的服務語言，對客戶懷有誠摯的感情和真心的微笑，客戶也會回給我們微笑與肯定。千萬不要吝嗇自己的微笑，多多利用微笑把客戶留住。

真誠的微笑代表著：「很高興見到你。」有的時候，一樁生意是否能夠成功，就取決於業務員一個簡單的表情——微笑。一個微笑在生活中十分平常，但如果能夠將其融入到銷售服務的全部過程，一個不起眼的微笑就能帶來眾多的商機與巨大的經濟效益。

親和力讓你即便銷售失敗，也賺足人氣

贏取客戶信賴感是業務員成交的基礎，而親和力卻可以讓客戶對你產生信賴感。如果一個業務員能夠成功地讓客戶對他產生信賴感，那麼他和客戶就會成為很好的朋友，不再是買賣關係。親和力就猶如是銷售齒輪的潤滑油，是促使客戶舒心購買產品的關鍵。而且消費者也都比較傾向於和好相處以及他們喜歡的人購買產品。

一個下雨天的下午，一位婦人走進匹茲堡的一家百貨公司，漫無目的地在商場裡閒逛，看得出來她並沒有購物的打算。在場的其他售貨員都在忙著整理貨架上的產品，沒有人主動去招呼這位閒逛的婦人。

就在婦人閒逛的過程中，一位年輕的男店員注意到她，並立即上前微笑著打招呼，很有禮貌地問候：「太太，有什麼可以為您服務的嗎？」這位婦人不急不徐地對他說：「外面下雨了，我只是進來躲躲雨罷了，並不打算買任何東西。」這位年輕人聽了，仍舊微笑著說：「即使如此，我們仍然歡迎您的光臨！」並上前主動與其聊天，用行動表示自己確實歡迎她。

過了一會兒，婦人要離開了，年輕小夥子熱情地送她到門口，並貼心地替她把傘打開。這位老太太不禁被這位小夥子感動了，並且從他的身上感受到善良與友愛。最後，她向小夥子要了一張名片便離開了。

後來，有一天小夥子被老闆叫到了辦公室，並告訴他，原來他接待的那位老太太是美國鋼鐵大王卡耐基的母親。老太太給公司來信，指名要派

遣這名小夥子到蘇格蘭，代表公司接洽裝潢一棟豪華住宅的工作，交易金額極高，頓時讓小夥子不禁受寵若驚。

真正的超級銷售明星總是能夠在任何時候、與任何人建立親和力。案例中的小夥子之所以最後能被點名派到國外接受重要任務，主要就歸結於他的親和力。

這樣做，就對了

那麼，業務員應該從哪幾方面來提升親和力呢？

1. 微笑服務，創造輕鬆的談話氛圍

「伸手不打笑臉人」，微笑就如冬日裡的陽光，能化解彼此心靈之間的隔閡，讓人們的心相互貼得更近。在接待客戶或向客戶介紹產品時，要面帶微笑，眼神要有親和力，神情要自然而熱情，讓客戶感受到親切與溫暖，但是不要過於誇張。

美國沃爾瑪百貨是世界500強企業，它的微笑服務享譽全球。在微笑服務上，他們有一個「統一標準」：店員對顧客微笑時必須要露出八顆牙齒。只有微笑時露出八顆牙齒才算「合格」。在中國沃爾瑪工作五年的瑞約翰說：「你試試，把嘴露到八顆牙齒時，微笑才是最為完美的。」店員的精神面貌可以感染每一個客戶，甚至是促成購買的重要因素，這也是創造好業績的重要法寶。

2. 培養幽默特質，不時幽自己一默

在人際交往中，沒有什麼能比幽默感能更快捷地拉近人際關係。我們在與客戶溝通中，要善於運用幽默，讓幽默感消除客戶的顧慮，製造愉悅

的氣氛，讓彼此間的交流更輕鬆。當然，幽默感並不是人人具備的，往往需要通過學習來掌握。

幽默，它可以化解緊張的人際關係，使人與人之間和睦相處。因此，懂得幽默的人常受到更多人的歡迎和喜愛。而對於業務員來說，幽默也是協調與客戶之間關係的「優質潤滑劑」，無論是客戶的抱怨，還是溝通產生誤會，幽默都能有助於業務員扭轉僵局。如果業務員能在銷售過程中適時地運用幽默，不僅能夠緩和客戶的情緒，也能進一步打開客戶的心，為自己增加更多的銷售機會。

沒有哪一個客戶會拒絕快樂。當客戶為了無關緊要的小事與你爭論時，你的一句幽默，也許就能讓一切的不愉快煙消雲散。然而，幽默是一種智慧，業務員只有成為幽默高手，才能讓幽默在銷售中發揮最有效的作用。想要成為一名幽默高手，需要注意以下要點：

> 自嘲——與其說自嘲是一種謙虛的表現，不如說它是一種智慧的外露。自嘲不是真正的自貶，卻能在無形中抬高對方，讓對方對你失去防備。

> 逆轉——意想不到的趣味事件常使人禁不住大笑，善於運用與一般思維背道而馳的想法去想像，就可能製造出經典的幽默。

> 對比——將相差甚遠的兩種事物拿來對比，會產生不少有意思的效果。

3. 利用模仿，與客戶建立共同溝通的橋樑

業務菁英都知道建立親和力的關鍵就是找到與客戶之間的相似處，讓他們感受到被理解與認同。當人們彼此間存有某種相似或者相同的地方時，雙方就更容易產生好感，能夠更快地進入對方的內心世界。也正是因為如此，我們可以透過模仿客戶來博得客戶的好感，從而取得意想不到的

溝通效果。不妨就先從模仿客戶的言談舉止開始。例如，客戶的手勢、坐姿、說話的語速、語調等，把握客戶的行為特點與語言習慣，用相同或者相似的舉止與之溝通，往往就能給客戶帶來放鬆的心態，迅速建立起友好的關係。當然，相似的興趣愛好更能夠將互不相識的兩個人催化成親密的朋友。所以，在了解客戶喜好的情況下，業務員不妨在溝通中多談及這些話題，從而引起客戶的注意，讓彼此之間的交流更頻繁，從而在產生共鳴的前提下愉快地成交。

攻心tips

　　人通常都是比較喜歡跟親和力夠、幽默、耐心、專業的人購買商品。微笑是業務員展現親和力最有效的途徑之一。要贏得客戶的好感，就用自己的親和力打動客戶。一般情況下，人們都會對陌生人心懷戒備，消費者在面對初次見面的業務員時，往往也是懷著一種警戒的態度，這種態度會讓你們彼此溝通不良。所以業務員就要多在這一方面下工夫、加強與客戶之間心與心的交流，使自己被客戶接受、喜歡和依賴。

06 貝勃定律——
先說優點再提缺點

曾經有人做過一個實驗：一個人右手舉著300克的砝碼，這時在其左手上放305克的砝碼，他並不會覺得有多少差別，直到左手砝碼的重量加至306克時才會覺得有些變重；如果右手舉著600克，這時左手上的重量要達到612克才能感覺到重了。也就是說，原來的砝碼越重，後來就必須加更大的量才能感覺到差別。這種現象就被稱為「貝勃定律」。這是一種社會心理學效應，當人在經歷強烈的刺激之後，隨後再施予的刺激對他來說會變得微不足道了。例如，原本1元的報紙變成了10元一份，你一定會覺得無法接受；但如果是原本5000元的電腦漲了50元，你一定不會有這麼大的反應。

貝勃定律是一個「狡猾」的定律。因為不論是在生理上還是心理上，人總是會有一種逐漸適應的機制。而聰明的業務員就會懂得利用貝勃定律來為自己減輕銷售的阻力。

阿美是一位服裝公司的業務員，起初公司新上市一批復古的洋裝。為了打開市場，公司決定走「低價銷售」的戰略路線。可是進店購買的顧客卻寥寥無幾，這讓老闆以及阿美相當不解。難道還是價格太貴了？如果這些產品滯銷，那麼公司這次的損失就太大了。

為了避免這樣的狀況繼續下去，於是公司決定繼續下調價格。然而，一個月過去了，產品仍舊是乏人問津。最後無奈之下，公司特別請教了一名銷售專家。專家告訴阿美，把產品的價格訂高一點，要高出成本價很多

倍，先這樣堅持一個月之後，然後再大打折扣，這樣產品的銷量就能提升。阿美聽了之後很不解：產品都賣不出去了，為什麼不減價反而還要加價呢？但是專家回應她：「妳試過之後就會知道原因了。」於是阿美按照專家的建議去做。

誰知效果還真不錯：剛開始，價格提高之後，竟然很多顧客上門，但是購買的倒是不多，就在推出折扣活動後，雖然價格還是高於成本許多，但上門選購的人潮擠滿店面，積壓的產品很快就全數售光。

後來，阿美才明白：剛開始產品價格很低，人們出於「便宜沒好貨」以及愛面子的心理懶得光臨選購；之後，產品價格調高了，吸引了人們的眼球以及注意力，覺得產品應該有一定的水準，要不然怎麼會賣這麼貴，之後產品價格下殺折扣，消費者心裡就會想：「原來是高級產品，現在低價促銷」出於愛佔便宜，及機不可失的心理，紛紛前往搶購。而這樣，人們就中了商家的「圈套」了。

以上的案例就是貝勃定律最佳的應用，達到了一開始就吸引客戶的目的。

這樣做，就對了

聞名世界的潛能開發大師博恩‧崔西（Brian Tracy）說過：「銷售，不是銷售產品，而是在銷售產品給客戶帶來的好處。」誠然，在向客戶介紹產品時，直接陳述產品給客戶帶來的利益和好處，更能打動客戶的心，勾起客戶的購買心。

世界上沒有十全十美的產品，產品既有優點也有缺點，要如何介紹產品才能打動客戶的心呢？不妨看看以下的建議：

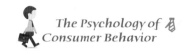

1. 把符合客戶需求的優點說透

有這樣一則小故事：從前，一名農夫想把一頭牛趕到牛圈裡，但是他費了好大的勁都沒能成功。最後婦人出來了，二話沒說，拿著一捆草放在牛的嘴前面引誘著，很順利地就把牛趕進了牛圈中。也就是說，想要讓人主動做某件事，首先就應該先給他創造一個需求。

想要順利把產品賣給客戶，首先就是找出客戶的需求，並把它明顯化，讓客戶相信你所提供的產品或者服務是物超所值的，這樣才能成功啟動客戶的購買欲。所以，在客戶觀看商品的時候，你不妨先說出產品的一些優點吸引客戶的注意，然後透過問與答的交流，進一步找到客戶的需求，把客戶的需求與產品的最大優點結合起來進行介紹，這樣就會給客戶強烈的刺激，讓客戶產生產品對他來說是非常合適的、簡直專門是為他量身訂製的感覺，自然就願意買你的產品。

2. 把痛苦說透，推客戶一把

人內心深處最根本的需求是什麼？用最簡單的一句話來概括：追求快樂，逃避痛苦。這是人的本性。同樣地，如果你在介紹產品時，能夠給客戶一個購買的理由，也意味著銷售已經成功了一大半。

所以，在介紹產品時，不妨具體闡述：如果沒有產品，客戶將會面臨怎樣的「痛苦」，或者擁有產品之後，客戶能夠獲得怎樣的好處……等等，在客戶的腦中勾勒出擁有產品後的美好畫面，往往就可以促使客戶及早下決策。

例如，業務員這樣說：「太太，來看看我們的全自動掃地機吧，可以幫您從繁忙的工作中解脫出來，免去您彎腰掃地、拖地累得腰酸背疼，還可以省下大量的時間，幫助孩子輔導功課……」、「先生，這是我們的全自動刮鬍刀，浮動刀面、自動清洗，同時免去您自行清洗造成損壞的麻

煩」等。

在介紹產品的時候，如果先把優點展現出來，給客戶心理上的刺激，然後再適當闡述產品的缺點，自然就會使缺點變得微不足道了。一些有經驗的談判專家經常會利用「貝勃定律」，在談判即將結束時提出一些棘手的條件，而對方往往被一開始的優厚條件所誘惑，也就不怎麼會在意後來才漸漸浮出枱面的那些缺點了。當然，對業務員來說，這無疑是一種先發制人的制勝之法。

攻心tips

業務員能迎合客戶的需求提供相應的服務是銷售的最高境界。由於每個客戶的需求不同，一件產品不可能滿足所有人的要求。所以，在面對客戶時，不要把成功的希望寄託在要銷售十全十美的產品上，而是要找到產品的局部優勢，相信自己的產品能重點滿足客戶某方面的需求，並把產品賣給對產品有需求的人，讓客戶對產品產生濃厚的興趣，以至徹底接受你的產品。

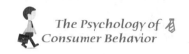
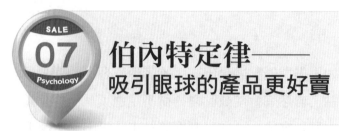

07 伯內特定律──
吸引眼球的產品更好賣

美國廣告專家利奧‧伯內特曾提出：「要想佔領市場銷售，就要先佔領頭腦，佔領了人們的頭腦，獲得了人們足夠的注意力，你才能掌握市場的指揮棒。」這就是著名的伯內特定律，如果你無法讓客戶注意你，就無法打動客戶的心，自然就賺不到他的錢。換句話說，在銷售業，只有先佔領消費者的頭腦，才可以發現新的市場以及商機，從而吸引更多的顧客，讓你的產品在商品大潮中暢銷不衰。

一次，表演藝術家朗林杜拉帶著他的馬戲團來到一個陌生的城市巡迴演出。由於當地人都沒有聽說過馬戲團的名字，因此馬戲團的票賣得並不好。

當朗林杜拉在街上正發愁時，剛好遇到一個年輕乞丐，於是他想出了一條妙計。首先他雇傭乞丐，交給乞丐兩塊磚頭，並讓他出去的時候，把其中一塊磚頭放在街道上，拿著另一塊在小鎮的幾條街道上繞圈，等到繞回原地的時候，就把手裡的磚頭與街上的磚頭交換，再繞馬戲團轉一圈，最後從後門離開，並持續重覆相同的動作。而且朗林杜拉還要求乞丐在整個過程中無論別人怎麼說，怎麼問，都要保持沉默。

當乞丐第一次這樣做的時候，人們只是感覺怪異；第一次，有少數人開始談論這種行為；第三次開始有人跟著他，以後更多次的時候，很多人便簇擁在他身邊，想弄明白他究竟在做什麼。當然，他每次進入馬戲團的時候，總是會有一些好奇的人買票進場，並盯著他看。就這樣，一天下

來，馬戲團圍了上千名觀眾。

幾天之後，圍觀的人已經造成了交通堵塞，乞丐的「工作」自然也就沒辦法進行下去了。但是馬戲團卻因為此而變得熱門起來，每天的票都早早就銷售一空。

表演藝術家朗林杜拉的確獨具匠心，突破常規懂得設置懸念，激發人們的好奇心，並讓人們蜂擁而至。最終讓懸念佔據了消費者的大腦，這也是馬戲團的票之所以全部售完的關鍵。

這樣做，就對了

想要讓自己的產品更好賣，你就應該想方設法讓你的產品能夠吸引人，賺足人們的注意，你可以從以下方面下工夫：

1. 創新，為你贏得發展契機

現在，很多商家越來越重視廣告宣傳，極具創意的廣告宣傳不僅可以使顧客對產品產生好感以及好奇心，而且還可以有效地激發他們購買產品的衝動。正如案例中藝術家朗林杜拉讓乞丐拿著磚頭繞著街道行走就是一種無形的宣傳，正是因為突破傳統、獨具匠心，才取得了良好的效果。

當然，僅僅依靠獨特的廣告宣傳並不能使消費者完全「傾心」，還應該從產品本身著手，生產出新穎別致的產品，創造更大的市場需求，這樣才能為產品贏得更多的發展契機。

例如豆腐、豆漿是我國的傳統美食，生產這類產品的商家收益並不高。但美國的商人卻運用創意把豆漿製造出了不同的顏色以及味道，受到了眾多消費者的歡迎，並迅速佔領市場，年銷售額大約三億美元。

可見，把產品賦予了創意，往往更能吸引消費者的青睞，獲取更大的

利潤。

2. 創造神祕的氛圍，讓客戶產生探知奧祕的欲望

對於越是神祕的事情，人們往往越是會產生一種一探究竟的欲望。當然，為了進一步吸引客戶的眼球，業務員在向客戶介紹產品的時候千萬不能直白地和盤托出產品資訊，而是適當保留或者過去的經歷來引起對方的興趣，繼而迅速轉移話題，勾起對方的好奇心，讓顧客自己產生一種想和你進一步交流、想了解更多的欲望，從而加強對方對產品的注意。一旦你的產品成為客戶視線的焦點，那麼你的銷售也就意味著成功了一半。

3. 透過產品差異化來彰顯與眾不同

在琳琅滿目的市場中，怎樣讓你的產品脫穎而出？低價銷售？促銷，有買有贈？這些雖然能夠暫時吸引客戶的注意力，但卻並不能夠從根本上解決銷售問題。因為對於商家來說，銷售是為了獲取利益，但只是打價格戰最終會讓自己無利可圖。在這種情況下，一些精明的商家就從產品的差異化下手了──讓自己的產品與眾不同，給客戶留下深刻的印象。例如，市場上各種品牌的香皂，但「阿原肥皂」卻能脫穎而出，關鍵就是它使用了差異化的戰略。以台灣青草藥手工皂為起點，選用台灣青草藥為主題，以獻給熱愛自然、關心自己健康的人為訴求。無論是名稱、標識、標語還是環境等都給人一種耳目一新的感覺。可以說，沒有這些差異化效果，就不可能有今天的「阿原肥皂」。

作為業務員，你雖然不能在產品本身做大改動，但你至少可以讓自己的裝扮與產品在某種程度上有相同的效果。如果你是一位服裝業務員，不妨根據銷售服裝的風格穿出你的氣質；如果是一位飾品業務員，不妨在自己的服飾搭配幾款合適的配飾，為自己的產品做免費宣傳等。業務員還可

以在產品的擺放方面擺出自己的特色。當然，你還要時刻保持精神抖擻的
最佳狀態，說話熱情有勁，讓客戶愉悅地選購喜歡的產品。

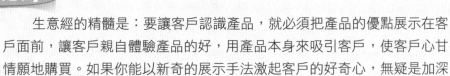

　　生意經的精髓是：要讓客戶認識產品，就必須把產品的優點展示在客
戶面前，讓客戶親自體驗產品的好，用產品本身來吸引客戶，使客戶心甘
情願地購買。如果你能以新奇的展示手法激起客戶的好奇心，無疑是加深
客戶對產品特性瞭解的一個好方法。

傾聽，才能聽到
客戶沒說出口的心聲

傾聽是有效溝通的重要基礎，而一些業務員往往說的多，聽的少，有的甚至完全將「傾聽」這個重要武器捨棄不用。這類業務員在見到客戶時，根本不顧客戶是否願意聽或者是否在聽，就開始自顧自地講述自己產品的優勢、產品的齊全功能、自己公司多優秀，甚至是購買這類產品所取得的良好效果等等。可是，儘管業務員自己說得口沫橫飛，但最後大部分還是無功而返。

一位成功人士曾說過，傾聽要比善談更重要。事實也的確如此。尤其是在挖掘客戶需求的階段，讓客戶多說，他就會不斷向你暴露出他在意的問題點、意圖以及期望等，業務員只有聽到並掌握到客戶的這些需求，推薦他感興趣的產品才能令客戶滿意。銷售的重點在於關注客戶的痛苦或他們渴望解決的問題，而不是你的產品。也只有傾聽才能投其所好，令你如願接單。

小馬在家居裝潢公司已經工作兩年了。這天，公司來了一位父女在挑選地毯，小馬熱情地上前招呼，並詢問老先生需要哪種類型的地毯。可是，老先生並沒有理睬他，而是耐心地聽著身旁同行的年輕女士在說著什麼。

根據小馬以往的經驗，如果在這個時候打斷客戶，不僅沒有禮貌，反而會引起對方的不悅，自己何不給客戶一個暢所欲言的機會，也給自己一個傾聽有效資訊的良機呢？

於是，小馬乾脆就跟在客戶的身後仔細傾聽。年輕女士拉著老先生說：「爸，我媽去世了，我們都知道您心裡很難過，但既然她去了，您就讓她安心地去吧。您也別整天關在家裡發呆了，多出來走走，對您的身體也有好處。我打算把家裡整修一下，地毯也想換。您挑選看看，喜歡哪一款，您認為哪款舒服咱們就買下來。」老先生頓了一會兒說：「你媽在世的時候，就很喜歡家裡現在的地毯，每天她都會細細打理，現在就剩我一個人了，換不換都無所謂。再說了，家裡還有一隻小狗，新地毯很容易就髒了豈不可惜呀！」

老先生雖然這樣說，但是年輕女士還是熱情地拉著老先生的手，讓老先生進行挑選。小馬聽了這些，其實已經明白了這對父女之間的意見分歧。他走上前，詢問女士家裡的傢俱風格，並推薦了幾種與之相配的地毯材質、色調。當然，他還給出了地毯清潔保養的相關建議。最後小馬很認真地對老先生說：「先生，您真幸福，有這麼孝順的女兒。看您身體挺硬朗，應該好好享受天倫之樂才是呀！」

最後，老先生在女兒的堅持以及小馬的建議下買下了一款地毯。

案例中的小馬很懂得察言觀色，雖然在自己第一聲招呼之後，客戶並沒有做出回應，但他能夠靈活變通，懂得先傾聽，在找到客戶需求之後，巧妙抓住時機與客戶說上話，從而順利地售出產品。的確，當客戶無心聽你介紹的時候，你不妨給予客戶說話的機會，讓客戶在言談中充分表達自己的需求，這樣你才能讓溝通進行地更順暢。

這樣做，就對了

總的來說，想要達到一個良好的傾聽效果，就需要不斷修練以及提高自己的傾聽能力。花功夫做好以下幾點：

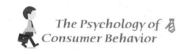

1. 不插嘴，認真傾聽

不打斷客戶的談話，認真傾聽，才是實現良好溝通的關鍵。如果你在客戶侃侃而談的時候隨意打斷，就會打擊客戶說話的熱情，若是因你的插嘴而惹得客戶感覺不舒服，那生意就別談了。而在傾聽的時候應該做好充分的準備，讓自己的精神煥發，不時點頭或與客戶目光接觸，予以客戶簡單的回應，例如「是嗎」、「哦」、「好的」等等。這樣就更能激發客戶想要說更多的熱情。

除了要儘量避免隨意插話或者接話，更不應該不顧客戶喜好，另起話題。否則極有可能會使溝通提前結束。

2. 有技巧性地反駁客戶的觀點

很多時候，一些客戶由於只認識片面或者道聽塗說等原因，表達的觀點可能會有失偏頗，但你也不宜急於辯駁，應該分清情況冷靜對待之。

針對那些惡意中傷或者無中生有地詆毀產品或者公司形象的客戶，業務員可以站在堅決的立場上予以反駁並認真解釋誤會的起源，讓客戶對公司或者產品有一個全面的認識；對於那些客戶因主觀因素的影響而排斥產品的情況，則可以透過提問等方式改變客戶話題的重點，引導客戶談論更能促進銷售的話題。例如：「既然您不喜歡保險，那您打算怎樣解決孩子們今後的教育問題？」「謝謝您的坦白，我想問一下您心目中理想的理財產品是什麼樣的嗎？」

3. 用自己的興趣激發客戶的談話欲望

在傾聽的時候，除了要給予適當的回應之外，還應該透過以下的做法給予客戶足夠的鼓勵，讓他說得更開心。

傾聽時，應做到：眼睛注視著對方，保持彼此視線接觸；在與對方觀

點相同的時候，用點頭或者微笑來表示贊同；正確的坐姿，保持身體前傾，表示對客戶的談話內容很感興趣；準備紙筆，在客戶敘述的時候做好關鍵問題的記錄等。當然，業務員還應該避免一些小動作，例如撓頭、東張西望、玩弄杯子或筆……等。

記住，在傾聽過程中，業務員表現得越專注，客戶才越有談話興致，才更願意說出自己的心裡話，只要你能讓客戶暢所欲言，就會事半功倍。因為傾聽，才能贏得客戶對你的信任。

4. 運用提問確認關鍵資訊的準確度

在傾聽的過程中，客戶自然會傳達出對產品的很多要求，業務員雖然會認真傾聽，但未必都能準確記錄。因此，為了避免誤解或者扭曲客戶的意見，以便準確找到解決問題的辦法，可以站在對方的立場，利用提問的方式進行詢問、確認。例如：「您要求我們在簽訂合約之後立即出貨，是嗎？」、「您要求產品進行簡易包裝，對吧？」、「如果我沒有理解錯的話，您決定現金付款？」、「您的意思是……？」用自己的話簡潔地說出客戶的意思，讓他知道你對他話語的理解程度。

溝通中最重要的就是用心聆聽，即站在客戶的角度，了解對方的需求，也就是帶同理心地傾聽，聽對方想說的話，聽對方想說但沒有說出口的心聲。不管客戶是在稱讚、說明、抱怨，還是責難，你都要仔細傾聽，並回應你的關心與重視，只有這樣才會贏得客戶的好感與信任，同時他也會給你善意的回報。如果你經常這麼做，銷售業績會更好。

攻心tips

　　在與客戶交流時，你的聆聽將會是對客戶的鼓勵和支援，足以誘發他說出更多心中真實的想法，然後你才有機會有針對性地進行勸購，給他真正想要的。無論在什麼時候，業務員都要給客戶創造充分的談話空間，不要輕視客戶話中的含義，也許正是因為客戶一句漫不經心的話，就能讓你挖掘到巨大的機遇。

　　對做業務的人來說就是要多聽少說，全程用眼睛觀察客戶的身體語言。客戶有沒有在對話的過程出現不耐煩的訊息？有沒有表現出想要買的肢體動作？……等，這樣你才能適時調整銷售策略及話術。所以，記得多開口問話，客戶說得越多，成交的機會也越高。

09 模仿，客戶會覺得你更親切

俗話說：「物以類聚，人以群分。」每個人都喜歡和自己有共同點較多的人合作，所以如果你與客戶的共同點越多，就越容易溝通。一名業務員在與客戶接觸的過程中，如果能夠在動作、表情、言語上和客戶保持同步，模仿客戶，那麼客戶就會對你有一股親切感。在銷售過程中，我們可以發現到擁有好業績的人都非常善於察言觀色，能夠做到和客戶保持「同步」交談。

這裡所說的模仿並不是指業務員要像猴子一樣去模仿客戶，那樣只會引起客戶的反感，而是要快速地進入客戶的內心世界，從客戶的興趣、立場感受問題，也就是說在交談時要與客戶的情緒、興趣、語調和語速保持一致，讓客戶覺得你是個平易近人、善解人意的人。

奈斯是一家汽車公司的業務員，一次，公司新推出了一款新車，他對這款車型仔細分析後，覺得這款汽車非常適合自己的老客戶洪經理。只是每當奈斯拜訪這個客戶時，對方的回應都很冷淡。

一天，奈斯又嘗試著去拜訪這位客戶，當他剛走進洪經理的辦公室，還沒來得及問候，洪經理就生氣地對著奈斯吼道：「你是怎麼搞的，怎麼又來了！我不是告訴過你我不需要了嗎？你快點走吧，我現在很忙，沒有時間接待你。」面對客戶的拒絕，奈斯沒有氣憤地轉身離開，而是立即用和客戶一樣的語氣說道：「洪經理，您怎麼搞的，為什麼我每次來，都覺得您的情緒不太好呢？您到底有什麼煩心事？我們可以坐下來好好聊

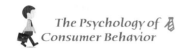

聊。」

當奈斯說完這番話，洪經理的態度立即緩和起來，他也發覺自己的態度太不好了，於是連忙招呼奈斯坐下。

奈斯剛一坐下，洪經理就抱怨道：「奈斯，我最近事情很多，快要被煩死了。你知道我是從事資訊行業的，辛辛苦苦培養了三個分公司經理，已經準備好了去上海、廣州、深圳開拓市場，卻都被競爭對手給挖角。你看看，我的計畫草案都出來了。」說著洪經理一臉無奈地拿出自己的計畫書。

奈斯聽了洪經理的陳述，拍拍他的肩膀說：「哎，洪經理啊，不是只有你才有這些煩心事啊！我也和你一樣，為了拓展新業務，耗費很多精力新招了一批業務員，還用心地培訓他們，結果不到一個月，只剩下三個人了。」

接下來的時間裡，他們似乎找到了共同話題，兩個人聊得非常愉快，後來還成了好朋友。不久之後，洪經理就從奈斯那裡買下了那款新車。

在這次的拜訪中，奈斯並沒有提及購買汽車的事情，而是把精力都花在了和洪經理的情緒保持同步上，即使是壞情緒仍舊如此。

一些業務員認為在和客戶交談的時候要熱情積極，微笑常掛臉上。但有一種狀況，是不能這樣做的。如果你的客戶心情處於低谷，而你卻還興致盎然地向他推銷產品，可想而知，客戶不但聽不進你的話，還會感到很氣憤，更別想他會買你的產品。所以，在溝通時要取得對方的信賴和好感，就要在說話、用語、肢體語言上或情緒上與客戶一致。跟不同的人講話要使用不同的說話方式，不僅要讓客戶聽得懂，更要讓客戶聽得舒服，在語言上，要保持和他們同步。有的人在講話時，喜歡夾雜些英文，你也要時不時說幾句英語。有些人喜歡用方言，那就要盡量用方言回應他，他才會感覺到很親切。此外還有人說話都習慣用一些術語，或是口頭禪。如

果你聽得出來對方的慣用語，同時也用這些慣用語回應他，對方就會感覺和你一見如故，聽你說話就覺得特別順耳。以對方喜歡或習慣的方式和他溝通，你的說服將會讓人無法抗拒。

這樣做，就對了

1. 與客戶保持興趣同步

你要懂得引導客戶說他最感興趣的話題。打動人心最高明的手法，是跟對方聊他最珍愛的事物。當你拜訪客戶時，可以多留意他辦公桌上的擺設，牆上掛的、貼的，這些都可能是客戶最感興趣的事物。當你與客戶談起他最感興趣的事情時，對方的回應會是很熱烈、興奮的，猶如打開話匣子與你攀談起來。當你在他感興趣的事情上和他有一致的共同感受，他會有遇到知音的感動，那麼銷售也就水到渠成了。

在與客戶的溝通中，可以講一些能引起客戶興趣而自己也比較感興趣的話題，讓客戶在無形的默契之中爽快地買下你的產品。但是如果你只找到客戶感興趣的話題，自己對此並不了解，那麼就不能有效地提起客戶的興趣，這樣的話題也維持不了多久時間。

2. 與客戶保持情緒同步

在與客戶相處的時候要察言觀色，對對方的情緒更是要加以重視。當客戶不高興的時候，就不應再談論一些興奮的話題，也不要表現出很興奮的樣子，才不會引起客戶的反感；當客戶高興時，業務員也應避免談論一些令人悲傷的話題。總之，只要你能在和客戶的交談中保持與客戶的情緒一致，你們很快就能無話不談了。

需要注意的是，當業務員遇到情緒不好的客戶時，表現出的情緒不佳目的是在安慰客戶，讓自己成為客戶傾訴的對象，拉近彼此之間的心理距離。這時，千萬不可真的讓自己的情緒變壞，像個怨婦一樣，在客戶面前不停抱怨，埋怨其他客戶的不好。

3. 與客戶保持語調和語速同步

在與不同的客戶聊天時，在語調和語速上會存在著一定的差異。比如，有的人說話速度快，有些人說話速度慢；有些人說話聲調高，有些人說話聲調低；有些人說話愛停頓，有些人說話一氣呵成……不管是哪種情況，你都要控制好自己的語調和語速，盡可能與客戶保持一致。但此過程中務必要吐字清晰，說話有條理，如果客戶一次不能聽明白，你就要再重覆一遍，直到客戶聽懂為止。

攻心tips

你還可以刻意讓你的生活節奏與你的客戶群同步，這樣你們的共同話題也會自然而然同頻、氣場也會相投，談起生意就順利多了。

想想你的潛在客戶會在哪裡，你就要時常出現在那裡。如果你是高級汽車業務員、銀行理專，那麼高爾夫球是你必須要會的興趣，因為你的潛在客戶都在球場裡，一場球打完十八洞，少說要六個小時，整天耗下來，球友間很容易卸下心防、大吐心事，從誰家的股票要上市、聊到誰的女兒在找工作。如果有人透露了想買車或投資的意向，那麼你可以發揮的機會就來了。

尊重，客戶需要一種滿足感

哈佛大學著名心理學家威廉詹姆士曾經說過：「人類本質中最熱切的需求，是渴望得到他人的尊重和肯定。」的確，不管是生活還是工作中，人們總是希望受到別人的尊重和肯定。更重要的是，受到尊重不僅能帶給人們一種滿足感，而且還會產生一種愉悅感，而氛圍好了，溝通就更順利了。

人們不僅希望在人際交往中能夠得到別人的重視。當然，你的客戶更是如此希望。銷售冠軍喬‧吉拉德說過：「我們的客戶也是有血有肉的人，也是一樣有感情的，他們也想要被尊重。因此，如果你一心只想著增加銷售額，只想著自己的利潤，不重視、關心你的客戶，那麼很抱歉，成交就免談了。」更何況，現在產品同質化現象越來越嚴重，面對眾多可供選擇的產品以及服務，是否能夠享有足夠的尊重，購物的體驗是否美好，關係著成交與否。

一天，一位中年婦女走進雪佛萊汽車展示廳，喬‧吉拉德熱情地接待了她。閒談中，她告訴喬‧吉拉德：「我想買一輛白色的福特車，但對面車行的業務員讓我一個小時之後再過去，所以我來這裡逛逛，打發一下時間。」儘管如此，吉拉德還是對她表示歡迎，閒聊之中他還知道了今天是這位女士的生日。「哦，生日快樂！」吉拉德一邊說，一邊對身邊的助理耳語了幾句。然後接著說：「太太，既然您想順便看看車，那麼我給您介紹一款雙開門、白色的汽車。這邊請。」

正在兩人看車的過程中，女秘書突然出現，並遞給吉拉德一束鮮花。吉拉德雙手遞送給那位女士：「祝您生日快樂！」

女士被眼前驚喜的一幕感動了，眼眶泛著淚說：「好久都沒有人送花給我了。剛才那位福特車行的業務員看我開著一輛舊車，就認為我買不起車，便找藉口打發我。其實，我也只是想要買一輛白色的車而已，看我表姐的是福特的，我才想也買福特的，要買什麼品牌我倒是沒研究。」就這樣，她在吉拉德這邊買走了一輛白色的雪佛萊，並馬上付清。

無論從哪個方面來看，吉拉德都沒有勸說客戶放棄「福特」而選擇「雪佛萊」，他只是確實做到重視客戶，尊重客戶的選擇，而這些簡單的事情卻讓客戶感受到被尊重、被重視，感受到了「上帝」的待遇，所以，她選擇吉拉德推薦的汽車。

其實，不僅這位客戶如此，每位客戶在購買產品時，若是受到業務員的冷遇都會心生不滿，這樣往往也就意味著你將失去這位客戶，失去交易。

這樣做，就對了

1. 穿著反差不要太大，最好比客戶好一點

業務是一份專業性很強的工作，業務員身穿深色西裝，帶著黑色公事包，落落大方，對於體現公司的形象來說，在大多時候都是一種不錯的選擇。相比較而言，女性業務員打扮整潔、大方、得體，也是對客戶的一種尊重。

此外，還應該根據客戶拜訪的身分來選擇服裝搭配。否則，反差太大，勢必就會在無形中拉開雙方之間的距離。例如，建材業務員在拜訪設

計師時，最好身穿職業裝，手提公事包，這樣可以顯示出你的專業形象；但如果去拜訪施工管理人員時，自然顯得不合時宜。

因此，最好的穿著原則就是，比客戶穿的好一點，這樣既能體現對客戶的尊重，又可以讓雙方之間的距離更近。

2. 拜訪客戶要守時

德語中有一句名言：「準時就是對帝王的禮貌。」守時是一種美德，對業務員來說，更是敬業的展現。懂得珍惜時間的人不僅不會浪費自己的時間，也不會白白浪費客戶的時間。因此，當你在與客戶約見面時一定要提前五～十分鐘到達，如果不能及時到達，最好及早通知客戶，以免浪費對方時間。

3. 接聽、掛斷電話也要循禮儀

業務的工作壓力大，時間也非常寶貴，在與客戶交談的過程中，業務員難免會接到其他客戶的來電。但需要注意的是，如果你是在初次拜訪或者拜訪十分重要的客戶時，不妨把電話調成振動或者關機，以避免來電時的困窘；但如果打電話來的是重要客戶，業務員在接聽之前，可以先詢得眼前客戶的許可，等對方同意之後再接聽電話。而接聽電話時間不宜過長，可以告知來電客戶目前不便接聽的原因，並表示會談結束後立即回覆。這樣既是一種禮貌，也是對眼前正在洽談客戶的一種尊重。此外，比客戶晚掛電話也是對客戶的一種尊重。

4. 多說「我們」，少說「我」

在與客戶接觸的過程中多說「我們」是對客戶的一種心理暗示，告知對方我們和客戶一樣時刻關心客戶的利益，並且充分站在客戶的角度想問

題，這樣更有利於拉近雙方之間的距離，便於雙方的順暢、無障礙地溝通。

5. 充分尊重弱勢客戶

很多業務員習慣帶著「勢利眼鏡」看人，這是有害無益的。因為今天的弱勢客戶並不等於明天的弱勢客戶，他們很可能在將來的某一天變成大公司，成為我們的重要客戶。總之，要尊重與我們打交道的每一位客戶，這種尊重是發自內心，同樣也是不附加任何條件的，是一種對人不卑不亢的平等相待。尊重客戶，你才能贏得客戶的尊重。

攻心tips

每個人都渴望受到別人的重視，客戶也不例外。要想征服客戶，就必須讓客戶看到你的用心。在拜訪客戶的時候，最好帶上紙筆，記下客戶的要求、下次拜訪的時間、對交談的總結等，雙方交流時，最好做到不隨意打斷客戶、不插話等，同時還應該盡可能保持與客戶相同的說話方式，這樣更易於雙方之間的溝通、交流。要讓客戶覺得你很重視他們，你當然要以同理心對待。例如，你如果老是拖很久才回他電話、你老是延遲文件、或者老是說話不算話，客戶並不會覺得你是個看重他的人，總之，滿足客戶被尊重的心理需求，你才能夠真正贏得客戶、贏得訂單。

好奇心是激發客戶購買欲望的第一步

好奇心是外界的現象對大腦產生刺激，使大腦的某些區域處於亢奮狀態，進而使人對外界的事物產生關注。其實好奇心是人的一種天性，同時也是種特殊的心理現象，能激起人們對於外界事物做出某些舉動。例如，生活中往往新、奇、特的東西能夠博得人們的青睞，就連大街上穿著火辣、新潮的女孩都能吸引人們的眼球。

可以說，沒有人能抵擋得住好奇心的誘惑。當人們對某一事物產生好奇的時候，就有了努力想去探求的企圖，所以，我們完全可以借助人們的這種好奇心理來刺激客戶的購買欲望，使銷售工作更順利。

一家百貨公司的老闆多次拒絕接見一位領帶業務員，因為該店已經有固定的領帶供應商了，老闆認為沒有必要更換新的供應商。

某一天，這位領帶業務員又來了，老闆準備在他沒有開口之前就打發他走。可是這位業務員什麼話都沒有說，反而是遞給他一張紙條，上面寫著：「您能夠給我十分鐘時間，就您公司的經營問題提一點建議嗎？」

看到這張紙條，老闆的好奇心頓時被挑了起來，於是將業務員請到了辦公室。在辦公室裡，這位業務員拿出一款新式領帶給老闆看，並對他說：

「我們公司開發出的新式領帶，裡面含有特殊的香料，戴起來可以讓人渾身散發出一種淡淡的香味，使人心情愉悅。此外，這款領帶的製作工藝還要比傳統的複雜十倍，基於這兩大特質，我想請您報一個公平合理的

價格。」

　　經理接過領帶，仔細端詳著這件產品，確實感覺到它的不同之處。業務員也看出了商場老闆十分喜歡這款領帶。突然，他對老闆說：「老闆，不好意思，時間到了，我說到做到，就不打擾您了。」說完，就準備取回領帶離開。

　　這個時候，百貨公司的老闆急了，趕緊攔住業務員，並要求再看看那些領帶。最後，他竟然按照業務員的報價訂購了一大批貨。

　　「我們現在要向您證明，這種服務『如何』能替您節省更多的錢」這樣的開場白，絕對勝過於「採用我們的服務，絕對可以幫您省錢」。因為「如何」一詞能有效引起了客戶的好奇心，「想不想看看這個產品是『如何』運作？」相信任何人都會感到好奇，忍不住靠向前去聽聽他們在說什麼。當然在這個過程中，你要想辦法讓客戶對你的產品動心，在語言上把產品的特點、性能、優勢等描述出來，讓客戶體會到產品的效果。

這樣做，就對了

　　因此，在銷售過程中，要想牢牢地掌控局勢，就需要時不時地為顧客製造一些新奇的懸念，將顧客一步一步帶入你設好的「局」裡，這樣才能出奇制勝，更快完成交易。

1. 會說吸引人心的開場白

　　在銷售中，開場白至關重要，好的開場白往往意味著你已經成功了一半。的確，據統計指出：在與客戶溝通中，客戶受開場白所獲得的刺激資訊遠遠要比之後獲得的資訊多得多。所以說，要想讓客戶對產品產生興趣，就應該在開場白上多下工夫。

針對語言型開場白，業務員可以單刀直入，開門見山地指出產品利益點，用利益點來吸引客戶的注意。當然語氣應有自信，在語調與語音上保持平穩、不急躁。例如：「您對一種已經證實能夠在六個月當中，增加銷售業績20%的方法感興趣嗎？」、「您一定會非常喜歡我給您看的東西！」、「可以給我兩分鐘的時間嗎？我想向您介紹一項讓你既省錢又能提高工作效率的產品。」……等。

對於行為展示型開場白，可以透過給客戶演示產品的使用方法和使用效果的方法，來吸引客戶的好奇心。例如，一位銷售消防用品的業務員，一開始先不說話，而是直接拿出自己的產品放入一個紙袋裡點燃，當紙袋完全被燒淨，客戶看到裡面的防火用品卻完好無損。這種獨特的表演形式顯然勾起了客戶的好奇心。

2. 提供部分資訊，吊起客戶的胃口

很多時候，業務員花費了大量的時間向客戶反覆陳述自己的公司以及產品的相關狀況，希望能夠藉此來滿足客戶的各種需求。可是反過來想，如果你一次就全部將所有資訊都提供給客戶，那麼客戶還會有興趣與你進行下次見面嗎？可見，這樣做的效果不一定會很好。因此，如果只是提供給客戶冰山一角的資訊賣個關子，這樣就更能吊足客戶的胃口，讓你們之間的溝通能夠再往前推進。

例如，之前各大報紙頭版都出現一則求婚廣告，相當搶眼但卻未署名，不禁引起民眾的疑惑，原來這是客委會為了吊大眾胃口，想出來的行銷手法，成功挑起民眾的好奇心。而多年前台北銀行推出引人側目的大型戶外求婚廣告「曉玲嫁給我吧」也是一個非常成功的活動。廣告一開始利用只打出「曉玲嫁給我吧」，引起一般大眾的好奇心，讓許多人還真以為是一則求婚廣告，成功吸引眾媒體的追查與報導，像滾雪球般地創造了驚

人的效應！後來大家才知道原來是北銀所做的樂透彩廣告。

3. 利用提問來製造懸念，勾起客戶的好奇心

很多業績一般的業務員在拜訪客戶的時候，會直接問客戶需要什麼產品或者服務。但事實上，很多客戶並不知道自己到底需要什麼。因為他們的潛在需求往往沒有被發掘出來。此時，你可以試著用一個比較新奇的提問方式來勾起客戶的好奇心，讓溝通繼續下去，並讓客戶意識到他有這方面的需求。例如，一位業務員拿著鐵錐，一隻手拿著一雙新襪子，對過路人大喊：「請大家猜猜看，當鐵錐穿過襪子之後，用力一拉，襪子會不會破呢？」人們受好奇心的驅使圍了過來，七嘴八舌地議論起來。業務員看時機成熟了，就利用實驗證明襪子的耐穿性，神奇的效果，吸引著現場民眾紛紛購買。

在利用客戶好奇心進行銷售的時候，你提出的問題不要脫離實際，而且還應該與客戶自身的利益有所聯結。否則只會弄巧成拙，讓客戶失去對你的信任。

攻心tips

激發客戶好奇心是點燃客戶購買欲的重要途徑之一，在銷售之初，不要一開始就把產品或服務的價值向他們全部展示出來，而要保持一些產品的神秘感，先透露部分產品價值，引起客戶的好奇，讓他們產生想要獲得更多資訊的欲望，並主動開口詢問。

一旦客戶好奇心被激發起來，就會更關注你和產品，使你的銷售工作進行得更有效率。

趨利心理——
剖析利害關係打動對方

卡耐基幾乎每一季都會預訂某家大飯店的大禮堂二十個晚上，用以講授社交訓練課程。有一季，卡耐基剛開始講課的前幾天，忽然接到通知，要求他付比原來多三倍的租金。而這個消息到來之前，入場券已經印好，而且早已發出去了，其他準備開課的事宜都已辦妥。換場地似乎不太可能，於是卡耐基就去找那位經理抗議。

「我接到你們的通知時，有點震驚，」卡耐基說，「不過這不怪你。假如我處在你的立場，或許也會寫出同樣的通知。你是這家飯店的經理，你的責任是讓飯店盡可能地多獲利。你不這麼做的話，你的經理職位難以保住，也不應該保得住。假如你堅持要調漲價格的話，那麼就讓我們來計算一下，這樣對你是有利還是不利。」

「先講有利的一面，」卡耐基說，「大禮堂不出租給辦課程的而是出租給辦舞會、晚會的，那你可以獲大利了。因為舉辦這類活動的時間不長，他們能一次付出很高的租金，比我付的租金當然要多得多。租給我，顯然你吃大虧了。」

「現在，我們來考慮一下『不利』的一面。首先，你調漲我的租金，卻是降低了收入。因為實際上等於你把我逼走了。由於我付不起你所要的租金，我勢必會再找別的地方舉辦課程。」

「還有一件對你不利的事實。這個訓練課程將吸引成千的、有文化、高知識水準的高階管理人員來到你的飯店裡上課。對你來說，這難道不是

為飯店免費打廣告嗎？事實上，假如你花大錢在報紙上登廣告，你也不可能邀請這麼多人親自到你的飯店來參觀，但是我的課程為你邀請來的還是一些社會菁英人士。這難道不划算嗎？請仔細考慮後再答覆我。」

最終，飯店經理做出了讓步。

在卡耐基說服飯店經理的過程中，沒有談到一句關於他自己要什麼的話，而是站在經理的角度想問題。這就告訴我們，把他人的利益放在明處，將自己的實惠落在暗處，不但易於達到自己的目的，還能獲得對方的認同。這確實是一種比較高明的說服術。

從以上這則事例中可以看出，想要在溝通中成功說服對方，就應該讓對方知道這樣做乃是取小利得大害之舉。這就更能取得對方的信任，進而聽取你的意見。

這樣做，就對了

利益是滿足人的需要的條件，對利的追求不僅是人類最本質、最強烈的衝動，而且也是永無止境的。因為貪利是人的本性，貪得無厭也是人很容易陷入的誤區。但從另一方面來講，利的增加儘管會增加人心理上的滿足感，但這種滿足感會漸趨遲鈍。同時，對大多數人來說，追求利益還會受到理智的制約。在某些情況下，還會捨棄某些利益，以維護和獲取更為根本的利益。因此，通過趨利避害的心理反應來說動你的客戶，是普遍有效的。

人對害的感覺與利相比，是一種雙倍的損失，避害甚於趨利。面對利害的抉擇時，理性的人往往會棄利以避害。所以，透過避害的心理機制來說服人，有時會比以利來誘導更為有效。

利害關係是人們所有關係中最重要的關係。因此，在對人進行各種說

服性的工作中，揭示利害關係是最容易打動人心的，可以使人決心不做某事或堅定某些決心。

　　一個人最關心的往往是與自己有關的利益問題，因為人們畢竟生活在一個很現實的社會裡，雖不能說「人為財死，鳥為食亡」，但人要生存，就離不開各種與己有關的利益。所以，當你希望客戶能買下你的產品，應當告訴他買下產品對他有什麼好處，不買則會為他帶來什麼樣的損失或不利後果，相信他不會不為之所動的。

　　我們知道，談判中的說服術也是一種心理戰術，圍繞著對方的心理來改變你的話術、剖析無窮的利害變化，讓對方認為你的想法能給他帶來很多「利」。他就會聽從你的建議，在無形中接受你的觀念，達到成功勸購的目的。以上的例子中，卡耐基就是這樣打消了飯店經理調漲租金的念頭。

攻心tips

　　在銷售時業務員要仔細觀察、分析客戶，根據客戶的個人狀況及現有的產品資訊，盡可能地讓自己的產品與客戶產生關聯，點出買與不買的利害關係，帶給客戶震撼感，就能更有力地推客戶一把，買下產品。

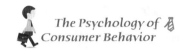

巧妙示弱，讓客戶感覺他比你強

幾乎每個人都有一種爭強好勝的心理，都想比別人強一點。很多時候，人們對比自己強大或者與自己勢均力敵的人常常懷著警戒心。當然，為了避免雙方之間發生爭執，適當地表現出「示弱」也是有必要的。

其實，銷售過程也是這樣。但在與客戶溝通的過程中，很多業務員總是喜歡扮演進攻者的角色──不停地利用語言來說服客戶購買產品或者服務。雖然銷售目標很明確，但這種方法卻並不見得能取得很好的成效。因為在這個過程中，客戶時刻會抱著防備心來看待你的銷售，你越強勢，客戶越不會主動購買你的產品。所以說，不妨反其道而行之，採取巧妙示弱的方式來銷售，反而比較容易成功。

知名的銷售冠軍喬·吉拉德也曾遇到很多麻煩。一天，他去推銷一種薄脆型披薩。敲開一家客戶的門，還沒來得及開口，站在他面前的那位主婦就劈頭蓋臉地對他臭罵一頓。

原來，她一週前買過一份這樣的披薩，但吃完後給出的評價是：「味道是所有吃過的披薩中最差的。」吉拉德聽著主婦的抱怨與批評並沒有生氣，而是誠摯地道歉，並主動提出會退還主婦買披薩的錢。這時，這位主婦的氣才消了一大半，不過還是小聲地嘟囔著。緊接著吉拉德又取出隨身攜帶的筆記本，誠懇地說：「太太，非常抱歉給您造成如此大的困擾，您覺得我們的披薩應該怎麼改進呢？我們十分需要您這樣有經驗的顧客的意

見。」主婦先是愣了一下，然後一條一條地把她不滿意的地方說了出來，最後吉拉德認真地記下了滿滿三頁紙，並向主婦承諾，自己一定會將所記錄的意見回饋給公司的廚師。

兩天後，吉拉德帶著已經改進過的披薩拜訪這位主婦，主婦吃了之後大讚披薩「大有進步」。從此以後，這位主婦成為了吉拉德的忠實客戶，還主動給他介紹很多朋友。

也許很多人都會有這樣的體會：在打拳擊的時候，先把拳頭縮回來再伸出去，拳頭才會有力度，而縮的幅度越大，出擊的力量就會越強。其實，一個人的示弱也就是縮回拳頭的過程，它的目的是為了在關鍵時刻把生命的那只拳頭出擊得虎虎生威。當然，示弱並不是懦弱，示弱僅僅是一種手段，透過示弱贏得成功才是最後的目標。

吉拉德以退為進、避其鋒芒的巧妙「示弱」，一方面澆滅了客戶的怒火，讓客戶在消氣後說出了自己的意見，化干戈為玉帛；另一方面也讓客戶看到了他的誠懇與負責的態度，重新建立起良好的客戶關係。

真正強大的人往往也傾向於謙虛、示弱。善於示弱，也就是在自己明顯佔有優勢的情況下，淡化自己的光芒，充分尊重別人，這是一種自信與從容的展現。在銷售過程中，客戶是你的衣食父母，想要與他們有效溝通，就決不能與客戶發生爭執，而是要學會合理、巧妙的「退讓」。

這樣做，就對了

1. 假裝弱勢，給客戶優越感

有時業務員遇到與客戶意見相左時，會為了證明自己是對的而選擇和客戶爭執，好像自己要是錯了，客戶就會認為自己的程度不夠、專業不足

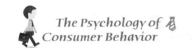
或是產品不行，只有爭贏了，客戶才會買單，但事實正好相反，不論你是對是錯，只要你與客戶爭執，這筆生意恐怕就飛了。

與客戶發生意見不合時，一定要清楚自己此行的目的是為了什麼。你不是為了辯過對方，而是為了達成交易。 如果客戶向你攻擊，不要還擊，否則兩敗俱傷。在銷售溝通中，有的客戶的確很「固執」，非要就某個問題與業務員爭個「你死我活」。遇上這類客戶，就千萬別在言語中帶著藐視客戶的言辭，諸如：「你怎麼這樣不講理呀？」、「我不是跟你說了嗎？怎麼還是不懂呀？」之類的，反而會加深雙方的衝突。在實際的銷售工作中，如果客戶比較強勢，有經驗的業務員往往會假裝弱勢，以柔克剛，巧妙消除雙方矛盾，才能贏得客戶，實現成交。

2. 爭取雙贏的合作模式

從一定程度上來說，業務員與客戶雖然兩者是買賣的合作關係，但雙方之間又存在著利益的矛盾。客戶希望能夠以最低的價錢買到最好的產品，而業務員則希望自己的產品或者服務可以為自己帶來最大化的利潤。換句話說，如果雙方互不讓步，那麼合作難以談成，對兩者都是一種損失。

因此，在每一次銷售溝通之前，你都必須充分考量自己與客戶的利益得失，在自己保證利潤的前提下顧及到客戶的實際需求，進而做出適當的讓步，緩和雙方之間的矛盾，從而保證交易的順利進行。

3. 讓客戶看到你讓步的艱難，換取客戶的認同

聰明的業務員在向客戶「示弱」的時候並不急於讓步，而是從一些細微末節上進行適度地讓步。與此同時，他們還會在客戶面前表明自己讓步的艱難以及無奈，當然還可以透過請示主管、拖延時間、尋找替換條件等

方式來進一步向客戶表明你在「讓步」上的左右為難。事實上，你要設定好讓步空間，一開始先讓對方感覺到有壓力，再視情況逐漸讓一些小利給他，讓他感覺到「他贏了」，最厲害的談判高手是讓客戶有「贏了」的感覺，但實際上是你贏了！

例如，「像這樣的優惠價格，我們從來沒有做過。這樣吧，看您很有誠意要買，我盡全力請示一下老闆，這樣您還滿意吧？」「這個……這個要求實在是有些為難，您讓我好好考慮一下再決定，好吧？」「如果不需要我們送貨上門，您本人可以來提貨，那麼我們倒是可以再優惠5%。」等等。

這樣做不僅可以爭取客戶的認可，還能降低客戶過高的期望，快速達成交易。

攻心tips

與客戶的意見相左時，有的業務員往往沉不住氣，而與客戶爭論起來，我們在前文中也說過，與客戶爭辯，即使贏了也是輸。業務員要知道，自己的最終目的是要銷售產品，而不是要與客戶分出高下，因此，我們要學著向客戶「示弱」，讓客戶在「我比你強」的情緒中放鬆警惕，爭取訂單。

如何破解客戶拒絕的藉口

在與客戶交談時，業務員最苦惱的不是直接拒絕的客戶，而是那些以各種藉口表示拒絕的客戶，因為這種客戶向業務員拋出了一個煙霧彈，如果業務員無法穿過重重迷霧洞悉客戶的真實意圖，那麼銷售工作就無法順利進展。

如果你希望自己的工作不被客戶的藉口影響，就要善於分辨客戶拒絕的藉口，找到客戶真正關心的問題，並採取正確的方法解決，引導客戶做出有利於銷售成功的決定，不給客戶找藉口的機會，才能增加成功的機會。

安真是一名汽車業務員。一天，一位男士走進安真的賣場，準備挑選一輛小轎車，安真負責接待他。經過一番挑選後，這位男士選定了一輛黑色的轎車。起初，客戶對黑色的轎車非常感興趣，並稱讚車內的配置與功能很好，但是當安真對這輛轎車做了相當多的介紹之後，客戶的態度卻開始冷淡下來，遲遲沒有要購買的意思。

安真：「我相信這輛車很適合您這樣的商務人士。有一輛漂亮的車代步，無論去哪裡都會非常方便。而且這輛車的性能很好，絕對是高品質的產品，可以說是物有所值。但是我覺得您好像有什麼不好說出來的想法，不知您遲遲未做出決定是什麼原因呢？」

客戶：「沒有原因，我只是想再考慮考慮而已，哪有什麼原因。」

安真：「這樣啊，但是您一定是在為某件事而擔心對嗎？如果您有什

麼擔心的事，儘管可以說出來，也許我能幫上忙。」

客戶：「真的沒有什麼擔心的事情，我只是想再考慮一下，給自己一個思考的時間。」

安真：「作為一名業務員，我想我應該瞭解到您對產品的不滿意和擔心之處，這是我們的責任，而且我也真心希望能為您解答。是不是您能說出您的顧慮，這樣我才能幫您解決啊。您說是嗎？您對產品有什麼不滿意的地方嗎？」

客戶：「好吧，我是覺得這輛車的價格有點偏高。」

安真：「很高興您能說出您心中的疑問，我也正在想您是不是在擔心價格的問題。」

客戶：「對，這輛車的價格太貴了。在我看來，似乎不需要這麼高的價格，因為我問過同等級車的價格，他們的價格都沒有你們的高。」

安真：「可能和其他廠牌相比，這輛車的價格是有點高，這是因為這款車的品質和性能優越，關於這方面，我想您也是認可的，『一分錢一分貨』的道理您一定比我明白。我們也承認我們的價錢的確相對較高，但是我們的銷售不僅是賣出產品，更重要的是，我們更注重售後服務，如果您在使用中出現什麼問題，我們都會為您服務到家，替您省去很多麻煩，您一次購買，就能享受我們的終身服務，如果您仔細想一想，就會發現在我們這裡買車是相當值得的。您覺得呢？」

客戶：「妳說的似乎也有道理。那好吧，就買這輛了。」

安真：「好。如果您現在購買的話，只需要兩天的時間就可以交車了。那麼，要麻煩您到前面的櫃台辦一下手續，這邊請。」

案例中的業務員做得很好，當客戶說需要考慮的時候，她並沒有主動結束交易，而是引導客戶說出考慮的原因，儘量給客戶說話的空間。當發現影響成交的因素之後，就能向客戶做出了合理的解釋。

世界潛能大師安東尼‧羅賓（Anthony Robbins）曾遇過一位在充分瞭解過產品資訊之後，仍不願購買產品的客戶。於是安東尼對這位客戶說：「您不買我的產品，一定是因為我沒有解釋清楚，那麼就讓我再來為您解釋一遍。」就這樣，客戶一次次推拖，安東尼就一次次解釋。最後安東尼拿到了訂單。

這樣做，就對了

以下筆者列出業務員最常遇到的客戶藉口，並提供破解之道供大家參考。

1. 謝謝，我不需要

在實際的銷售中，客戶經常用「我不需要」來擺脫業務員。而面對客戶的「不需要」，有很多業務員往往會選擇主動放棄，因為他們認為既然客戶不需要，介紹也是徒勞。其實這樣的想法並不完全正確，客戶的「不需要」往往也是拒絕的藉口。如果你能從客戶那裡找到拒絕的真正原因，再加以引導，還是有可能達成交易。

那麼，面臨客戶的「不需要」時，業務員應該怎樣應對呢？

➤ 當客戶表示「不需要」的時候，可能隱藏了拒絕購買的真正原因。你可以主動詢問客戶不想買的真正原因。比如，你可以問「您是不是還有其他的原因呢？」、「您對我們的產品有什麼不滿意的地方嗎？」如果客戶能說出自己拒絕的真正原因，就能節省不少時間和心力。

➤ 客戶說「不需要」，很可能是對產品及業務員存有戒心。因為面對不瞭解的產品和生疏的業務員，人們往往不想接觸也不想多費唇

舌。對銷售環境感到陌生，很有可能就是客戶拒絕的原因。

當你與客戶溝通時，最好使用較溫和的語氣，事事多為客戶考慮，以拉近自己與客戶之間的距離，幫助客戶消除陌生感。如當客戶以「不需要」為由，拒絕你推薦的服裝時，你可以說：「您是在擔心這件衣服不適合您嗎？其實您是多慮了，如果您能穿這件衣服，您身邊的朋友一定會讚不絕口的。」只要業務員營造出一個親切、和諧的銷售氛圍，感染客戶主動參與，就能讓銷售工作進一步地開展下去。

2. 我沒錢

業務員使出渾身解術說服客戶購買產品的目的是什麼？當然就是賺客戶的錢。但是有很多客戶都有這樣一個殺手鐧，只有三個字：「我沒錢」。這句話，令很多業務員都識趣地放棄，因為客戶已經說沒錢了，再糾纏也無益。然而，客戶真的是沒錢嗎？這其中的玄機恐怕也只有他自己才清楚。

面對「沒錢」的客戶，我們要見招拆招，在他還沒說「沒錢」的時候就封住他的嘴。我們來看看張先生的一次購物經驗：

一次，我去外地出差，與客戶談完生意之後到處逛逛。無意間，我走進一家服飾店，立刻就被一套西裝吸引了。一位漂亮的售貨員走了過來。在她熱情地勸說下，我試穿了一下，不但非常合身，而且穿在身上人顯得特別有精神。

我當時衝動地就想把這件衣服買下來，可是一看標籤八千多元，對我來說，這可不是個小數字。可是售貨小姐非常熱情，一直稱讚這件衣服的特點，讓我左右為難。正當我想以「沒錢」為理由拒絕的時候，服務員一個勁地誇起我的手錶，說這麼好的手錶不是一般人能用得起的，能戴這麼好的手錶的人一定是上流人士。我一聽，不禁想，對呀，這麼好的手錶我

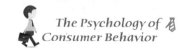
都買得起，沒理由買不起一套質料好的西裝啊。於是，為了滿足自己上流社會的虛榮心，我只好打腫臉充胖子，買下了這套西裝。

我們不得不說這位售貨小姐很懂消費者心理。每個人都有虛榮心，我們要充分利用虛榮心的力量，讓客戶根本沒有機會說「沒錢」，乖乖地主動掏錢出來。

3. 太貴了

「太貴了！」是客戶經常說的一句話，這話可能意味著你的價格超過了他的消費水準，更有可能的是他覺得你的產品根本不值這麼多錢。所以我們不要認為「太貴了」是客戶的一種拒絕，這其實是一種積極的信號。

客戶：「這條牛仔褲多少錢？」

業務員：「1980元。」

客戶：「太貴了。」

業務員：「不會啊，小姐，這可是最低價了。」

客戶：「我還是覺得有點貴。」

業務員：「小姐，您摸摸這質料，比一般的牛仔褲要好很多，對吧。而且這款是今年的新款，數量不多，保證會大大降低撞衫的機會。而且這個版型很有塑身效果，更能突顯您的身材。一分錢一分貨，您說是嗎？」

客戶：「那就替我包起來吧。」

業務員總想賣出最高價，而客戶則是希望以最少的錢買到最好的東西。要想讓客戶購買我們的產品，就要讓他覺得我們的產品值這麼多錢，要讓他知道我們的產品是同類產品中最好的，花這些錢是物有所值，甚至是物超所值的，給他們加強信心。這樣一來，我們就能讓客戶心甘情願地買單。

4. 我再考慮考慮

　　我想很多業務員都曾遇過這樣的客戶，在你為其介紹了產品情況後，他仍然沒有購買的意思，詢問之下，也只是拋出一句「我再考慮考慮」，讓你心涼了一半。其實客戶說出「考慮考慮」的原因很多，可能是因產品不符合自己的期待，也可能是對價格不滿意，甚至是對購物氣氛不滿意。很多業務員覺得，當客戶說出「考慮考慮」時就代表著銷售活動的終結，其實不然，如果你能留住客戶，再多問幾句，深入了解原因，就有機會成交。

　　為了讓客戶找不到拒絕的理由，業務員可以以「行動」來卸除客戶的藉口，例如你是房仲業務員，你可以帶著你的客戶去看附近所有符合客戶需求的房子，同時邊看屋時邊教育客戶說：「最近附近哪間房屋剛成交了」、「這一帶的房屋很搶手，好房子通常一掛出就很快賣掉」等等，讓客戶覺得「該看的都看了，應該是要做決定了」，讓成交壓力回到客戶身上去。

　　可見，當客戶試圖拒絕購買時，只要不厭其煩地為客戶多做解釋，最後往往能夠打動客戶，令他說出真正拒絕購買的核心原因。堅持不懈、鍥而不捨是每一個業務員都應具備的基本素質，只要不放棄追求，就有成功的可能。

攻心tips

　　客戶各種不購買、下單的理由，都是讓業務員有更多磨練的機會。很多時候，不是客戶不需要你的產品，而是你的工作做得不到位。客戶的藉口就像是變色龍的偽裝，業務員要練就一雙慧眼，識破客戶的藉口，並找到客戶拒絕的真正原因，就有機會取得成功的銷售。

不期而遇，讓客戶沒有防備心

紙訂單的取得可以說是業務員與客戶之間心理戰的較勁。尤其是在面對陌生業務員的時候，客戶多少是存有疑慮和抗拒的。儘管有時候他們其實是對產品有好感的，但他們心裡還是有些事要考慮的，一般來說，客戶們想的是——

· 排斥陌生人登門造訪。

· 害怕自己被花言巧語迷惑，一時做了後悔的決定。

· 面對業務員熱情的服務，害怕自己不買會不好意思。

· 不確定是否會喜歡，害怕給業務員添麻煩。

也正是受這種心理的糾葛，人們才會拒絕業務員的造訪。但是想要進一步說服客戶，卻也只有與客戶進行面對面的溝通才能充分消除客戶的心理負擔，成功刺激到他們的購買動機。

銷售嬰幼兒用品的業務員小艾主要是先透過電話了解客戶的需求，然後在激起客戶購買興趣之後主動約見客戶，再進一步介紹和說明產品事宜。

這天，小艾在電話中與一位客戶聊得非常愉快，並且客戶對他的親切隨和以及產品非常有好感。就在這個時候，小艾提出約見客戶：「太太，您這週末有時間嗎？我想把樣品送過去讓您試用看看。」

聽了小艾的問話，客戶趕緊回答：「嗯，要不週六的上午，嗯，下午……」客戶猶豫了半天，最後還是拒絕了小艾的請求：「還是算了吧，

我最近很忙。如果週末有時間的話，我就去你們那裡看看。」

「嗯，既然您很忙的話，那我就把樣品給您寄過去，或者是送到你們公司，您看如何？」小艾並沒有放棄。客戶趕緊說：「你還是把樣品寄給我吧，我看看資料之後再和你聯繫。」根據自己的經驗，小艾知道即使自己把樣品寄給客戶，客戶也未必會看。

當然樣品還是應該寄過去的，但是他想也不能就這樣一直處於被動。於是他開始從側面了解客戶的生活習慣以及喜好。最後他發現客戶每天晚飯後，都會帶著孩子在住家樓下的小公園散步。於是小艾做好充分的準備，在客戶帶孩子在公園玩的時候，他故意裝作是偶然碰上了客戶。這種不期而遇讓客戶感覺很意外，兩人很投機地聊了起來。最後談到了產品方面，終於，客戶表示一週之後雙方見面並洽談合作事項。

案例中的業務員小艾與客戶儘管在電話中聊得很投機，但小艾提到約見客戶的時候，客戶的那種警戒心就立即冒了出來，也正是受這種警戒心的影響，客戶拒絕了小艾的請求。當然，最後小艾巧妙地透過製造巧遇打破了被動等待的僵局，成功約見了客戶。可見，與客戶不期而遇雖然嚴格說起來會有些冒失，但卻能讓客戶在沒有防備之下接受業務員的推薦與介紹。

這樣做，就對了

那麼，如何掌握好製造巧遇的技巧，變被動為主動，扭轉渺茫的交易機會呢？以下提供一些原則供大家參考：

1. 花心思了解你的客戶，為巧遇做好鋪陳

想要與客戶製造不期而遇的效果，業務員需要了解並掌握客戶的各方

面資訊。當然，業務員不僅要了解客戶的姓名、年齡、工作狀況、消費習慣等，還要關注客戶的需求、生活習慣、個人喜好等等。在必要的情況下，我們了解與客戶關係密切的親友們的資訊，也能間接得到客戶的資訊。

除此以外，最好多了解客戶的喜好，他們所感興趣的事情，為偶遇準備豐富聊天素材，讓他們對你有一見如故的感覺。

2. 熱情要自然，否則只會讓客戶懷疑你的動機

生活中，熟悉的人之間相互拜訪是一種誠意的表現。但對於有經濟利益關係、相互陌生的業務員與客戶之間，即使這種親自把產品送上門的行為是一種飽含誠意的舉動，但根據心理學的原理，對方的心中依然存有猜疑與不安。在他們看來，業務員的行為太過於熱情，可能隱藏著一些不可告人的因素在裡面。

通常，在面對這樣的情況時，有經驗的業務員會委婉地轉變措辭，巧妙地使用「剛好」、「碰巧」、「順便」等詞語，把這種過分熱情的服務表現得更加大方、自然，從而減輕客戶的心理負擔，成功地製造見面機會。

3. 擺脫確定日期的束縛，強調「巧合」

不期而遇，往往強調的是「巧合」、「碰巧」，因此，在與客戶約見的時候，最好避免與他們確定見面日期。否則不僅會遭到客戶的拒絕，即使客戶答應，到了約定那天，他也很有可能找藉口推辭。所以，不妨在約見的時候多用「順便」、「剛好」之類的話，讓對方放鬆心防，自然接受你的建議。

攻心tips

　　要盡量避免「專程拜訪」這一類的說辭，而是告訴對方：「太太，今天我剛好去你們那邊辦點事情，順便把試用品送過去，您看可以嗎？」、「先生，我們可真是有緣，我要去××採購原料，如果您有時間的話，能否抽出幾分鐘時間咱們見一面？」在與客戶溝通時，使用這種「巧合」式的說辭比較容易讓客戶接受你，而且，他和你碰面也比較不會有太大的心理負擔。

多問問題，讓客戶有參與感

在與客戶溝通的時候，很多客戶都不喜歡那些喋喋不休的業務員，他們總是不停地介紹自己的產品以及公司，甚至還不厭其煩地反覆向客戶證明自己的實力與價值。是的，利用產品來吸引客戶的注意，這個初衷沒有錯，但往往出問題的就是他們的表達方式。業務員一味地講個不停，非但不能讓客戶積極參與進來，反而還很容易造成溝通失衡，讓客戶厭煩。因此，業務員不妨循序漸進、步步為營，透過提問來控制洽談的節奏。

加工機械製造廠的業務員小詹去拜訪一位客戶。

小詹：「王先生，您好！我是××公司的業務員小詹，真是恭喜您呀！」

客戶：「恭喜我？恭喜我什麼呢？」

小詹：「我今天在報紙上看到一篇報導。報上說貴公司的產品在業界有很大的市場佔有率。像貴公司這樣的龍頭企業當然值得祝賀了！」

客戶：「也多虧國家政策的扶植和資金投入了。」

小詹：「那麼在市場佔有率的成長之下，公司的壓力應該不小吧？」

客戶：「是啊，研發部門的人整天叫著忙，就連生產部門的主管也抱怨人手太少。」小詹：「看來這不僅是一個機遇，更是一次挑戰呀！那貴公司在網站上的徵人廣告是否就是為了解決生產吃緊的問題呢？」

客戶：「當然，否則忙不過來。」

小詹：「確實，一般現在市場上的行業人均製造效率是5台／人，那麼貴公司應該高一點吧？」客戶：「沒有，我們設備比較老，效率一直拉不上來。」

小詹：「哦，那貴公司希望在原來基礎上再提高25%的效率嗎？」

客戶：「那是當然，誰不希望？」……

就這樣，小詹不知不覺就把問題引向了自己公司的設備上，最後客戶同意先購買一小批設備進行試用。

發現到了嗎？業務員小詹並不是用「說」來與客戶進行溝通，而是用「問」成功地突破了客戶的心房。這一系列極具邏輯性的問題引導了客戶的思路，讓對方愉快地參與到雙方的溝通之中。接下來，小詹再循循善誘推出公司的產品，那麼客戶定會感覺到小詹就是為了解決自己的問題、是替自己著想而來的，那麼欣然買下產品自然是理所當然的事情。

這樣做，就對了

在使用提問這種方法來控制溝通的節奏時，應該注意以下幾點：

1. 提問應該以客戶為中心

客戶最關心的就是自己的利益。而任何人在溝通中總是希望自己能夠多說，而不是聽別人滔滔不絕地說，而這往往又是業務員最容易犯的大忌。因為大多數的業務員都是以自我為中心，與客戶談論自家的產品或者公司，自己老講個不停，這樣會讓客戶有購買壓力，而放棄溝通。

所以，我們不妨向案例中的小詹學習，站在客戶的角度上，從關注客戶的利益入手，使用提問的方法，讓客戶多說，這樣往往能夠達到「引人入境」的效果。在介紹產品時，只有及時發問，不斷和客戶互動，才能了

解客戶的想法並引導客戶的思維。多發問會讓客戶參與其中，對你的產品的感受也會更加深刻。

2. 提問要有針對性，建立在相互了解的基礎上

在向客戶提問時，太不相干的提問只會讓你浪費大量的時間，因此，向客戶提問時一定要有針對性，縮小問題的範圍，這樣你才能很快得到想要的答案。

想要讓提問更有針對性，可以選擇問一些封閉性的問題。所謂封閉性問題，也就是在某種特定的場景下，需要客戶進行明確回答，或者量化事實的問題。一般，業務員在詢問時，通常可以加上「是不是」、「哪一個」、「對嗎」、「多少」等之類的詢問詞，這樣往往可以讓你得到想要的特定資料或者資訊，同時也不用花費太多精力。但注意，這樣的封閉性提問最好和別的提問方式交替使用，否則很容易就引起客戶的厭煩。

為了更有效地運用這種提問方式，讓提問更有針對性，事先的準備很重要。在與客戶溝通之前，就應該掌握的資訊包括：客戶姓名、職位、家庭成員狀況、消費水準、需求等。為自己累積談資的同時，也為提問做好相應的鋪陳。

3. 獨特的提問方式更能激起客戶的溝通熱情

一般來說，大多數業務員喜歡使用平鋪直敘的敘述方式來與客戶溝通，如果你在與人交流的時候，換種思維──使用提問的方式，那麼勢必就會顯得獨具一格、與眾不同，相信就更能贏得客戶的青睞。

當然，如果在利用提問引導客戶深入交流的過程中，業務員多使用一些關心客戶的提問方式，表達對客戶的關心，那麼就更能進一步讓客戶感受到你關心的是他的切身利益，而非他口袋裡的錢，這樣自然就會激起客

戶與你溝通的熱情，從而願意與你談下去。

攻心tips

　　向客戶提問的目的就是要瞭解客戶的購買心理，唯有知道客戶需要怎樣的產品，才能展開下一步的銷售活動。而想要讓客戶的需求轉化為購買產品的強烈欲望，還要注意向客戶提問的頻率，儘量保持提問的連續性。客戶只有在連續被提問的過程中，對需求的緊迫感才會持續增強，讓他跟著你的節奏走到成交。

　　與客戶溝通時，最好是多發問，然後傾聽，用問問題的方式引導他們談話，因為發問才能掌握主導權。如果客戶不停地向你提問，那麼你要盡快地利用反問來及時地扭轉自己被動的局面，不能只是做一些簡單的回答，而是要不斷反問客戶一些問題，這樣就不至於被客戶所引導。如：客戶問：「你們的產品有效果嗎？」你可以反問：「你認為什麼樣的效果對你最重要？」

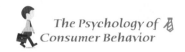

保持距離，客戶不想與你太親密

俗話說：「距離產生美」。心理學家指出，空間距離與心理距離是息息相關的，每種關係都有著不同的距離範圍，親人之間的關係不會太遠，陌生人之間的關係不會太近。不但同事、朋友、同學間交往要講究距離，客戶在購買東西的時候，業務員也要與客戶保持應有的距離。

石宗亮是銷售化驗器材和用品的業務員，每到一家醫院展業的時候，總少不了吃閉門羹。一次，石宗亮根據公司提供的地址去拜訪了一家醫院的院長，一連去了很多次，沒有一次談成的。石宗亮第一次去的時候，院長避而不見，只讓秘書告知了一聲「不在」，就打發石宗亮離開；第二次，石宗亮雖然見到了院長，但是院長只丟給了石宗亮一句「我們醫院不需要，你不要再來了」，很決斷地回絕了他；第三次，石宗亮進到了院長的辦公室，但是院長並沒有請他坐下，只是站著聊了幾句，並建議他別再浪費時間了，不要再來了，就藉故有事離開了。

雖然前幾次的拜訪都失敗了，但是石宗亮並沒有放棄，第四次，石宗亮又一次找到了這位院長。這次，石宗亮恰好碰上院長正在和幾個醫生搬運辦公用具，他立即主動上前幫忙，把辦公用具搬到了院長辦公室。院長見了，甚為感動，於是請石宗亮坐下來閒聊，並親自遞給了石宗亮一杯水。

這時，石宗亮在和院長聊天的時並未隻字提到銷售的事情，就在他將

要離開的時候，院長叫住了他，並主動提起要購買一些器材和用品。

　　一般業務員去客戶的家裡或者辦公室裡拜訪客戶的時候，有些客戶會把你擋在門外，有些客戶即使讓你進到屋裡，也是隔著很遠的距離，簡單地與你聊上幾句，就藉故讓你離開。客戶的這些舉動說明著他們對你還存在著抗拒和防備的心理，如果你不能消除客戶的這種心理，其實是很難成交的。因為在客戶相信你之前，你講再多都是廢話。

　　所以，你要先從自己與客戶之間的距離判斷出你與客戶的心理距離，然後再採取相應的方法縮短彼此之間的心理差距，使客戶接受你，並接受你所銷售的商品。

　　值得注意的是，業務員不僅要努力地贏得客戶的信賴，縮短與客戶之間的心理距離，還要能夠妥善控制這種距離，保持必要的禮貌和尊重，避免因與客戶靠得太近而讓客戶反感。

這樣做，就對了

　　那麼，與客戶保持什麼樣的距離才算合適呢？不同的距離代表著怎樣不同的關係呢？

　　除了親人之間的密切距離（0.15~0.45公尺）外，業務員與客戶之間的距離主要有以下三種。

1. 公眾距離

　　公眾距離分為接近型和遠離型距離兩種，接近型距離一般為3.6~7.5公尺，遠離型距離一般為7.5公尺以上，這種距離適合演講、開會等公眾場合。一般業務員與客戶初次見面的時候，客戶就會與業務員保持這種距離，這表明客戶與業務員之間有很多想法、觀念需要交流，對商品還存在

很多疑問。

2. 社會距離

　　社會距離一般在1.2~3.6公尺之間，這樣的距離超越了身體能接觸的界限，是在正式社交場合人與人接觸的距離，給人一種慎重和嚴肅的感覺。這種距離不但適合舞會、聚會等的社交場合，而且也適合工作時與上司、同事之間的距離，既不會受到別人的影響，也不會影響到別人。

　　客戶與業務員保持這種距離是在業務員與客戶見過幾次面後，已經對客戶有所了解，但是還不至於親密到朋友關係時。當客戶與業務員保持這種距離時，我們可以透過轉換洽談的場所，或者借助一些社交活動來縮短彼此之間的距離，比如把約見的地點換成茶館、咖啡廳等休閒場所，和客戶一起參加下棋、運動等娛樂活動，在輕鬆溫馨的氛圍中消除與客戶心理上的陌生感，拉近與客戶間的心靈距離。

3. 個體距離

　　個體距離一般在0.45~1.2公尺之間，這是朋友之間接觸的距離。在這種距離下，成為朋友的雙方能夠很自然地擁抱和碰觸對方。而且業務員與客戶保持這樣的距離，能夠非常清楚地看到客戶的表情，與客戶進行促膝長談。當客戶與業務員處於這種距離時，業務員一方面要注意維護好與客戶的這種距離，也不宜再更靠近，否則只會給客戶留下輕浮、不舒服的印象，引起客戶的反感。

攻心tips

　　當人們處在有些「擁擠」的空間時，往往會感覺有些不自在，有點放不開，這就是筆者為什麼要強調保持你和客戶之間距離的重要性。

　　和客戶交談時，保持一定的人際距離能讓客戶感覺自己是被尊重的，是自由的，是值得信賴的。每個人都希望自己能和別人保持一定的距離，不希望自己的私人空間被別人侵入，這也就是為什麼在圖書館常看到人們在自己座位兩邊的空位會放一些東西的緣故。

讓抱怨的客戶變成忠實擁護者

幾名企業高層到位於美國阿拉斯加州的一家四星級飯店參加一場行銷理論研討會。他們想在即將離開飯店前往機場的空檔到飯店的游泳池裡輕鬆一下。但是，當他們下午來到游泳池時，被飯店人員深含歉意地告知游泳池已經關閉了，原因是為了準備晚上的一個招待會。

這些主管不滿地說，晚上他們就要離開了，這是他們唯一可以利用游泳池的時間了。聽了他們的抱怨後，這名招待員請他們稍微等一下。過了一會兒，飯店經理來到他們身旁解釋道，為了準備晚上的酒會，游泳池不得不關閉。但他接著又說，一輛豪華轎車正在大門外等著他們，他們將被送到附近的一家飯店，那裡的游泳池正在開放，他們可以到那裡游泳，至於所有費用，全部由飯店買單。

大家聽了非常高興，也對這家飯店留下了極佳的印象，也使他們樂於到處分享這一段令人感動的住宿體驗。

從心理學的角度分析，當人們心中有了疙瘩，促使其講出來比讓他悶在心中更好。然而現實的情況是，因為悶在心中的不滿總會不時浮現，反覆刺激著客戶，讓客戶對這個產品的負面評價越積越深，也就更不會再度買這樣產品。

美國銷售學會的研究指出，獲得一個新客戶的平均成本是118.16美元，而使一個老客戶滿意的成本僅僅是19.76美元，獲得一個新客戶比保住一個老客戶要多花五倍多的錢。因此，公司應該花費更多的時間和精力

來留住老客戶。因為一位滿意顧客講的任何一句話，比你說100句話還要有效。如果把抱怨處理好了，客戶獲得了強烈的好印象後，必定逢人就開心地分享。這無形中為公司做了有力的免費宣傳，不僅保住了老客戶，還獲得了新客戶。

當客戶不滿時，一定要小心處理，因為如果客戶的不滿情緒沒有處理好，你很可能就此失去了這個客戶，而且客戶的這種不滿情緒很可能還會影響到其他人。因此，一定要重視客戶的抱怨並妥善處理，使他由不滿到滿意再到驚喜。

這樣做，就對了

不要害怕也不要討厭客戶的抱怨，客戶直接向你傾訴，是給你消除他們不滿、解決問題的機會。所以說，客戶的抱怨其實是珍貴的資源，是提高產品品質和服務品質的機會。

當我們在處理顧客不滿情緒時，首先要注意穩定顧客情緒，分散客戶注意力，避免衝突，請參考以下技巧：

1. 請顧客坐下，並拿出你的筆記本

不滿的客戶找上門來時，往往都是十分激動，怒不可遏的。此時，你是沒辦法和顧客溝通的。如果在客戶氣頭上與之理論出對錯，是徒勞無功的，唯有當客人冷靜下來後，再向對方提出解決問題的方法，相信問題很快就能得以解決。為了使情緒激動的顧客盡快平靜下來，應先真誠招呼他們坐下來訴說不滿。自己在一旁傾聽、記錄，並鄭重其事地把對方的意見記在筆記本上。

做記錄的動作，既有助於雙方建立一個友好的交流洽談氣氛，又可以

使客戶認為他們的意見受到了重視，沒有必要再吵鬧下去。一份完整詳盡的記錄，一方面能了解顧客的真實資訊，溝通雙方的意見，也為自己日後處理相關客訴提供了參考依據。

2. 展現你的誠意

友善熱情地握手，給人誠懇的印象，這是業務員面見顧客的應有禮節。正確的握手姿勢與力度，可以安撫顧客的不滿情緒。如果對方一時拒絕握手，業務員可以藉故反覆多次試握，對方也會因盛情難卻而接受，現場氣氛會很快就融洽起來。

在條件許可的場合，熱情接待不滿的客人，如招待咖啡、茶點等。

這是一個發生在日本某飯店的故事：一批旅客事先已預訂好旅館的房間，卻無法馬上入住，因為上一組的客人才剛剛退房離店，服務員還在清掃、整理房間，拎著大包小袋從外地趕來的旅客在走廊上大發牢騷。經驗豐富的經理見狀，立即請客人到自己的辦公室暫時休息，並給每一位貴賓泡上了一杯香氣四溢的熱茶。受敬使人氣平，受禮使人氣消，在場的客人邊喝著熱茶，連聲道謝，再多等一會兒也不會生氣了。

3. 對顧客的抱怨抱持理解態度

凡打算上門表示不滿的顧客，大多喜歡爭取旁觀者的支持，在公眾場合抱怨、發牢騷的顧客也是如此，現場人越多，他們的指責越會變本加厲。所以，一旦碰到年輕氣盛的客人上門投訴，就應迅速將當事人帶離現場，到辦公室或到人少的清靜處商談問題，不要在公眾面前與之爭辯。因為在大庭廣眾面前，業務員縱使有再多理由來解釋說明，顧客也認為自己有理。同時還要表達你的理解與感同身受，你可以這樣對顧客解釋：「多虧了你的指點……」「你當然有理由表示不滿……」「對這個問題我也有

同感……」這樣的對話往往使表示不滿的客戶消消氣。

4. 拖延一會兒再解決

對於某些顧客提出的抱怨，一時很難找到其中的真正原因，或是有些不滿純屬虛構，根本無法圓滿解決。碰到這種情況，精明的業務員大多採取拖延對策，把眼前的糾紛擱置一旁，暫緩處理，比如答覆對方：「我馬上去調查一下情況，明天給你回覆。」

特別是遇到衝動而性急的顧客，不要急於馬上著手處理抱怨，以免草率行事。可以先放慢處理，與顧客談點別的話題，例如天氣、社會新聞……等，使顧客平心靜氣地表達意見，理智地談問題。

5. 措辭應謹慎

與客戶的對話也是疏忽不得，否則可是會造成不滿顧客的反感與對立。比如，我們平時常聽到這樣的說法：「這是一個誤會……」「大概老兄搞錯了吧……」「事實上不是這麼一回事……」「我自己親自證實一下再說……」。這樣的說法其實是火上澆油，有時為了平息顧客的怨氣，只是想表面上安撫對方，卻因用詞不當反而引起反效果，比如：「就是為了這麼一點雞毛蒜皮的小事？」「沒有你說的那樣嚴重吧？」這話不說也罷，一說反而會引起顧客的誤會，認為你在推卸責任。

有時，客戶要求退貨、退款其實是不合理的，業務員往往不願接受這種過分的要求，如果當面表示斷然拒絕，甚至流露出是對方有意敲詐，就會導致雙方當事人的情緒對立，最終損失的還是業務員。此時，不要急於表明自己的無辜，更不能馬上指出責任在顧客身上，而是要細心引導，設法讓顧客自己看到問題所在。資深的業務員會盡量回避直接討論退、賠等問題，而是從分析入手，逐步明確責任，剔除其中的誇大因素，最後得出

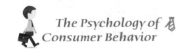

雙方都能接受的條件。顧客提出的過分要求，絕大多數是因為對方不了解具體情況，而不是有意敲竹槓。一般來說，顧客的要求也不是我們想像中那麼苛刻，對於已達成的協議或交易來說，退換退賠的數量與項目是十分有限的，不近情理的耍賴型顧客畢竟屬於極少數。所以，不妨自己吃一點小虧，退一步是為了進兩步，接受顧客提出的合理要求。

在顧客表示不滿時，如果你能處理得好的話，不但可以留住客戶，甚至還可以提高你的聲譽。

攻心tips

「只有滿意的客戶，才有忠實的客戶。」而每一位客戶的背後，都有一個相對穩定、數量不小的群體，贏得客戶的心，經常能連帶獲得他所屬群體的信任。在處理抱怨上，無論是精神上還是物質上的，關鍵是要能超出客戶的預想，讓客戶有驚奇的感覺，就對了。這樣對客戶來說，他的抱怨不但得到了解決，還意外獲得了補償，就能有效提升客戶對你的產品或服務的忠誠度，順利化危機為轉機。

Chapter 4

攻心有道：
說服客戶從了解他開始

The Psychology of
Consumer
Behavior

成功的銷售，來自於2％的商品專業知識，
以及98％對人性的瞭解！

——美國保險業銷售奇才 喬・甘道夫（Joe Gandalf）

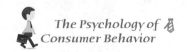

人會撒謊,表情不會撒謊

心理學家經過長期觀察發現:表情通常都是一個人無意識表現出來的。心理學家亞伯特‧赫拉別恩告訴人們這樣一個公式:資訊傳播總效果=7%的語言+38%的語調語速+55%的表情和動作。這個公式充分說明了人們在交談的時候,表情所發揮到的重要作用。同時,這也提醒你,在與人交流的時候,不僅要用嘴去說,用耳朵去聽,而且還要用眼睛去看,捕捉客戶表情中的蛛絲馬跡。

在洽談業務時,我們通常會透過觀察與分析客戶的表情來探知客戶的真實意圖,抓住客戶的心理,達到成交的目的。

正確地解讀客戶的表情所蘊含的資訊,可以為你做出某種判斷提供準確的依據,避免被別人的表面言辭所迷惑而產生誤導。

華偉是一名業務員,一天,他前去拜訪一位客戶。客戶的態度很熱情,他們針對產品溝通了很長的時間,客戶對商品和所提供的服務表現出了很強的興趣。可是,當華偉向對方提出簽單時,對方卻猶豫了,並對他說:「這個我再考慮考慮,到時候會通知你的。」

華偉一開始並不知道客戶的這種回答是一種委婉的拒絕,還是真的需要時間來考慮。華偉回憶了一個客戶說這句話時的表情──客戶的眼睛不停地眨動著,而且手不自覺地摸著自己的鼻子。而且客戶並不直視自己,是低頭盯著桌面。經過分析,華偉推斷:客戶說出的這句話只是一個婉拒自己的藉口,其實客戶並不想購買,而且對商品還存有疑慮。

　　這樣判斷後，華偉站在客戶的立場設定出了客戶的需要，並詢問客戶對商品是否還有疑問。原來，由於華偉所銷售的商品並不是知名廠牌，雖然價格相對較便宜，但是客戶對商品的品質沒有信心。於是華偉替客戶爭取到了半年包換，三年保修的承諾書，這才成功地賣出了商品。

　　與客戶溝通的時候，在用耳朵傾聽的同時別忘了還要用眼睛去觀察，有時候，客戶的表情會出賣他們內心的想法。業務員一定要仔細觀察，從中分辨出代表客戶不同心理的表情細節，才能真正明白和分析出客戶所要表達的真實意思，從而變換銷售策略和方向。否則的話，就很可能糾結在客戶語言真實與否的迷魂陣裡，造成理解的錯誤而錯失成交機會。

這樣做，就對了

　　當業務員對客戶的話語表示懷疑的時候，最可靠的辦法就是觀察對方的臉部表情。因為人們在撒謊的過程中，身體的潛意識會散發出一種緊張的能量，從而使人們自己口中所說的語言與臉上的表情互相矛盾。也就是說，一個人在試圖掩飾真相的時候，他的表情就已經洩露了他內心的矛盾。例如，有的人在說謊的時候會刻意地透過微笑、眨眼、做小動作來掩飾自己的謊言。殊不知，正是他的這種掩飾的行為成為了別人洞悉他謊言的入口。那麼，客戶在撒謊的時候通常會有什麼樣的表情呢？

1. 眨眼睛

　　客戶在說謊的時候常常會增加眨眼睛的次數。當你向客戶介紹商品時客戶表示很感興趣，但是他的眼睛卻頻頻眨動，那表示客戶很可能在撒謊。遇到這種情況時，就要用反問法來詢問客戶一些細節性的問題，在詢問說謊的客戶的時候，可以多詢問客戶細節性的問題，這樣才能更了解客

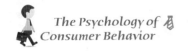
戶的真實想法。

2. 抿嘴

抿嘴也是一個人撒謊的常見表情。這是因為，客戶在撒謊的時候內心是警戒的，他不想這些謊言是從自己的嘴裡說出來的，希望自己能夠與謊言劃清界限。所以，他們在說出謊言後就會不自覺地做出抿嘴的表情。

當你看到客戶做出這個表情的時候，千萬不要試圖揭穿客戶的謊言，那樣會激怒客戶，最好一笑而過，轉移話題，談論客戶感興趣的話題。

3. 不敢與你直視

客戶在交談的時候不敢與你直視，這表示他說謊的可能性很大。在面對這樣的客戶時，可以針對某一個商品，把客戶的目光吸引到具體的商品上，轉移客戶的注意力，既能有效避免客戶產生想要離開的想法，也能避免客戶長時間思想游離而對談話失去興趣。

4. 眼神飄移

說謊的客戶在說謊之前眼神會變得飄移，因為他在思考自己要編造一個什麼內容的謊言。而在想好要說的謊話時，客戶的眼神就會變得堅定，但是當你表現出對他的話產生質疑時，客戶的眼神就會重新變得飄移。

在面對這類客戶的時候，不要對客戶的說法表示質疑，才不會給客戶一種咄咄逼人的感覺，令客戶感覺到壓力。你可以假裝肯定客戶的說法，然後轉移話題，重新把客戶的注意力引導到商品上。

攻心tips

　　為什麼那些超級業務員能在較短時間內對客戶做到瞭若指掌，像算命師一樣迅速抓住客戶的心理特點和需求？

　　那是因為他們擁有超強的洞察力，善於觀察客戶，特別是能細心觀察客戶在交談時表現出的每一個細節，不放過任何一個可能瞭解客戶的細枝末節。這樣才能在與客戶的溝通過程中，揣測客戶的內心，說出最合適的話！

眼睛就是客戶赤裸的內心

孟子曰：「存乎人者，莫良於眸子。」意思是說，觀察一個人，沒有比觀察他的眼睛更好的方法了。眼睛是心靈的視窗，一個人的想法經常會從眼神中流露出來。

美國心理學家愛德華·海茲曾經注意到，人如果全身心地投入到自己喜歡的事情中去，這時他們的瞳孔就會出現不同程度的放大。於是，他根據人的這種表現做出了大膽的假設：眼神與一個人的心理存在著密切聯繫。後來，愛德華·海茲透過一系列實驗證明了自己的大膽推斷。拉爾夫·沃爾多·愛默生也曾經說過：「人的眼睛和舌頭所說的話一樣多，不需要字典，卻能從眼睛的語言中了解整個世界。」

事實確實是這樣，眼睛可以毫無保留地反映出一個人內心的真正想法，在與客戶接觸的時候，如果你想掌握決定權，成功地售出產品，就要善於關注客戶的眼睛，才能窺探到客戶內心的祕密。

保險業務員小楊敲開了一家客戶的門，開門的是一位中年婦女，她一看是推銷東西的陌生人，並沒有說話，而且用充滿敵意的眼光看著小楊。小楊趕緊遞上自己的名片，並主動自我介紹，同時送出了自己的小禮物。那名婦人「哦」了一聲，勉強地繼續聽小楊的介紹。小楊從女主人的眼神中看出這個客戶比較冷漠，不是那麼好應付。

進到屋裡後，小楊對自己的業務進行了簡單的介紹。不管小楊怎樣展現出自己的熱情，女主人始終目光冷淡，滿是懷疑的神色。雖然婦人並沒

有說什麼，但是她的眼神讓小楊有些生畏，他知道婦人的戒心很重，關鍵還是要想辦法消除眼前這位婦人的懷疑，贏得她的信任。

於是，小楊告訴女客戶：「我們公司新推出的這類保險非常適合您這樣的家庭，我們的信譽您絕對可以放心。而且，您社區的很多人都已經購買了，比如您家樓下的方太太，您有空的時候也可以向她了解一下資訊。」聽到小楊這樣說，婦人冷淡的眼神稍稍緩和了一些。

這時，女客戶家的小孩放學回來了。小楊便和婦人的小孩一起玩，並且玩得很開心。婦人看到這樣的情景，覺得小楊這人真是不錯又充滿愛心，看待小楊的眼神變得友好起來。最後，婦人也跟小楊買了保險。

在銷售中，業務員會遇到各式各樣的客戶，難免會遭到客戶的白眼與冷漠，但也有的客戶會回應讚美、支持、理解的眼神等等。比如，當你在與客戶交談的時候，客戶的眼睛下垂，那就表示他對你所介紹的事物不感興趣；如果他的眼睛高高往上看，那就表示他是一個高傲和有品味的人，這時你就可以根據客戶的喜好說一些讚美的話，或者介紹給客戶他感興趣的產品。

看客戶的眼色行事，重視客戶的感覺和反應，並在客戶試圖掩飾自己內心想法的情況下準確獲得客戶的心中所想，只有這樣，你才能有針對性地回應客戶提出的問題，贏得客戶的信任和好感，讓銷售工作順利地進行下去。

這樣做，就對了

因此，如果你想透過關注客戶的眼睛，來獲得一些能夠對自己的銷售工作有所助益的資訊，那麼不妨從觀察客戶的眼睛著手：

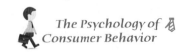
1. 眼神冷漠

　　眼神冷漠是大多數客戶都會表現出的一種反應。因為在一開始的時候，客戶總是對業務員抱持著敵意，並充滿戒備和懷疑，所以看業務員的眼神中也會充滿不信任。如果客戶表現出這種眼神，在購買商品的時候就會比較謹慎，如果你提供的資訊沒有充足的說服力，不能完全打消客戶的疑慮，就會使溝通陷入僵局，不利於成交。

2. 眼睛快速地眨動

　　當業務員在給客戶介紹完商品後，客戶的眼睛快速地眨動，這表示客戶對商品開始感興趣。這可能是商品有著不同於其他商品的地方，引起了客戶的好奇，這時他就會盯著業務員或者商品仔細地觀看，同時客戶的瞳孔還會因驚奇而放大，眼皮也會不由自主地抬高。這時如果業務員能夠有效地進行引導，銷售成功的機率會很高。

3. 眼神平靜

　　有的客戶眼神平靜，眼睛的瞳孔保持自然狀態，不管業務員說什麼，他們都冷靜地看著業務員。這說明業務員所介紹的商品或者談論的話題對客戶來說不足為奇，並不足以引起客戶的興趣。

　　有著這種表現的客戶一般是見多識廣，他們不僅有獨立的思維，而且做事情非常沉著，不會因為一時心血來潮而做出購買決定。所以，在面對這樣的客戶時，要用真誠的服務、優質的品質來打動他們，千萬不可為了銷售出去產品而胡亂吹噓或者敷衍他們。

攻心tips

　　「眼睛是心靈的窗戶」，透過眼神的停留和腳步的逗留，你就會發現客戶是否對你的產品感興趣，一旦客戶有了感興趣的跡象，你就該抓住機會，向客戶介紹自己的產品。

　　當客戶提出異議時，如果你很難從客戶的言談舉止中做出判斷，這時就不妨觀察客戶的眼睛。如果客戶眼神躲躲閃閃，飄忽不定，顯然可以判斷出客戶的異議是假的，反之，就要盡力去化解客戶的異議，才有實現成交的可能。

點頭、搖頭，就代表成交訊號嗎？

在大部分文化中，點頭的作用都用來表示贊成或者YES的意思。其實，這個動作原是鞠躬的簡化形式，就像一個人在鞠躬時把動作只進行到頭部就嘎然而止了一樣，最後以象徵性的動作表示鞠躬的姿勢。當一個人向另一個人鞠躬的時候，表示對另一個人的順從和尊敬，所以由鞠躬動作延伸出來的點頭動作也表示了我們對他人觀點的贊同。如果一個人不善表達或者非常贊同對方所說的觀點時，這個人就會不由地做出點頭的動作，表示自己的贊同。

相反，搖頭的動作通常表達「No」的意思。搖頭動作是人類學會的第一個動作，是最容易流露出人們內心想法的動作。當一個人不想聽到一些話語或者對聽到的話語表示反感時，他們就會用搖頭表示自己的不滿。

業務員張曉在與外國客戶的談判過程中遇到了很多令人芫爾的事，這多源於她沒有事先了解客戶和自己國家習慣的不同。

張曉在與這位外國客戶談判之前，公司總經理已經和這位客戶通過電話，而且這位客戶是公司的老客戶了。在張曉向客戶詳細介紹商品和套餐方案的時候，張曉看到客戶一直在搖頭。這讓張曉急出了一身冷汗。

在接下來的介紹中，張曉顯得非常緊張，臉也變得通紅，勉強才介紹完自己的商品。

介紹完之後，張曉本想客戶會轉變態度，況且又是老客戶，沒想到客戶仍舊搖了搖頭。張曉心想：這回自己慘了，總經理談好的一筆訂單就這

樣毀在她的手裡，回去怎麼向總經理交代呢？

正在張曉急得幾乎絕望的時候，客戶在和隨行幾位人士的討論後，給張曉遞來了一張合約。張曉看著合約，又看看客戶搖頭的動作，頓時顯得無所適從。這時，客戶可能已經看出了張曉的窘相，示意張曉簽字，張曉連忙顫抖著簽下了這份合約。

事後，張曉向總經理講述了事情的經過，總經理批評張曉太過大意，如果不是雙方一直保持良好的合作關係，這筆訂單就白白流失了。張曉這才明白，原來那些客戶是印度人，在印度，搖頭的動作表示的是贊成的意思。

人們在交談的時候很忽略掉對方的這些動作，或是把更多注意力集中在客戶的表情和四肢動作上，很少能夠注意到客戶頭部的動作，而錯失了能夠證實客戶所說的話是否真實的機會。

這樣做，就對了

業務員在與客戶的談判中，怎樣從客戶點頭或者搖頭的動作中洞悉客戶的真實想法呢？

1. 點頭頻率代表客戶的耐心程度

不知道業務員發現沒有，如果在你介紹商品時客戶每隔一段時間就做出點頭的動作，你就會越講越起勁，變得更加健談。

研究表明，如果聆聽者每隔一段時間就向說話者做出點頭的動作，就會讓表達者比平時健談三～四倍。同時，點頭的次數能夠顯示出聆聽者是否真心在傾聽。

在做點頭動作時，一般每次點頭三次為宜，如果過多，就會讓對方覺

得你的肯定不真誠；如果點頭次數太少，對方就會認為你這是敷衍，想要盡快結束談話的表現。

另外，點頭的頻率能夠顯示出傾聽者的耐心程度。如緩慢的點頭動作表明傾聽者對談話很感興趣，快速的點頭動作則表明傾聽者已經不耐煩了。所以，當客戶在陳述自己的需求、表達自己的想法時，應該每隔一段時間向客戶緩緩地點三次頭，以表示自己正在認真傾聽。

當你在介紹商品時，客戶表現出點頭的動作，就表明客戶對業務員所介紹的商品非常感興趣，購買的可能性很大，這時一定要及時引導客戶，促成銷售。但如果客戶是不斷且快速點頭，這就表明客戶對所介紹的商品並不感興趣，只想盡快結束這場溝通。這時，你就要及時轉換話題，吸引客戶的注意力，防止客戶資源的流失；也可以用詢問的方法對客戶提問「您對我們的商品存在什麼疑慮嗎？您對我們的服務有什麼意見嗎？」等把說話權拋給客戶。

2. 搖頭動作與話語相矛盾洩露客戶的真實心理

業務員經常會遇到這樣的情況，客戶對你介紹的商品很感興趣，而且也非常認同地傾聽你的介紹，並認同你的觀點，但是最後並沒有購買商品。這是為什麼呢？這時，你不妨觀察一下客戶在說話的時候有沒有做出搖頭的動作。如果客戶一邊搖頭一邊興奮地說著「這個商品聽起來不錯」，或者「你說的簡直太對了」，或者「我們一定會合作成功的」，暫且不管客戶的話說得多麼真誠，只要客戶表現出了搖頭的動作，都折射出客戶說謊的真相。所以，在與客戶交流、溝通時只要多加留心，就會發現那些嘴巴真誠地讚美商品的客戶，都在說著美麗的謊言，惹得你空歡喜一場。

3. 並非所有國家的習慣都是點頭YES、搖頭NO

業務員在與不同國家的客戶交談前，都需要對他們的國家習慣有一定的了解。比如日本人在做點頭動作的時候，有可能並不是對你的陳述表示肯定，而只是單純表示聽到你講話內容的表現。又如，保加利亞人、印度人，通常是用搖頭的動作來表達肯定和讚美的態度。

4. 如何辨別客戶的成交訊號

一般情況下，客戶在做出成交之前，都會不自覺地發出成交訊號，例如充滿期待的眼神、積極地詢問、反覆拿起產品觀看等等。只要業務員能仔細觀察，就能準確地抓住成交時機，促成交易。如果客戶發出成交訊號時，業務員卻沒能注意到，客戶就可能因內心需求未受到重視和滿足而改變心意，可能就放棄購買。我們可以從以下三方面來辨別客戶的成交訊號。

➤ 從客戶的表情中辨別成交訊號。在客戶準備做出成交決定前，也會有意無意地以臉部表情顯示其成交欲望。一般來說，當客戶有以下臉部表情時，代表他有「購買意願」。

- 客戶緊皺的眉頭逐漸舒展。
- 當客戶臉上浮現興奮的表情，如眼睛為之一亮、嘴角微微上揚。
- 當客戶關注產品本身或業務員的產品說明上。

這時你就要及時作出回應，如趁機詢問客戶需要訂購多少數量，希望使用何種方式付款等等。

➤ 從客戶的行為中辨別成交訊號。除了臉部表情，客戶還常會在舉止之間透露出「想買」訊號。有時，一些客戶會為了壓低價格而故意提出反對的異議，若業務員能辨別其行為時，就能較為準確地判斷出客戶的購買動向。一般來說，客戶透過行為表現出的成交訊號主

要有以下幾種：

- ·對產品表示喜歡並不斷撫摸。
- ·讓自己的朋友或親人一起體驗產品。
- ·對產品說明書或宣傳手冊仔細翻閱。
- ·業務員的話感興趣或表贊同。
- ·在談判過程中表現出輕鬆滿意的樣子。

➤ **從客戶的語言中辨別成交訊號。** 除了對客戶行為及表情仔細觀察外，業務員還要特別注意傾聽客戶語言，準確及時地辨別客戶語言中的含義，當客戶產生購買意向時，通常會透過一些細微問題的詢問，表現其內心的購買意向。這些細節主要有：

- ·詢問產品某些功能的使用方法。
- ·打聽交貨時間。
- ·問產品贈品或附件。
- ·詢問產品具體的保養與維護方法。
- ·詢問售後服務。
- ·詢問產品在客戶群中的反應。

因為客戶不同，產品不同，客戶的語言表現也會有所差異。然而，當客戶已開始詢問以上這些有關產品的實質性問題時，大多已表示他們有了購買意願。此時，業務員需迅速做出積極地反應，及時回答客戶所提出的問題，並抓住時機向客戶強調產品優勢或進一步拉近產品與客戶的距離，進而增加成交的機會。

　　你是否曾遇過這樣的情況，客戶對你介紹的商品很感興趣，而且也很認同地傾聽產品的介紹，但是最後並沒有購買商品。這是為什麼呢？很大一部分原因就是，你被客戶表現出的假象迷惑了，誤以為客戶很滿意，其實不然。所以，若想讓自己在談判中掌握主導權，就要讓點頭或者搖頭的動作成為自己判斷客戶心理的有效工具，讓銷售過程變得更加順暢。

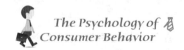

從掩飾謊言的假動作看出破綻

一個人的內心世界可以用語言來掩飾,但是他不經意間的動作卻會透露其真實的想法。即使一個職業的說謊家,也會在撒謊的過程中顯露出不經意的破綻。這是因為,人的潛意識是知覺而獨立的,當一個人說謊的時候,他的動作就不能與嘴裡所說出的話保持一致,所以行為動作就會表現出與謊言不相稱的資訊。而從這些不一致的資訊中就能感覺到對方說謊的蛛絲馬跡。

也就是說當一個人想要在語言上撒謊其實是很容易,但是若要想在肢體語言上撒謊,那就困難許多。

人的行為動作包括很多種,那麼,我們要怎樣才能識破客戶的謊言?是根據對方猶豫不決的態度,還是若有所思的表情呢?

王磊是一家壽險公司的業務員,一次,他去拜訪一位客戶,雖然那位客戶看起來非常認同他推薦的保險,但是最終卻沒有投保。原因是客戶在說這款保險不錯的時候,實際上並沒有在心裡認同這款保險。以下就是王磊與客戶之間的談話過程。

王磊:「程總,您好!」

客戶:「你好。」

王磊:「程總,今天我來拜訪您,一是來看看您對以前購買過的保險有什麼不明白的地方,二來我們公司最近新出了一款保險,非常適合貴公子。不知道您有沒有興趣了解一下?」

客戶聽完王磊的話摸了摸鼻子，說道：「嗯。之前購買的保險，我沒什麼問題了。你們公司新出了什麼保險，你說來聽聽。」

王磊：「好的。這款保險主要是針對小孩子的教育。如果貴公子投保這款保險，每年六萬元的保險費，連續繳交十年之後，從第三年起，就能每年分得一萬元的紅利，而且到了第二十年，您還會得到一筆滿期金。」

客戶拽了拽衣領，告訴王磊：「這款保險聽起來不錯，挺適合小孩子的。」王磊：「是啊！只要在孩子小的時候為孩子投了保，就不用擔心孩子日後的教育金了。」客戶：「……這樣吧，我晚上和我妻子商量一下，然後再給你回電話。」王磊：「嗯，沒問題，有什麼問題可以隨時聯繫我。」可是王磊回去左等右等，都沒等到客戶的電話。王磊心想：我在給客戶介紹保險的時候，客戶明明很認同這款保險啊，到底為什麼就這樣無疾而終呢？

很多時候，客戶會和業務員聊一下是為了面子，或者只是想敷衍一下好讓業務員趕快離開，即使他們心中並不認同業務員的話，仍舊會在語言和行為上表現得非常熱情，讓業務員信以為真。但是，不管客戶嘴上怎麼說，他的表情動作卻會不經意地透露出他的真實想法。例如，當客戶感到不安和緊張，或者不願意接受其他資訊的時候，通常會將雙臂交叉，緊緊抱在胸前。這說明客戶還對業務員懷有戒備心理，如果業務員無視客戶的肢體動作所透露的訊息，繼續交談下去，只會讓客戶感到反感。所以，業務員只有在明白客戶的內心想法，並採取正確的應對措施的情況下，才能重新抓住客戶的心，使溝通順利進行下去。

這樣做，就對了

以下將列出客戶撒謊時的常見手勢、假動作，有助於你了解客戶表現

遲疑、厭倦和思考的手勢，看清客戶的真實意圖。

1. 如何看出對方是否在說謊

人們在說謊時總是有肢體行為的變化，通常有以下幾種：

➤ **說話時，手勢、姿勢、動作較少，或較不順暢**：手部的動作常會把自己內心的感覺率直地表露出來。如果不想讓對方察覺自己的心意，就會盡量減少手部的動作。例如握拳、將手放在身後等等。

➤ **撫摸或觸撫臉部的動作**：摸鼻子、壓嘴唇、摸下巴等這些動作的目的，是怕表現自己內心的感覺。觸摸嘴巴以外的位置，屬掩耳盜鈴的行為，怕感情表現出來。

➤ **小動作較多**：頻繁的更換四肢動作，如抖腿、玩手指，可表示其想逃離現場的心態。

➤ **對於對方的言語反應敏感，不願保持沉默而頻頻發言**：這是心裡抱有愧疚，害怕被對方發現，因而有惶恐不安的情緒表現。並且害怕保持沉默時，對方會提出令自己尷尬的問題，所以才頻頻發言以掩飾內心的不安情緒。

➤ **應對失去彈性**：因其內心全專注在思考如何解決難題、圓謊，而無法好好回答對方的問題。

➤ **笑容減少**：表示極度緊張。

➤ **點頭的次數增多**：與對方談話停滯時，會產生不安的情緒，因而頻頻點頭鼓勵對方繼續話題。

2. 說謊時的假動作

1. 用手遮住嘴巴

下意識地用手遮住嘴巴，表示說謊者試圖抑制自己說出的那些話。有

時候人們也會用緊握的拳頭和幾根手指遮住自己的嘴，但想要表達的意思都是一樣的。

還有，人們也會以假裝咳嗽來掩飾自己遮住嘴巴的手勢。如果客戶在與業務員交談的過程中做出了這個動作，那麼他說謊的可能性就比較大。不過，這也可能是客戶的習慣性動作，還是要視情況辨別。

2.觸摸鼻子

當一個人說謊後，會有一種不好的想法進入大腦，於是會下意識地指示手去遮掩嘴。但是，又害怕別人看出他在說謊，所以只好很快地在鼻子上摸一下，馬上把手放下來。正常來說，如果一個人不是在說謊，那麼，他觸摸鼻子時，通常會用手在鼻子上磨擦一會兒，或搔抓一下，而不是只有輕輕觸一下。

但是，並不是客戶在做出這個動作的時候，就一定是在說謊，你還要準確地洞悉客戶的內心想法，並結合當下的情況來做出判斷。如果交談時正值春天和天氣變化無常的季節，客戶也可能會因為花粉過敏或者感冒而做出觸摸鼻子的動作。

3. 揉眼睛

當一個小孩子不想看到所見的事情的時候，就會不自覺地摀住自己的眼睛。當一個成年人做出這個動作的時候，這可能是大腦透過揉眼睛的手勢企圖阻止眼睛目睹欺騙、懷疑和令人不快樂的事情，又或者是不願面對那個正在遭受欺騙的人的表現。男士和女士在做這個動作上會有一定的區別。男士在做出這個動作時，會使勁地揉自己的眼睛，如果撒的謊很大，他甚至會把臉朝向別處。而女士則因為形象問題，只會輕輕地用手觸碰一下眼睛的下方。

業務員在看到客戶做出這樣的動作時，就要注意與客戶的交談內容了，這可能是客戶對你所說的話表示懷疑和對你說謊的表現，一定要多加

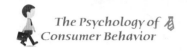

留意。

4. 抓撓脖子

抓撓脖子是人在說謊時不由自主用手指抓撓脖子的動作。心理學家經過多次觀察得出，人們在撒謊的時候通常會重複五次這樣的動作。這種手勢是一個人疑惑和不確定的表現，當一個人的口頭語言和這個手勢不一致時，矛盾就會顯得格外明顯。

例如，當客戶嘴上說著「我已經了解這個商品了」、「我對這款商品非常滿意」，但是客戶卻做出了抓撓脖子的動作，這時我們就可以斷定，客戶在說謊，他並沒有真正了解商品或者對商品還有意見。遇到這種情況，業務員可以用詢問或者重複的方法讓客戶更加清楚地了解商品。

5. 拽拉衣領

撒謊者會拽拉衣領的原因在於：一方面，說謊者在說謊時會感到不舒服，使面部與頸部的神經組織產生刺癢的感覺，於是人們不得不透過摩擦或者抓撓的方法來消除這種不適；另一方面，說謊者一旦感覺到別人懷疑自己，就會感到緊張，使血壓升高，致使脖子不斷冒汗，這時，說謊者就會拽拉自己的衣領，好讓自己感到涼爽一些。

但業務員看到客戶做這個動作時，不妨詢問客戶：「麻煩你再說一遍，好嗎？」、「你有什麼不明白的可以直接說出來」。如此一來，就會讓企圖說謊的客戶露出破綻。

6. 甩動手腕

如果客戶在說話時將手腕左右擺動。這個動作也包括手臂放在桌面上，雙手的指尖交叉或者自然下垂，手腕自然擺動，這些動作也代表著客戶在說謊。

當業務員發現客戶頻繁出現這個動作的時候，就不要輕信客戶所說的話，以免被客戶牽著鼻子走。

　　說謊者除了以上幾種表現外，還有其他一些表現，如：平時沉默寡言，突然變得話很多；不自覺地流露出驚恐的神態，但仍故作鎮定；言詞模稜兩可，音調較高，似是而非；答非所問，或誇大其詞；故意閃爍其詞，口誤較多；對你所懷疑的問題，過多地一味辯解，並裝出很誠實的樣子；精神恍惚不定，座位距你較遠，目光與你接觸較少，強作笑臉；對於你的講話，點頭同意的次數較少……等等。

　　談話時如果發現對方有上述情況中的任何一項，不妨認為「他怪怪的或有問題」。如果對方表現慌張，有不自然的態度或行為，可再深入提問，捉住其弱點，便可自由地控制對方。

攻心tips

　　當一個人在撒謊時，他會用盡方法去避免和你有眼神上的接觸。他的潛意識認為你能從他的眼睛裡看穿他的心思；因為心虛，他不願面對你，並且眼神閃爍、飄忽不定，或老是往下看。通常說謊者在說謊前會眼神飄移，在想好說什麼謊後，會眼神肯定，如果你認真地反駁他，說謊者會再次出現眼神飄移。相反地，當一個人說真話，或因為被冤枉而忿忿不平時，他反而是全神貫注，定睛直直地盯著對方，希望對方把話說清楚。

從坐姿中窺探客戶內心

每個人都有自己習慣的站立姿勢。美國夏威夷心理學家指出，一個人的站姿不僅能反映出一個人平時的性格特徵，而且還能反映出他當時的心理。因此，要想在銷售中掌握主導權，就需要知曉客戶的心理，這時，我們還可以透過客戶的坐姿來分析客戶心理。

客戶一般是不會注意到自己的坐姿的，所以他們表現出來的坐姿一般都是很隨意的。這時就可以透過觀察客戶的坐姿來判斷出他的喜好和性格。

李富誠是一名保險業務員，有一次，他前去拜訪一位客戶。到了那裡，李富誠向客戶說明自己的來意，客戶就把李富誠請進了屋。在聊天的過程中，李富誠發現客戶坐在自己對面的沙發裡，僵直著身子，雙腿併攏，雙手也不知道該放在哪裡，不停揉搓著。李富誠看到客戶的表現，就斷定他是屬於比較內向型，而且客戶對這次見面感到很緊張。

於是，李富誠為了消除客戶的緊張，就主動地和他聊一些輕鬆的話題來緩和氣氛。漸漸地，客戶不再感到緊張了，彼此的交談也變得輕鬆起來。這時，李富誠注意到，客戶不再僵硬地挺直著身子，而是自然地靠在沙發椅背上。

看到客戶放鬆的動作，李富誠又趁機給客戶介紹了公司新出的新險種。在介紹的過程中，客戶的身子漸漸離開了沙發靠背，向前傾斜，好像害怕聽漏了些什麼。李富誠知道客戶這樣的坐姿是對新險種感興趣的表

現，於是打鐵趁熱，趕緊再加強說明產品對客戶的好處，最終成功地拿到客戶的保單。

業務員雖然可以從客戶不同的坐姿中看出他們不同的心理與態度，但是客戶在與業務員溝通的過程中並不會只採取一種坐姿，而是會隨著交談的內容、心情的不同而變換不同的坐姿。因此，我們不但要善於掌握客戶在坐姿中透露的資訊，積極地採取策略，還要留心觀察，從客戶坐姿的變化中，及時洞悉他們的心理變化，讓雙方的對話朝向成交發展。

這樣做，就對了

如果業務員在與客戶溝通的過程中不能及時地發現客戶的心理變化，不顧及客戶的感受侃侃而談，如何能說到客戶心坎裡？如何說動對方甘願掏錢出來呢？

接下來，我們就來看看客戶不同的坐姿都代表著什麼性格和心理呢？

1. 正襟危坐，兩腿併攏微向前

如果客戶坐著時，雙腳併攏且垂直於地面，腰桿挺直。習慣上採取這種坐姿的客戶是一個辦事嚴謹而認真的人，他們在做事情的時候往往缺乏靈活性和變通性。當我們在向這類客戶介紹商品的時候，一旦發現客戶對自己的商品並不滿意，就要立即停止介紹，轉而介紹其他的商品，不要試圖改變他們的思想，因為他們的思想幾乎很難被改變。

2. 腳踝交叉

客戶採取這個坐姿，說明客戶喜歡以自我為中心，天生有嫉妒心理，與這類型的客戶相處起來可能會有一些難度。研究指出，這還是一種控制

情緒，很有防禦意識的典型坐姿。客戶採取這樣的坐姿，表示客戶並沒有真正地從心中放下對業務員的戒備，業務員還需要再加把勁，從商品的品質和服務等方面去贏得客戶的信任。

3. 雙腿叉開

習慣雙腿叉開的坐姿的客戶，大多性格比較外向主動、不拘小節，但是也不排除客戶只是想虛張聲勢。這類型的客戶一般不喜歡煩瑣的事情，所以業務員在與這類客戶交談的時候，最好抓住要點、簡潔明瞭地解說。

4. 雙腿併攏傾斜

有著這種坐姿的客戶大多數為女性，這是一種端莊、有修養的表現。但是，這種身體僵直的坐姿也表現出對方可能是針對內心衝突在做一些掩飾。

當你看到客戶採取這種坐姿的時候，即使你覺得他很難說服、溝通，也不要放棄，因為如果你繼續努力，並解決客戶提出的所有問題，那麼就能輕鬆地拿下訂單了。

5. 蹺二郎腿

習慣這種動作的客戶，很有可能是身分、地位高的人，這種坐姿是他們有優越感的表現。如果再加上不斷抖腳的動作，則可能是開心、放鬆的表現。

在與習慣於這種坐姿的客戶交談的時候，首先要真誠地讚美他們，然後再自然地把話題帶到商品的銷售上，這樣就很容易在客戶沒有設防的情況下順利地取得成交。

攻心tips

　　客戶在購買前總是會「貨比三家」，害怕買到不好或不合適的產品，因難以下決定而感到焦慮不安。但是一旦客戶認定自己所要購買的產品時，就會連動作也跟著表現得輕鬆起來。例如坐姿會由漠不關心靠在椅背上轉為前傾靠近業務員，表現出對產品的濃厚興趣。或是當業務員在介紹產品時，由雙手抱胸的防備性動作轉向仔細地閱讀產品說明書等的輕鬆狀態，也就表示他此時萌生了成交意向。

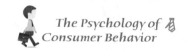

從站姿中揣測客戶想法

俗話說：「站有站相，坐有坐相。」各種不同的站立姿勢所代表的並不僅僅是一個姿勢，它還從一定程度上反映出了一個人的性格和喜好。我們也可以透過觀察客戶的站姿來判斷客戶的喜好和性格，以便推薦給客戶滿意的商品，以及針對不同性格的客戶採取不同的銷售策略。

業務員李慕華已經事前給客戶打過電話，約好今天和客戶見面。約見地點是在客戶的辦公室裡。雖然客戶見到李慕華的時候，熱情友好地伸出雙手與李慕華握手，機靈的李慕華這時留意到，客戶在站立時彎腰曲背，握完手就立即把手收了回去。並表示馬上要去開一個會議，只是站著和李慕華簡單地聊上幾句。於是，李慕華簡明扼要地把商品介紹完，並注意到客戶聽後把雙手插進了口袋裡。於是他就沒有繼續介紹商品，而是請客戶先考慮考慮，自己改天再來拜訪。客戶聽到這裡，顯得很高興。

客戶把自己送出門外的時候，雖然不斷地告訴李慕華對商品非常滿意，但是李慕華從客戶單足踝交叉站立的姿勢了解到，這只是客戶的善意謊言，要想說服他買單，還需要找個時間長聊一番，讓客戶放下對自己的心防。

一般來說，如果客戶在站立時脊背挺直、雙目平視是充分自信的表現，並留給人氣質佳、樂觀向上的印象，這種站姿屬於開放型站姿。如果你看到客戶表現出這樣的站姿時，就不要吝嗇你的讚美，要盡量滿足客戶

的虛榮感。如果客戶在站立時怯縮不大方，不敢直視業務員，這說明客戶感到緊張不安，這種站姿屬於封閉型站姿。如果你看到客戶表現出這樣的站姿時，就要與客戶談論些輕鬆的話題，不要給客戶太多壓力，讓交談的氣氛盡可能變得輕鬆愉快。

另外，客戶如果做出雙臂抱胸的站立姿勢，則是帶有排斥和觀望態度的表現；做出雙臂反交叉（背著手）或者把雙手插入口袋，則是若有所思的表現；做出單足踝交叉站立，則是保留態度或者暫時拒絕的表現……這就需要業務員在向客戶介紹商品時要注意觀察客戶的站姿，從他們的站姿中揣測客戶的內心想法。

這樣做，就對了

一般來說，客戶的站姿分為如下幾種：

1. 社會型站姿

社會型站姿是自然站立，左腳在前，左手習慣上插在口袋裡。習慣於這種站姿的客戶為人篤實忠厚，人際關係比較協調，他們從來不會給別人出難題。在遇到這類客戶的時候，只要客戶對商品有興趣，而業務員又熱情地給客戶介紹和解答了客戶的所有問題，那麼在一般情況下，他們是會購買的。

2. 思考型站姿

思考型站姿是雙腳自然站立，雙手插在褲子口袋裡，而且還時不時地把雙手取出又放進去。習慣於這種站姿的客戶性格謹小慎微，凡事喜歡三思而後行。這類客戶在做事情的時候缺乏靈活性，常在事後後悔不已。

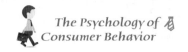
由於這類客戶在決定的時候非常謹慎，所以我們可以給他們列出一份購買計畫，讓他們可以全方位地看到商品的各項優缺點，方便他們評估，這樣他們做起購買決定來就更加客觀。

3. 堅強型站姿

堅強型站姿是兩腳交叉併攏，一隻手托著下巴，另一隻手托著這隻手的肘關節。這種人雖然多愁善感，卻性格堅強，他們不會因為受過某些挫折就沮喪、氣餒。這類客戶不會因為之前購買過這種商品，商品的品質和服務很糟糕而影響再次的購買。

當你在與這類客戶相處的時候，要把商品的實際情況告訴客戶，不要想欺騙他，只有這樣，客戶才能更加信任你，你的客戶資源才會越來越多。

4. 服從型站姿

服從型站姿是兩腳併攏或者自然站立，雙手背在身後。習慣於這種站姿的客戶的人際關係一般比較融洽，這是因為他們很少對別人說「不」。這種類型的客戶很少會給別人帶來麻煩，而且如果有求於他們，他們一般是不會拒絕的。

當我們與這類型客戶相處的時候，不宜囉嗦、長篇大論，而是要突出商品和服務的優勢，讓客戶感到物有所值，即使客戶並沒有購買的計畫，最終也還是會顧及面子問題而去購買商品的。

5. 攻擊型站姿

攻擊型站姿是雙手抱於胸前，兩腳平行站立。習慣於這種站姿的客戶叛逆性很強，他們喜歡以自我為中心，並不會顧及對方的感受，喜歡斤斤

計較，且常與人爭執不休。

在與這類型的客戶相處時，要避免正面和客戶起爭執。如果遇到雙方不能達成共識的情況，你的第一反應就是要微笑，並認同對方的感受和看法。 然後說「是的」或「沒錯」等肯定語，接著再說出自己的看法，你可以這樣說：「您說的有道理，同時我也有一些看法想和您交流……」或「那是個好主意，同時我也有一個很好的想法……」認同不等於贊同，贊同是同意對方的看法，而認同是認可對方的感受，理解對方的想法，可以淡化彼此的衝突，不會造成對方抗拒的心理。

攻心tips

當我們面對自己感興趣或是覺得親密的對象時，常會不自覺地將身體轉向對方，站立時腳尖也會朝向那個人。所以如果你的客戶不論是站姿或是坐姿，當他轉向你時，就表示他對你這個人或產品已經產生興趣，也表示他開始對你有好感、信任你，願意對你敞開心胸，此時你就可以順勢再加把勁，努力促成成交。

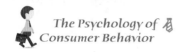

從服裝看客戶心理

俗話說：「人要衣裝，佛要金裝。」幾乎每個人都希望能夠把自己打扮得時尚漂亮一些。經過一番打扮之後，不僅能夠讓人變得更加美麗漂亮，而且氣質也會得到相應的提升。從另一個方面來說，一個人的穿著也體現了一個人的實際情況，如品味愛好、經濟狀況、思想觀念等。

服裝與一個人的個性有著密切的關係。在一般情況下，一個人會按照自己的喜好選擇自己喜歡類型的穿著。當然，人的喜好還會隨著環境、年齡、心態的不同而發生相應的變化。

所以，業務員要善於觀察和分析，由表及裡，洞察客戶華麗的服裝表面之下隱藏的真實情況，對客戶進行精準的定位，使銷售工作在自己的掌控之中進行下去。同時，業務員還要善於從客戶的服裝上找到客戶感興趣的話題，並大致判斷出客戶的經濟能力，推薦給客戶適合他的商品，這樣，既能讓客戶對你產生好的印象，又不致於弄巧成拙。

張靜莉是一家房仲公司的業務員，一次，她出國旅遊時在飛機上和一位中年男子相鄰而座。旅途中閒來無事時，張靜莉就偷偷地打量起旁邊的這個人。張靜莉發現，雖然鄰座這名中年男子外型尚可，但是他的穿著都是比較名貴的品牌服飾。同時，他的一舉一動也顯得大方磊落。張靜莉斷定，這個人大有來頭。

於是，張靜莉從中年男子的服裝與他聊了起來，這個中年男子表現得

非常禮貌、謙和。言談中張靜莉得知他是當地某公司的分部經理，雖然大部分時間會在外地，但是來總部的時間也占了自己大部分時間。當中年男子提及自己有想在此地定居的想法時，張靜莉便乘機拿出了自己的名片，並簡單地為他介紹了自家公司和新推出的優惠專案。中年男子表示有需要時會考慮的。

過了一段時間，正當張靜莉快要忘記這件事情的時候，這名中年男子來電了，表示想約週末時先看看戶型。由於之前在飛機上雙方已經有先聊過了，所以張靜莉幾乎沒有費多大力氣就成功地簽下了這筆訂單。如果當時張靜莉沒有認真地留意鄰座的男子，那麼就不會有後來的這筆訂單了。

女性對服裝的選擇相對男性來說要靈活很多，既可以男性化，又可以淑女化，蕾絲、亮片、各種鮮豔的色彩、各式各樣的質地等都可以運用在女性的服裝上面。相對來說，男性的穿著就不會像女性那樣多樣化。追求個性的男性在服裝上有著自己的主張，服裝以突出個性為主；而成熟穩重的男性，他們追求的是衣服的質感與舒適，款式上以大方為主。

只要我們學會從服裝上去了解客戶的喜好品味，就可以在銷售中針對不同性格喜好的客戶推薦不同產品，讓客戶滿意，也讓自己的客戶資源越來越豐富。

這樣做，就對了

以下是幾種不同性格的客戶的不同穿衣風格：

1. 溫和型

個性溫和的人對服裝顏色的選擇傾向於柔和的色彩，他們不會去選擇對比強烈的服裝穿在身上。另外，這種性格的客戶以女性居多，她們通常

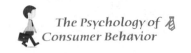
喜歡佩戴小飾品或者有精美設計感的服飾。

這種類型的客戶多缺乏主見，容易被別人的話語打動。所以，業務員在與這類客戶交談時要多進行感情上的交流，多談論生活，增加客戶對自己的信任感。在客戶放下對自己戒備的心理防線後進行產品的推薦，這樣銷售成功的機率就會大大提高。

2. 表現型

這類客戶或者是突然發達的人，或者是生活富裕的人，他們喜歡以華貴的衣服來炫耀自己的財富。這類客戶對於能炫耀自己的事物永遠存在著購買的衝動，他們只有擁有能顯示自己身分的高貴商品才會變得安心與快樂。

這類客戶平時和朋友相處時，喜歡與朋友談論自己值得炫耀的商品，比如自己某件衣服是某大師親自設計製作的，或者自己身上的飾品是從某個國家帶回來的。當你在與這類客戶交談時，要多對他們進行讚美、哄得他們開心，如果你能充分滿足他們的虛榮心，繼而再介紹你的產品，他們就會很高興地買下。

3. 支配型

這類客戶昇華了自我讚美的意識，他們有著極深的自我讚美感，並且把這種感情與服裝融合起來，運用服裝來美化自己。

由於此類客戶喜歡以自我為中心，所以他們不喜歡討價還價。業務員在遇到支配型客戶的時候，一定要給客戶以他為中心的感覺，避免談論一些與客戶和商品無關緊要的話題。

4. 分析型

分析型客戶穿著比較體面，有時甚至會給人一種過於隆重的感覺，寬鬆邋遢的衣服都不是他們喜歡的類型。

這種類型的客戶以男性居多，他們在選購商品時會表現得非常慎重、謹慎。所以在面對此種類型的客戶時不要過於熱情，一定要給他們提供資料證明或數據，讓他們有參考依據。

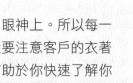
攻心tips

客戶的心理狀態一般都會表現在他的行為、語言、眼神上。所以每一次和客戶的交談都是你獲得訊息最好的途徑。同時你還要注意客戶的衣著打扮。這些都在一定程度上反映了客戶的消費心理，有助於你快速了解你的客戶。只要我們能善於從客戶的服裝上找到客戶感興趣的話題，並大致判斷出客戶的經濟能力，推薦給客戶適合他的商品，這樣，既能讓客戶對你產生好的印象，成交的機率也很大。

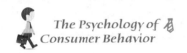

多方位鑑別客戶真實企圖

在我們與客戶洽談的過程中，不乏有一些客戶，他們總是話中有話，如果不仔細琢磨，一不小心就可能誤解了客戶的真正想法，導致交易未果。還有一些客戶，他們的話語裡總是包含了多種意思，讓人捉摸不透。業務員若想正確掌握客戶的真正意圖，就需要有一定的領悟能力，能夠從客戶複雜的語意中抽絲剝繭，理出頭緒。也只有在知曉客戶真實意圖的情況下，才能採取正確應對客戶的措施，在與客戶溝通產品時才能有的放矢，說到、做到客戶的心坎裡。

Jack是一家模具公司的業務員，在商品的展銷會上，他遇到了不同的客戶。一位女客戶是這樣告訴Jack的：「商品的價格倒不是問題。你也知道，我們公司的實力非常雄厚，當然辦事效率也很高，所以關鍵是速度問題。我們希望能在簽約後半個月內收到貨，這樣才不會影響我們公司的資金周轉。關於這一點你們可以做到嗎？」

Jack是一個經驗豐富的業務員，聽完女客戶的需求，Jack知道女客戶使用的是「聲東擊西」法，嘴上說不在乎價格，其實心中最在乎的仍是價格。公司接到訂單後要生產商品，然後還要經過品管、出貨、運輸、簽收等一系列流程，況且女客戶所在的公司離自己的公司並不算近。於是Jack在評估後，回覆她：「實在非常抱歉，貴公司要求半個月收到貨的要求恐怕我們很難達到。您看能不能這樣，我們把價格稍微給您降一點，以彌補貴公司在資金周轉上的困擾。」

　　Jack果斷地說到了客戶的心坎裡，解決了客戶最擔憂的問題，所以這個訂單自然是拿下了。試想，如果Jack並不清楚客戶心中所想，而是在那裡與客戶斡旋出貨的時間，很可能就因為失焦而失去這筆訂單。

　　在銷售的過程中，不管是買方還是賣方都圍繞在自己的利益進行討價還價，一旦其中一方的利益不能滿足，談判就很難進行下去。而客戶通常是不會直接說出自己的條件，而是把自己的想法隱藏在所說的話語中。如果業務員足夠用心，就不難發現客戶的真實企圖。同時，也可以從客戶說話的語速、語調、表情、姿態、生理反應中領會客戶的話外之音，找到正確的應對方法。

這樣做，就對了

　　在鑒別客戶的真實企圖時，我們可以從以下各方面來判斷：

1. 語速、語調的變化體現客戶的心聲

　　觀察語調和語速的變化是我們衡量一個人情緒變化的重要方法。同一句話用不同的語速、語調說出來，所表達的意思會產生很大的差別，代表著不同的情緒。在與客戶交談時，觀察他說話時的語速、語調變化就能看出他的心理變化，從而知曉客戶的真實企圖。

　　通常情況下，客戶在說話的時候，如果語調突然拉高，同時語速也突然加快，那麼客戶可能是想用這種方法來達到說服你的目的，或者是想讓自己占上風，控制洽談的主導權。在遇到這種情況時，不宜輕易做出讓步，最好用以柔克剛的方法來應對，如可以先鼓勵客戶說出自己的觀點，然後再真誠委婉地向客戶解釋。

　　與此同時，客戶在商談的過程中語速、語調也會突然變慢、變輕。雖

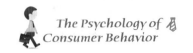

然客戶變得輕聲細語會讓業務員聽起來親切一些，但是這很可能是客戶渴望成交，或者是想要中斷商談的表現。當你遇到這種情況時，一定要辨別清楚客戶的真實想法，如果客戶已有成交意向，那麼你就應該盡快提出成交請求；如果客戶想要中斷商談，你也要禮貌地結束商談，並約定好下次的商談時間、地點等。

2. 表情和姿態流露出客戶的喜怒哀樂

在購買商品的過程中，客戶是否喜歡這樣產品，以及對產品的優缺點關心的程度，都會透過表情和姿態表現出來。通常情況下，客戶的情緒變化、心理感受等，都會藉由他的表情、姿態表現出來。比如，當客戶喜歡你的商品時，就會表現得眉飛色舞，愛不釋手；當你的服務令客戶滿意時，客戶也會滿面笑容；當客戶對商品感興趣，而對你的服務不滿意時，客戶在面對商品與面對你的時候就會表現出不同的表情。

3. 生理反應體現客戶的心理變化

當客戶的心理發生變化時，也會出現生理的變化。例如，當客戶突然發現自己尋找已久的商品時，就會因興奮、激動而表現出心跳加快等；當爭吵激烈的時候，也會有臉色漲紅、呼吸急促等生理反應；當客戶感到緊張、憤怒、急躁等時，就會有冒汗、呼吸頻率加快、坐立不安……等生理反應。

身為業務員的你，要善於從客戶這些細微的生理反應上洞察客戶的心理變化，了解客戶的內心想法，才能靈活應對客戶的需求。

此外，每個人的想法和心態不盡相同，但有一些想法是每個人都有的，以下特別整理出客戶潛意識到底在想什麼？如果能掌握到客戶潛意識

在想什麼的關鍵點，那麼成交就近在咫尺了。

客戶潛意識中最怕什麼？

1. 花錢。

2. 被騙。

3. 買貴了。

4. 強迫推銷。

5. 買錯產品。

6. 買到沒有用的產品。

7. 買到不會用的產品。

8. 買到沒有價值的產品。

9. 買自己不熟悉的產品。

10.沒有時間使用產品。

客戶潛意識中最喜歡什麼？

1. 貪小便宜。

2. 物超所值的產品。

3. 穩賺不賠的買賣。

4. 免費的贈品。

5. 買自己熟悉的產品。

6. 買到快樂。

7. 付出很少卻得到很多。

8. 有很好的服務。

9. 用得到的產品。

10.趨吉，避凶。

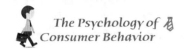

攻心tips

　　業務員要想讓自己的業績得到提升，就要善於揣摩和分析客戶的心理，正確辨別客戶的喜怒哀樂，要懂得聽話的技巧，能聽出弦外之音。就是要多聽少說，全程用眼睛觀察客戶的身體語言。客戶有沒有在對話的過程中出現不耐煩的訊息？有沒有表現出想要買的肢體動作？……等，你才能適時調整銷售策略及話術。也唯有弄清楚客戶內心真正的意圖，找出客戶真正關心的問題，並解決它，才能有效刺激他的購買欲，如此一來成交就不遠了。

撬開沉默不語客戶的嘴巴

在銷售的過程中通常會遇到各式各樣性格的客戶，雖然不同性格的客戶都會給業務員的銷售工作帶來各式不一的麻煩，但沉默不語型客戶卻是最難突破的。

沉默不語型客戶的沉默寡言源於他們內向的性格，在與沉默型客戶交談的時候，大部分時間都是業務員在唱獨角戲，不管業務員說得多麼起勁，沉默型客戶始終保持沉默，並無任何回應。他們這樣的表現就讓業務員無所適從，就像大海撈針，不知要如何做才能引起沉默型客戶的談話興趣。

大衛大學畢業後，本來長輩有意為他安排一份舒適、沒有壓力的工作，但是，大衛認為這樣的生活沒什麼挑戰性。於是，他找到一份業務的工作，開始了自己精彩的人生。

大衛認為，銷售業務的工作每天都要和陌生人溝通是一件很有趣的事，最終能說動他們買下產品，更是件了不起的事情。

但事實並沒有大衛想像中的那麼順遂、那麼美好，他不斷地打銷售電話、上門拜訪、隨機尋找客戶，儘管說破了嘴，卻很難得到客戶的回應。有的客戶冷冷地看著他的表演，然後在他越說越有起勁的時候突然把門關上；相對友善的客戶，不想他白費力氣，也會直接示意他離開。

對此，大衛非常氣餒。他向部門經理訴苦道：「經過調查，我發現這些拒絕我的沉默型客戶其實是很需要我銷售的商品。」部門經理觀察了大

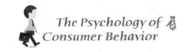
衛一段時間發現，大衛不怕生，很敢開口，但說話欠缺邏輯，也沒有魅力，難以吸引客戶的注意力。

部門主管於是給大衛進行一番特訓，一段日子後，大衛的口才變得極具殺傷力了，他在與客戶溝通時，往往能夠讓客戶跟隨他的思路不斷做出回應，而且還能引出客戶感興趣的話題，讓客戶變得侃侃而談。

之後，大衛的業績一天天攀升，成為了公司裡的銷售冠軍。

如果客戶話很少，業務員就束手無策了嗎？當然不是，我們可以透過客戶的肢體語言來揣測他的心理。沉默型客戶雖然不善言語，但是他們的共同特性是他們喜歡先做功課，通常在購買前已經對產品有了一定的了解，所以在購買時對業務員的詢問就會表現得很冷淡。當我們在面對這類型的客戶時，一定要讓自己保持樂觀與自信，耐心觀察客戶的表情和動作，留意客戶重點考量的商品，比如透過眼神的停留和腳步的逗留，你就會發現客戶是否對你的產品感興趣，一旦客戶有了感興趣的跡象，你就該抓住機會，向客戶說明產品能帶給他的好處和利益。從客戶的一個動作，一個眼神去洞悉客戶的想法，是接待沉默寡言客戶最好的方式。

一般來說，寡言少語的人不喜歡喋喋不休的人，因此，你也要適應他們的談話方式，不要滔滔不絕地自己講個不停，只要在客戶有疑問時進行必要的回答就足夠了。

這樣做，就對了

既然與客戶互動在銷售工作中起著關鍵性的作用，那麼可以採用什麼方法，讓沉默型客戶變得健談呢？

1. 在交談之前收集客戶的詳細資料

在拜訪沉默型客戶的時候，如果對客戶並不了解，那麼在交談的過程中就不能主動引發客戶說話的興趣，這樣就會使氣氛變得尷尬起來，致使雙方兩兩相望，一下子冷場，銷售工作自然是不會成功的。

所以說，拜訪沉默型客戶最重要的就是盡快抓住客戶的興趣點，打開他們的話匣子，讓他們能夠回應你的話題，與你交談下去。這樣，你就能夠在與客戶的交談內容中發現客戶的需求點。相反地，如果業務員面對沉默型客戶時保持沉默，那麼保持沉默的時間越久，銷售失敗的可能性就越大。

2. 用真誠和毅力打動客戶

人的戒備心理是長期存在的，並不是針對某個人、某件事，而是一種自然的反應。由於沉默型客戶不善表達，所以他們的戒備心理就會比其他類型的客戶更強。你可以先說：「您可以先看看，若有需要服務再叫我一聲。」留給客戶思考的空間，不宜使用緊迫盯人的方式。隨後你再選定適當的時機，透過一問一答的方式，為他推薦他似乎會感興趣的商品。

對於沉默型客戶來說，業務員三分鐘的熱度並不能感染到他，要讓這類型的客戶放下心中的防備，暢所欲言地與你交談起來，就需要你以自信且周到的服務，用真誠和毅力去打動他。

3. 用沒話找話的方法來接近客戶

沒話找話是接近客戶的一種重要方法。這種方法需要業務員具備良好的觀察力和敏銳度，這樣才能更快更準確地找到客戶感興趣的話題。如果在不清楚客戶喜好的情況下，常用的方法就是談論客戶的工作，這樣既不會涉及客戶的隱私，還能與客戶找到共同的話題，拉近你們之間的心理距

離，進而促使銷售的成功。

攻心tips

　　最佳的應對方法是，你要盡快展現你的誠摯和親和，給他溫暖又愉快的笑臉，如果你能讓客戶感覺到你是真誠地想要幫助他，就能順利地銷售出去商品。

　　由於沉默寡言的客戶不會主動提及自己的想法，而你就要以提問方式，多讓他開口發言以了解他的購買心理。當客戶流覽產品或業務員介紹產品性能時，還要適時問客戶幾個小問題，如：「您以前用的是什麼類型的產品？」、「你需要什麼性能的呢？」等問題，基於禮貌，客戶一般都會回答。一旦客戶開口說話，你就有機會發現很多與銷售相關的資訊，成交也就變得容易了。

借給多話型客戶兩隻耳朵

業務員既然會遇到不愛說話的客戶，自然也會遇到多話型的客戶。多話型客戶天生就愛說話，能言善道。多話型客戶通常以自己的觀點為中心，而且喜歡批評或者評論身邊的事物。

面對喋喋不休的客戶，你要掌握談話的主導權，不能讓話題偏離銷售主題，以確保銷售能順利進行。

戴爾・卡耐基說：「在生意場上，做一名好的聽眾遠比自己誇誇其談有用得多。」業務員在面對多話型客戶時，不妨把自己的耳朵暫時借給他們，讓他們暢所欲言地表達自己的想法。

博恩・崔西曾經說動一位女士一次購買了十一份保險。在那次銷售過程中，博恩・崔西並沒有運用什麼特別的技巧，甚至沒有說很多話。

那名女客戶是一個多話型的客戶，還是一名家庭主婦，她從見到博恩・崔西起就不斷地向他傾訴著自己的不滿：丈夫經常加班、三個孩子全都要自己一個人照顧、最近又聽到丈夫在外面有情人的傳言……過程中，博恩・崔西沒有發表一句意見，只是靜靜地坐著傾聽。等到女客戶講完之後，遞給她一包面紙，這才說了一些安慰的話。最後，博恩・崔西建議她購買保險，這樣的話即使以後離婚，這位女客戶在沒有工作能力的情況下仍能繼續維持生活，孩子的教育問題也能得到解決。

女客戶聽了博恩・崔西的建議後，思考了一會兒，然後告訴博恩・崔西，她願意採用博恩・崔西的意見，隨即簽下了十一份保險單，為自己和

三個孩子總共購買了十一份保障。

　　事實證明，有效的傾聽可以使業務員從客戶口中獲得重要的資訊，省略許多繁雜的環節。當業務員成為認真的傾聽者時，客戶就會產生被尊重的感覺，產生好感，進而信任你，進而買你的產品。

這樣做，就對了

　　所以，業務員不但要練就好口才，還要練就一副「好聽力」，在多話型客戶面前做一個好的傾聽者。才能對症下藥——把握不同客戶的心理需求。

　　那麼，在銷售的過程中，怎樣才能在客戶面前做一個好的傾聽者呢？

1. 集中精神，認真傾聽

　　認真傾聽客戶的談話，既是傾聽的第一步，也是與客戶實現有效溝通的關鍵。客戶在購買商品的時候，都希望與一個熱情積極的業務員交談。多話型客戶更是希望能找到一個可以坐下來專心傾聽他想法的人，他們對傾聽者的一舉一動也比較敏感。所以，在與多話型客戶交談的時候，要保持專注不分心，注視客戶，認真傾聽，以表示對客戶談話內容的重視，並面帶微笑、適時地回應。

2. 讓多話型客戶在潛意識裡對商品產生認同

　　多話型客戶一說起話來就滔滔不絕，如果業務員在多話型客戶說話的時候能夠巧妙地引導他們，讓他們針對商品發表想法和意見，這樣，他們就會在潛意識裡對商品產生認可，省去了向客戶推銷商品的過程。

3. 避免多話型客戶的談話偏離主題

多話型客戶的思維比較敏捷，很多時候，他們在滔滔不絕說話的時候並不會遵循某一主題，而是想到哪裡就說到哪裡，一不小心就會偏離交談的主題而去討論別的事情。所以，在與多話型客戶交談的過程中，可以透過聊天的方式與他們溝通交流，並利用聊天的話題，去引導他們聊到你的產品或是與產品相關的話題或服務。避免多話型客戶所說的話題偏離所要銷售的產品。

攻心tips

有時客戶會把話多當擋箭牌，利用時間戰術讓業務員不戰而退。這時你應學會從客戶的談話中發現其內心真實的想法，並立即做反應。

當成交無望而業務員想抽身時，怎樣與喋喋不休的客戶道別是一件令人頭疼的事。因為不適宜的道別方式會讓客戶覺得你沒禮貌。你不妨這樣說：「您講的實在是太有意思了！與您聊天收穫頗豐。您看我把時間都忘了，希望下次有機會再和您聊。」這樣一來，不但稱讚了客戶，又表明自己確實有重要的事而無法再談下去，也表示了日後還要與客戶保持聯繫。

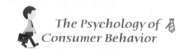

急性子的客戶最愛做事乾脆的業務員

業務員每天面對的客戶各式各樣，自然會遇上一些脾氣比較急躁的客戶。相對於沉默寡言的客戶來說，性子急的客戶還是比較好應對的。急性子客戶的性格特點是性情急躁、喜怒無常，他們會因為一時心血來潮很快地做出決定，也會因為失去了想要購買的激情而馬上就放棄購買。

李伯勇是一名電器的業務員，一次，他就遇到了一個急性子的客戶。李伯勇剛看到這位客戶的時候，就熱情地介紹：「劉先生，這款電視您看喜歡嗎？」客戶：「不錯，我看挺好的。」

李伯勇聽到客戶這樣說，就接著說：「您的眼光真好，這款電視的性能是很出色的，您看，它是LED超薄的，不但外觀漂亮，而且還能無線上網，另外還附帶了3D觀看功能……」

「哦，行了，你就直接說結論吧。」沒等李伯勇介紹完，這位性急的客戶就打斷了李伯勇的話。

李伯勇接著客戶的話說：「我是想說這款電視的款式是最新款的，功能比較齊全……」

「確實不錯，你告訴我最優惠的價格是多少吧。」客戶再一次打斷了李伯勇的話。

「正是因為這款電視的性能和外觀如此優越，所以它的價格相對比較高……」李伯勇又按照正規的銷售模式給客戶介紹著，客戶此時已經很不

耐煩了。

「好了，這些我已經知道了，你快點告訴我它的價格吧。」

李伯勇頓了頓，告訴客戶：「現在正好是週年慶，所以我們公司做活動，原價是17999元，現在打7折，是12599元。您要是買了這款電視，不但能享有高品質的售後服務，而且還能……」這次，沒等李伯勇說完，客戶就生氣地轉身走了。

李伯勇看著客戶離去的身影，愣在那裡，他認為自己介紹得如此清楚，客戶也覺得產品很好，怎麼說走就走呢！

性急客戶有一種急於求成的心理，他們或者本來沒有購買的打算，但是看到自己喜歡的商品一時心血來潮，就會毫不猶豫地購買；或者一旦認定自己喜歡的商品，就迫不及待地想要買下來，想要改變他們的想法，讓他們另購其他商品幾乎是不可能的。因此，在遇到性急的客戶時，就要省略掉煩瑣的銷售介紹，迎合客戶性急的性格特徵，用客戶喜歡的方式溝通，說他愛聽、想聽的話，做他希望你配合的事。

這樣做，就對了

1. 話語、行動乾脆俐落

首先，在遇到性急客戶時，無須用太多寒暄的話語和開場白，直接進入主題反而能贏得客戶的好感。其次，在性急客戶挑選商品的時候，要避免在旁邊喋喋不休地介紹個不停，那樣最容易引起客戶的反感。另外，在結帳、包裝商品、找零等方面也要動作迅速，動作緩慢只會留給性急客戶不好的印象。

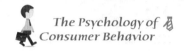

2. 有重點地回答客戶的問題

在回答急性子客戶的問題時，要先說出結論，然後再簡要地說明理由。如果不可避免要長篇大論做出完整回答時，可以事先提醒性急客戶：「這一點很重要。」然後長話短說，有重點地進行介紹，否則，性急客戶便沒有足夠的耐心聽下去。

很多時候，在業務員滔滔不絕地介紹商品時，急性子的客戶會不耐煩地打斷他們的話，在沒有充分了解商品的情況下直接購買。事後，等到他們發現並不適合自己時，就會埋怨起業務員來。

因此，你也不要以為自己撿到了大便宜，遇到了好機會，就聳恿性急客戶購買商品。針對這類客戶缺乏耐心聽完周詳的介紹，你可以事先先精簡一些注意事項的重點，利用結帳的空檔告知客戶，這樣性急客戶即使後來後悔了，就不會把責任推到業務員身上了。

攻心tips

這類型的客戶辦事喜歡速戰速決，總是希望盡早解決問題，因此在銷售過程中很容易就使氣氛緊張起來，此時業務員一定要保持穩重，別跟著緊張。而面對這類客戶，考驗的就是業務員的耐心。為了避免與客戶產生無謂的衝突，應耐著性子，用溫和的語氣、態度，及迅速的動作，配合客戶的需求來為其提供商品或服務。所以，也千萬不要為了圖一時之快而對客戶出言不遜，因為這不僅代表著公司的形象，還關係到你的銷售業績。

陳列理性客戶能夠得到的益處

理性客戶處事謹慎，凡事考慮得較為周到，其購物時也是一樣。理性客戶在購買之前會從各方面對商品進行大致的了解，然後再仔細研究，並且做出獲利最大的購物決定。他們在購物時決定速度較慢，但是只要他們詳細且全面地了解商品之後，認為合理，就會果斷地購買。

所以，當我們在給理性客戶介紹商品時對商品的解說，要重事實、講數據，讓理性客戶了解到我們銷售的商品是最好的，最適合他們的，他們就會主動購買。

趙建恒是一家造紙廠的業務員。一天，他打電話給一家印刷廠的廠長，他說：「劉廠長，我是造紙廠的趙建恒。我從朋友那裡得知您在業界聲望極好，我想不知有沒有這個榮幸和您合作。我今天給您打電話是想告訴您一個好消息：我們工廠最近有一批很優惠的印刷紙，價格比之前的價格便宜許多，保守來說，要比市場上每噸便宜2500元。庫存已經不多，所以我就趕緊通知您了。」

客戶：「這樣啊，非常感謝。你能否說得更詳細些。」

趙建恒：「是這樣的，按照廠裡的規定，一次購買500令紙，可以每噸便宜2500元；一次購買1000令紙，每噸可以便宜3000元。我建議您先進1000令，這樣可以折扣多一些，可以為您省下好幾萬元呢！」

客戶：「1000令有點多，如果我買600令呢？」

　　趙建恒想了一會兒，高興地告訴客戶：「啊！我差點把這事給忘了，前幾天有個客戶說要買200令紙呢，要不您買800令，你們合購，就相當於買1000令了，可以享受到最低的折扣了。您看怎麼樣？」

　　客戶：「好，這個方法不錯。我下午就給你匯訂金過去。」就這樣，趙建恒輕鬆地賣出去了800令紙。

　　理性客戶最關心的是自身獲得的利益，當你在說服理性客戶購買的時候，針對客戶能夠得到的益處進行說明，比單純地介紹商品的優點更能達到說服他們的目的。

這樣做，就對了

1. 購買到最適合自己的商品

　　理性客戶在消費前都會先對商品進行一個大致的了解，購物時也是有目的的購買，會先認真分析商品內容及特點，然後對比不同商品間的優勢和缺點，最後選擇最適合自己的商品進行購買。如果是適合自己的、能給自己帶來好處的，理性客戶就會購買；如果商品只是在價格上佔有優勢，並不能帶給自己實際的利益或好處，他們是不會衝動購買的，對這類型的客戶來說，只有在了解了產品會給自己帶來什麼好處，你的產品或服務將如何讓他們的生活或工作變得更便捷，讓他們直接感受到這個產品是他們所需要或合適他們的，才能打動他們買單。

2. 能夠節省金錢、時間、精力

　　由於理性客戶在購買商品時不會一時衝動消費，而是非常理智、冷靜地在和業務員交流、溝通，所以對商品的各方面都了解得比較全面，購買

過程也要相對延長。當你在給客戶介紹時，首先要強調商品的CP值，只有用高CP值的商品才能打動理性客戶；其次要告訴他們，購買這款商品是既划算，更能為他們節省精力，如洗衣機、吸塵器等商品。

3. 可以改善個人形象

在說服理性客戶購買商品時，還可以用商品能夠改善客戶形象來打動他們。在向理性客戶陳述這種益處時，透過沒有購買和購買之後相對比的方法，來突出產品帶給理性客戶的益處；同時，還可以向理性客戶描述購買商品之後帶來的美好前景，如可以留給別人好的印象，可以面試成功，等等，讓他們感受到實際的收益。

4. 提出一些實證

理性客戶在購買商品時最看重的就是所購買的商品能夠帶給自己預期的收益，只有商品切實能滿足他們的這個需求，他們才會心甘情願地掏腰包購買。因此在介紹的過程中要盡可能拿出有力的證據，如國家認證、檢驗數據、用戶分享等，讓他們心服口服。

攻心tips

理性客戶購買商品時最關心的一點是，他能從購買商品中獲得一定的利益，而且他們還會權衡自己獲得的利益是否與付出的等價。如果權衡之後，理性客戶發現自己獲得的利益超過了付出，那麼就意味著銷售成功了；如果理性客戶獲得的利益小於付出，那麼他就不會想買了。

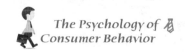

感動感性客戶，讓他愛屋及烏

感性的人EQ很高，富有同情心，語言富有感染力，對生活充滿熱情，但是卻容易感情用事。而且，感性的人心思細膩，比較敏感，不拘一格，心直口快，同時容易情緒化。業務員在遇到感性的客戶時就要十分留意自己的用語，因為感性客戶很可能因為業務員一句無心的話，就決定不買了。

在購買東西的過程中，感性的客戶很容易被別人所左右。只要感性客戶與業務員聊得很投緣，不管是否真的需要，都會購買商品的。如果在購買商品的過程中，本來已經做好了決定，卻中途殺出一人，告訴他們諸如「這款商品並不適合你」、「這款商品的品質有人反應並不好」等，這時感性客戶就會對自己的決定感到懷疑，放棄購買或者改買其他商品。

Ethan是一個銷售化妝品的業務員，一次，他去拜訪一家化妝品專賣店，剛奉上名片，說明來意，專賣店老闆立刻就告訴Ethan：「你們公司銷售的這些化妝品都很一般，其他廠家都有，如果我需要的話會再和你聯絡，我現在很忙，你先回去吧。」

一開始就碰了個大釘子，Ethan不想就這樣放棄，他決定第二天再去拜訪這個老闆。當Ethan第二天來到專賣店的時候，他看到店裡面很多客人，老闆忙個不停。於是Ethan耐心地坐著等，直到老闆忙完。終於，老闆空閒了下來，他感到很不好意思，也被Ethan的真誠感動了，於是招呼他坐下來聊聊。

在交談的過程中，Ethan了解到，專賣店老闆有個快要考高中的兒子。於是在接下來的幾次拜訪中，Ethan都會把談話重點放在專賣店老闆兒子的身上，關心地詢問「情況怎麼樣？」「課業很緊嗎？」……每次都與專賣店老闆相談甚歡。最後，Ethan不僅與專賣店老闆成為好朋友，而且還成功地與這家專賣店的老闆簽訂了供貨合約。

每個人都是有感情的，感性客戶的感情較其他人更豐富些。在這類客戶的眼裡，產品不是按照「有用」和「沒用」來劃分，而是依「喜歡」和「討厭」、「感覺好不好」區別的。他們的感情甚至可以轉移，比如他喜歡你，那麼他也可能會對你的產品感興趣，即使他一開始並不想買，最後會買，可能有一半的原因是因為他覺得和你很投緣。

這樣做，就對了

那麼，業務員要怎樣做才能感動感性客戶呢？

1. 從小事去打動他

客戶並不是沒有感情、只關注利益的，感性客戶更傾向於在感情上信任銷售員。所以，當你面對的是感性型客戶時，要表現得熱情些，盡力拉近你與客戶之間的感情距離。

事實上，很多感動客戶的事情並不需要我們刻意去做，太刻意反而會讓客戶覺得你別有用心。你只需在一些平常的小事上用心，便能在無形中感動他們了。

比如，路過時買杯咖啡請客戶喝；可以在客戶生病的時候去看望他，送去溫暖和祝福；可以在客戶欣逢喜事的時候送去祝福；在客戶遭遇不幸的時候送去安慰；提供給客戶一些工作、生活上的選擇建議；可以在客

戶出差的時候幫忙照看家人；可以在客戶滿頭大汗的時候主動幫忙提重物……讓客戶在不知不覺間被你感動，自然就贏得他們的心了。

2. 關心客戶，多為客戶著想

客戶在購買商品的過程中，客戶只關心對他最有利的部分。所以在向客戶推薦商品時，一定要站在客戶的角度思考，這件商品符合客戶的要求嗎？適合客戶嗎？只有設身處地地站在客戶的立場上為客戶著想、與客戶溝通，才能滿足他的需要，才能把商品推薦到客戶的心坎裡，讓客戶買到最滿意的商品。

例如，在向客戶介紹商品的時候不要只介紹貴的，而是要介紹適合客戶的，在自己賺錢的同時也要為客戶節約每一筆錢；當客戶對商品並不了解的情況下，一定要向客戶說明情況，並站在客戶的角度推薦最適合他的產品。

攻心tips

在銷售過程中，打動客戶用的是利益，利益是暫時的，如果一個業務員長久地提供客戶利益，將會得不償失。但是感動卻不一樣，感動是業務員與客戶交心，讓雙方的心聯繫在一起，這種影響將是長久的。面對感性客戶，你一定要熱情，全心全意為客戶的利益著想，一旦你攻破了他們的感情防線，就能輕易讓對方買單。因此，對待感性客戶，我們就應該好好滿足他們在這方面的心理需求，去感動他們。

14 價格優惠，節儉型客戶難以抗拒的誘惑

節　儉型客戶在平常的生活中也非常節儉，他們不捨得購買高價位的商品，在購買商品的時候對商品比較挑剔，拒絕購買的理由更是千奇百怪，有時會出乎業務員的意料。節儉型客戶無論商品價格的高低，對每一件商品都非常重視，即使是使用很久的商品，他們也不捨得丟棄。他們還有著一種特別的愛好，那就是一旦聽到哪裡有打折優惠，就會瘋狂地前去搶購。

小王是一家家電產品的業務員，最近，他在銷售的過程中碰到了一個難題。他遇到了一位節儉型客戶。是一位中年女士，眼看夏天即將到來，她的新家急需一台冰箱，否則食物很容易變質。雖然說這位客戶有購買冰箱的意願，但是生意就是談不下來。因為這位客戶很會算，不斷向小王討價還價。由於小王以前沒遇過這種情況，一籌莫展，但是他又不想輕易放棄這位客戶。

於是，小王使出拖延戰術，說他必須回去請示主管是否能夠降價。回公司後他立即去請教主管解決的方法。主管聽了小王的困擾，笑著告訴小王：「別著急，對於這類客戶就要慢慢來。在和女客戶介紹商品的過程中，要先跟她說明我們的產品採用的先進技術，有著怎樣的實際價值，以及完善的售後服務，讓她明白一分錢一分貨的道理。」

小王得到主管的提點之後，向女客戶解釋道：「女士，您看，我們銷售的冰箱採用的都是最先進的製冷技術，在運作的過程十分節能省電，而

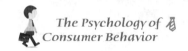
且保鮮的效果很好。雖然我們公司的冰箱比別的品牌價格貴了一些，但是一分錢一分貨，使用我們的冰箱每月都能為您省下不少電費呢。而且，我們還有保修三年的承諾保證，三年內的維修都是免費的。所以，從長遠來說，購買我們公司的冰箱反而比購買其他冰箱更具經濟效益。」

聽了小王的分析後，女客戶只稍稍考慮了一下就同意買了。

節儉型客戶在購物時喜歡把價格當成判斷商品價值與品質優劣的標準，對生活必需品的價格變動較為敏感，而對於高級商品價格的變動則較為遲鈍。同時，節儉型客戶也比較注重商品的使用功效。在付出同樣價錢的情況下，他們認為商品的功能越多越好；反之，在購買商品功效相同的情況下，價格自然是越便宜越好。

而且，節儉型客戶對商品的售後服務也相當注重，對於價格相等的商品，他們會比較傾向於購買擁有良好售後服務的商品，否則他們就會感到擔憂，有害怕被騙的焦慮感。

這樣做，就對了

那麼，怎樣做才能讓節儉型客戶感到商品物有所值、價格實惠呢？

1. 強調一分錢一分貨

在向節儉型客戶介紹商品的時候，要把焦點放在強調一分錢一分貨。當客戶抱怨價格貴的時候，你要告訴他，商品價格之所以高，是因為商品具備可靠的品質與良好的售後服務，這樣就可以減少維修的次數，延長商品的使用壽命。從長遠來說，購買價格稍貴的商品整體上會比價格低廉的商品省錢。如果你能讓節儉型客戶理解到物有所值了，他們就會迅速下決定購買。

2. 交談時不要把重點放在價格上

　　節儉型客戶由於對商品的價格比較在意，所以業務員在與節儉型客戶溝通時，最好和客戶多談價值，不要把重點放在商品的價格上。比如，把重點放在給客戶介紹商品的品質、特色、完善的售後服務等，用商品的優勢打動客戶，讓客戶認為商品物有所值。

3. 使用數字對比法增強說服力

　　由於節儉型客戶對於數字比較敏感，所以在向客戶介紹商品時，使用數字對比法可以發揮到增強說服力的作用。例如，業務員可以告訴客戶商品的使用壽命是其他商品的兩倍，並搭配一些數字或文件的可靠證明，這樣才能快速讓客戶信任你。如果是大宗買賣，可以分期付款的話，就要告訴客戶可以享有其他優惠，如無息分期或加強保固……等。只要能為他們提供實惠，省錢、省力的方案，客戶就無抵擋誘惑，從而果斷購買。

攻心tips

　　許多業務員都對節儉型客戶非常頭疼，這是因為客戶對錢的錙銖必較大大提高了銷售商品的難度。雖然節儉型客戶不好打交道，但是購買的機率卻比其他性格類型的客戶要大。而且節儉型客戶注重的是一個合理的價格，只要你所給的價格合理，能夠為他們節省一點錢，那麼節儉型客戶很快就會成為你的忠實客戶了。

15 理性建議，協助猶豫客戶做出決定

有些客戶在做出購買決定的時候，時常猶豫不決，拿不定是否購買、購買哪款商品。通常讓客戶有所顧慮的大部分原因在於眼前這項產品只能滿足他們的部分需求，或是他們認為產品並不十全十美，所以才拿不定主意，左右衡量。這種情況，業務員看似處於被動，但卻是實現成交的良機。因為此時客戶已經對你的產品有了初步的認可，你只需要化解掉客戶的顧慮，便可順利成交。

當遇到猶豫不決的客戶時，不能坐以待斃，乾等著客戶做決定，因為猶豫不決的客戶很可能會因為無法權衡出商品的利弊而打消購買的念頭。所以這時應該抓住時機，給客戶提出一些理性建議，引導客戶快速做出購買決定。

盧凱華是一家電器商城的業務員，一天，賣場裡來了一對老夫婦，想要購買他所銷售的冷氣。老夫婦一邊認真地研究每一款冷氣，一邊商量著。

盧凱華迎上前去，在徵求了老夫婦的意見之後，認真詳細地逐一介紹了冷氣的品質、使用方法、價格等。在介紹了所有的冷氣後，老夫婦還是沒有決定要買，因為他們覺得商場中還有許多自己並沒有看過的冷氣，說不定會有更好的、價格更便宜的。於是他們對盧凱華說：「謝謝你的介紹，我們想先去看看其他品牌，如果有需要我們會回來的。」

過了一段時間，這對老夫婦又轉回來了。他們又重新看了一遍盧凱華

銷售的冷氣，仍舊拿不定主意。盧凱華熱情地詢問了他們的想法和考量點，原來他們看上了一款輸入功率大的冷氣，但是目前帶來的現金只夠支付小坪數的冷氣機，這樣一來，他們還必須先回去取錢，才能購買。盧凱華從老人的談話中了解到，平常只有這對老夫妻在家，而且老人家居住的房屋坪數並不大，同時他們大部分時間都是待在臥室裡。最後，盧凱華告訴老夫婦：「這冷氣是輸入功率越大，費電就越多。況且您兩位又不經常在客廳，所以買一個小坪數的冷氣就合適了。如果買這台冷氣，就只能放在客廳裡，這樣一來，晚上睡覺需要冷氣的時候就用不到了。」

聽了盧凱華的話，老夫婦想了想，覺得有道理，就同意購買一款變頻冷氣，既省電又實用。

在面對猶豫不決型客戶的時候，就要先弄清楚購買的決策人是誰，如果與自己交談的客戶並不是決策人，那麼他們表現得猶豫不決就理所當然。這時業務員只需要找到真正做決定的人，與他們商談就可以了。

如果對方擁有決策權，他們還表現出猶豫不決，可能是因為之前在購買商品的時候輕信了業務員的話，買到了自己並不滿意的商品，而不敢輕易下決定；或者商品的一些方面讓客戶非常喜歡，而有些方面還達不到客戶的要求。這時，就要與客戶加強溝通，並仔細觀察客戶的言談舉止，從而找出客戶猶豫不決的原因，然後對症下藥。

這樣做，就對了

1. 讓客戶相信你所銷售的商品就是他們想要的

在銷售過程中，猶豫不決型客戶在心中對商品都有一個大概的輪廓，但並不十分清晰，所以他們在選購時才會遲遲做不出決定。因此你要想辦

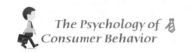

法讓客戶心中模糊的商品形象變得清晰起來，相信你所銷售的商品就是客戶心目中想要購買的那個。

要做到這一點，首先你要讓自己贏得客戶的信任。其次，要了解客戶的需求，接著把你的產品特點轉化成客戶所能得到的利益，從對方的利益這一角度來介紹你的產品，還要考量到你推薦的商品的價格是否處於客戶預期的範圍之內；最後，再列舉出客戶擁有這項商品可以得到的好處，假如不購買商品將損失什麼，用對比來突顯商品能帶給客戶的重要改變。

如此，客戶就會認為這些商品就是自己心中想要購買的，從而迅速做決定。

2. 不要讓客戶有被推銷的感覺

客戶對商品表現得猶豫不決，是因為對所要購買的商品還存在著顧慮。對於猶豫不決的客戶，首先要有足夠的耐心，不可硬逼著客戶購買，讓客戶有被強迫的感覺；同時，不可為了盡快銷售出去商品而忽視談話的語氣和態度，這些做法不僅不能讓客戶早做決定，反而是讓客戶更快轉頭離去。

正確的做法是，給予客戶一定的暗示，如特別強調商品的優點是如何地符合客戶的需求、用真誠的話語讚美商品給客戶帶來的美好前景等，讓客戶在潛意識中認同商品，而想立即擁有它。

3. 巧妙地引導客戶，讓他們下定購買決心

在了解客戶猶豫不決的原因之後，就不可置之不理，不採取任何措施，助長客戶的猶豫與搖擺。這種做法只會加重客戶對商品的疑慮，最終讓客戶打消購買的念頭。

在這種情況下，可以提醒客戶商品數量有限、馬上就要換季，或者是

商品的優惠折扣只到今天等，強化客戶對商品需求的緊迫感，讓客戶感到對商品的迫切需求。之後，還需根據客戶的具體情況，給客戶一個「二選一」的購買方案，引導客戶做出選擇。

在給客戶提供選擇方案時，千萬不可給出多種選擇，讓客戶二選一即可，否則又會讓客戶陷入猶豫不決的困擾中。

攻心tips

客戶猶豫不決時，就需要業務員拿出專業技巧強化其對產品的信心，讓客戶覺得你的推薦很專業，不是只考量自己是否有利潤，而是讓客戶體會到你是站在他（購買者）的角度上用專業在替他考量，並以多提問的方式，及時找出令客戶考慮、猶豫的原因，引導他更有信心地做出決定。

面對猶豫不決的客戶，不宜給他們太長的考慮時間，因為考慮得越多，顧慮也越多，最後客戶也許就放棄了。但也不能催得太緊，否則會令他們感覺不舒服，而導致交易告吹。

用真誠突破處處設防型客戶的心牆

處　處設防型客戶一開始都會對業務員有嚴密的戒心，無論業務員怎樣介紹，處處設防型客戶都不肯輕易相信。在業務員介紹商品的過程中或者空檔，客戶會上下打量業務員，質疑業務員所說的話；有時會目不轉睛地盯著業務員，看得業務員極不自然；有時則會神秘地一笑，讓業務員摸不透他的心思。

這類型的客戶可能是小心翼翼的性格使然，也可能是過去有過不愉快的購物經驗，曾被業務員欺騙，以致於之後的每次購物就會築起心牆，不願輕易暴露自己內心的真實想法。

當你在面對這類客戶的時候，要以親切的態度面對他們，以真誠的心與他們交流，用熱情周到的服務融化他們的心防。

小陳是一家社區超市的收銀員，這家超市的生意特別好，社區的人幾乎都會去他們那裡買東西，這並不是因為這家超市佔了地利之便，而是因為他們的服務讓社區的人感受到了真誠。

一次，小陳遇到了一位購買蝦皮的老先生，這位老先生在結帳的時候拿著一個微型小秤。結帳時，小陳先把一個空的塑膠袋放在電子秤上稱了一下，然後再把老先生用塑膠袋裝好的蝦皮放在秤上秤了一下，最後，小陳又抓了一把蝦皮放進袋子裡，但還是算一樣的價錢。

老先生看到小陳秤量蝦皮的過程，奇怪地問道：「你為什麼要這樣做啊？」小陳笑著回答道：「這是要將塑膠袋的重量為您減去啊。」老先生

回答說：「塑膠袋能有多重啊？你們只要把蝦皮的重量秤足就行了。你們這種做法我見得多了，投機取巧，妄想用這種方法矇混我們的眼睛，在實物重量上偷斤少兩。我今天可是有帶著秤呢，給我秤一下。」

小陳聽了老先生的話，並沒有與老先生爭執，笑著把蝦皮遞給了老先生。老先生用自己帶來的秤量了一下，發現不但沒有少，反而還多了一兩。看到秤完蝦皮的老先生疑惑的表情，小陳告訴老先生：「您別小看這個塑膠袋的重量，在電子秤上它有好幾克呢，相當於一兩的蝦皮！」

聽了小陳的話，老先生連連點頭稱讚：「如今像你們這樣真誠地為客戶著想的店家真的太少了。」從那次之後，小陳發現這位老先生成為了他們這裡的常客。一次，這位老先生告訴小陳：「回家之後，我就跟我老伴說，以後咱們不用千里迢迢去大賣場買東西了，在社區附近的超市購買是便宜又實惠。」

在銷售工作中，一些業務員表面上看起來對處處設防型客戶非常熱情和關心，可稍加觀察就會發現，他們的真誠是虛偽的，並不是發自內心，也沒有站在客戶的角度為客戶思考，不具有任何感染性和積極性。

那麼，在遇到處處設防型客戶時，應該怎樣讓客戶感受到自己的真誠呢？

這樣做，就對了

1. 先讓客戶認同你，再銷售商品

由於處處設防型客戶防備心很重，所以在銷售商品之前首先要先把你自己銷售出去。讓處處設防型客戶喜歡你、信任你，並能夠接受你的建議，而後才會從你這裡購買商品。

在銷售過程中，處處設防型客戶雖然是來購買商品的，但是最先接觸到的還是業務員，客戶是透過你的介紹才能得到更多關於商品的資訊，從而決定要不要買。

如果你態度真誠、服務周到，他們就會對你心生好感，放鬆心理防線，接受你推薦的商品；如果你存心虛假欺瞞，就會讓他們豎起心牆，即使你介紹的商品在各方面條件都很優越，客戶還是不會購買的。

2. 真誠面對商品缺點，讓客戶買得放心

一般來說，在銷售過程中大家都傾向只向客戶介紹商品的優點，避免談到缺點，即使客戶提到，也會用轉移注意力的方法避之不談，這樣就會讓客戶覺得這個業務員不老實。所以，給處處設防型客戶介紹產品的時候，一定要實事求是，既要告訴客戶商品的優點，也要交待缺點，千萬不可誇大，這樣才能打消客戶的疑慮，令他們買得安心。

3. 站在客戶的立場上思考，給出適合客戶的意見

處處設防型客戶總是希望自己的購買決策是正確的，他們害怕在交易過程中蒙受損失，所以，一旦讓他們察覺到你在故弄玄虛，推薦給他們不適合的商品，他們就沒有購買意願了。所以，我們首先要站在客戶的立場上思考，給出適合客戶需求的意見，讓他們感受到你是真誠地替他們設想、考量，不可為了賣出商品、追求業績，而誇大或者捏造產品沒有的優勢，欺騙客戶購買。

攻心tips

　　處處設防型的客戶，他們的心思是比較敏感的，他們存在著「一朝被蛇咬，十年怕井繩」的心理。當他們發現業務員並不是發自內心對待自己時，就會馬上離開，不管業務員事後用什麼辦法彌補，處處設防型客戶是怎麼都不會再相信了，也不願再與他們有任何聯繫。所以，在約見這一類型的客戶時，一定要做好銷售前的準備，要先讓客戶認同你、信任你，再和他談產品。

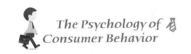

「您就是上帝」，給足虛榮型客戶面子

愛慕虛榮是一種非常普遍的心理，每個人都有著一顆愛慕虛榮的心，這在生活中是很常見的。比如，人們總是喜歡與有名氣和生活富裕的人攀關係；喜歡追隨潮流，熱衷於時尚與流行；不懂裝懂，害怕別人嘲笑自己；做事情喜歡講排場，即使自己負擔不起那麼多的費用，為了面子仍然堅持那樣做，但若是沒控制好就會讓自己的生活變得一團糟……

虛榮心體現在生活中的各個方面，客戶在購買商品的時候，自然也會表現出這種心理。所以當我們面對這類型的客戶時，要儘量滿足他們的虛榮心，如誇獎他們有能力、漂亮、經濟實力雄厚等，充分滿足他們的虛榮心，這樣，他們就願意把大把的銀子消費在你的商品上。

一位打扮得時尚高貴的女士走進一家服飾店，在店裡面看了一遍之後，在一款套裝旁停了下來。一位店員趕緊迎上來，熱情地招呼客戶：「小姐，您的眼光真好，這款衣服既時尚又高貴，真的非常適合您的氣質。」女士聽了店員的話笑了一下，同意店員的說法。

店員見說到了顧客的心坎裡，就又接著說，「這套裝不但品質很好，而且現在正在打折，相對其他衣服來說真是便宜又實惠啊！那些貴一點的衣服並不見得適合您，您覺得呢？」店員心想：這套裝款式既漂亮，品質又好，最重要的是價格又便宜，顧客肯定滿意的。沒想到，女士在一聽完店員的話，臉色立刻變得陰沉起來，把拿在手裡的衣服扔給店員，邊往外

面走邊大聲說著：「什麼叫做便宜啊？貴一點的衣服怎麼不適合我了？誰讓你給我省錢了，我告訴你，我有的是錢。你這是什麼態度啊！真是瞧不起人，以後我不會再來了。」說完就怒氣衝衝地離開了。

儘管店員不停地向顧客道歉，但是那位女士還是生氣地離開了。本來好好的一筆生意，就因為店員無意中的一句話，傷了顧客的虛榮心，而白白錯失了。

女顧客之所以生氣地離開，是因為她的虛榮心很強，通常這類型的客戶對別人說自己沒錢比較敏感，害怕別人看不起自己，而店員的話正好碰觸到他們在意的點，所以才會生氣地離開。

在對待虛榮型客戶的時候，就是要給足他們面子，不要吝嗇讚美，越是把他們捧得心花怒放，他們會買得越開心、盡興。

這樣做，就對了

1. 讚美客戶的高貴身分

在讚美虛榮型客戶的時候，不要泛泛地說一些讚美的話，而是要針對這類客戶的高貴身分進行讚美。而你在對客戶的身分進行讚美的時候，需要強調客戶的地位、擁有的財富等，滿足他們高人一等的優越感；同時，業務員在誇獎的時候，切記不要說客戶配得上產品，而要說產品配得上客戶。只有這樣的讚美，才能說到客戶心坎裡。

2. 讚美客戶的與眾不同

在讚美虛榮型客戶的時候，要透過讚美的語言和服務，讓客戶感受到自己的與眾不同之處。這所達到的效果，將勝過所有華麗的語言。

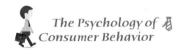
比如，可以告訴他們「您的氣質非常脫俗，這樣的商品只有用在您身上，才能凸顯出商品的價值」……或者，用不同於普通客戶的服務來區別開虛榮型客戶，用「特別……」「獨享……」來充分滿足他們的虛榮心。

3. 勿拿客戶的缺點作文章

如果業務員在讚美虛榮型客戶的時候不加判斷，對客戶的缺點進行讚美，那可就糟了。所以，在讚美客戶前進行仔細觀察，別讚美錯地方，這樣才能贏得客戶的好感，與客戶順暢地溝通交流。

比如，如果客戶屬於肥胖型身材，你卻讚美客戶身材優美；又如，如果客戶頭髮稀疏，你卻讚美客戶髮質很好，這無疑會讓客戶聽得很刺耳，他也感受不到你是真心在讚美他。

攻心tips

愛慕虛榮的客戶愛在別人面前擺闊氣，講排場，他們的目的就是想要得到別人的讚美和恭維，得到別人的尊敬和重視。如果你沒有顧慮到這類型客戶的感受，強硬地賣給他們便宜的商品，他們會認為你看不起他，而敗興而歸。此外在與他們溝通時，無論其觀點正確與否，你都應該平視客戶，面帶微笑，顯示出全神貫注的樣子。只有這樣你才能展現出你對客戶的尊重，讓客戶很有面子，這樣子溝通才能順利進行下去。

SALE
18
Psychology

應對精明型客戶要有話直說

在銷售過程中我們還會遇到這樣的客戶，這些客戶對他所要購買的產品非常了解，就像專家一樣。在購買的過程中，這類型的客戶有清晰的思路，提出的問題非常專業，有時還會提到一些業務員並不了解的問題，讓業務員一時答不出來。

由於精明型客戶對商品比較了解，見多識廣，所以你在和他們溝通、交流的時候要有話直說，別想敷衍帶過，否則會讓他們覺得你不負責任；也不要不懂裝懂，這可是會讓精明型客戶覺得你不值得信任；更不要在回答不上他的問題時保持沉默，那樣只會讓客戶更快地離開。我們來看一下業務員小李和精明型客戶的對話：

小李：「您好！請問您需要些什麼呢？」

客戶：「母親節快要到了，我想買一台洗衣機送給我太太。」

小李：「您真是貼心啊！您看看這邊的款式。」

客戶：「我想要買新款的滾筒式洗衣機，但是聽人說直立式的好像更省水一些，你可以先介紹一下嗎？」

小李：「嗯，好的。我建議您還是購買滾筒的吧。滾筒的洗衣機在用的時候可以隨意調節轉速，而直立式的洗衣機在洗衣服的過程中容易造成衣物的纏繞，而且力度過大，衣服也比較容易變形。」

客戶：「是這樣子啊，那滾筒式與直立式的洗衣機，是哪一種比較耐用呢，你給我分別說說它們的規格吧。」

小李：「……這是說明書，您可以看看，這上面都有標示出來。」

客戶：「照這樣說的話，滾筒式洗衣機洗一小時衣服需要用掉多少電呢？」

小李：「……您就放心吧，滾筒的是會比直立的省電。」

客戶：「那你們的洗衣機內筒的側桶都有哪幾種尺寸呢？」

小李：「……您問的這些與洗衣機省不省水沒有多大關係。」

客戶：「那可不見得，這洗衣機裡的每一個零件都對省水、洗得乾淨與否有著密切的關聯。算了，我還是再去別的賣場多看看吧。」說完客戶就走了。

由以上案例我們了解到，業務員要在平時做好專業知識的準備，累積知識，讓自己更專業，以免在遇到精明型客戶時回答不上來，讓氣氛變得尷尬。同時，還要有計畫地提高自己的素質，在精明型客戶話語犀利時點頭附和，不橫眉冷對；在客戶步步緊逼時靈活轉身，不與其爭吵；在客戶意見不正確時，不盲目嘲笑。

這樣做，就對了

那麼，業務員要如何應對這些精明型的客戶呢？

1. 對於不懂的問題先讚美，再說明

當精明型客戶提出的問題，你若一時答不上來時，建議你先讚美客戶，切不可因惱羞成怒與客戶做無謂的爭執。

精明型客戶在購買商品時，無論提出什麼問題，他們都希望自己可以表現得比業務員懂些，所以比較聽不進去別人的意見，更不願意低頭同意別人的觀點。如果業務員遇到自己回答不上來的問題，或者自己不清楚的

問題時，可以先讚美客戶的見多識廣、知識廣泛，然後表明自己無法回答這個問題，請客戶指教。這時，精明型客戶就會很樂意為你解答。當這類型客戶的驕傲心理得到滿足之後，他們就會認為你是一個誠實、值得信任的人，而樂意在你這裡購買商品。

2. 在介紹時思路清晰，有重點地介紹

由於精明型客戶對商品了解得比較全面，所以在給這類型客戶介紹的時候要思路清晰，條理分明。如果在介紹的時候思慮混亂，沒有邏輯、條理，精明型客戶就會認為你不夠專業，自然就沒有聽下去的必要。

所以，在介紹商品的時候，要從商品的名稱、品牌價值、技術含量、性價比、商品的優勢和不足、售後服務等方面逐一介紹，讓精明型客戶認為你是一個專業的業務員。

3. 不要妄想隱瞞商品的缺點

這類型的客戶往往對商品方面的資訊了解得很全面、透徹，如同專家一般。如果你仍舊採取和其他客戶一樣的介紹方式，比較不易成功。

精明型客戶對業務員的話是隨時存疑的，如果你只介紹商品的優勢，避談商品的缺點，精明型客戶就會主動提出犀利的問題，測試你的專業度；或者在你介紹商品的過程中始終保持沉默，一旦你介紹完他們馬上就選擇離開。不管精明型客戶做出哪種反應，在這種情況下，他們都不會購買商品的。

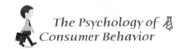

攻心tips

　　業務員要想與精明型客戶做成生意，就要客觀地介紹商品，不宜向精明型客戶隱瞞商品的缺點和不適合他們的部分特點。

　　只有具備了豐富的知識和更高的專業素養，在遇到精明型客戶時才不至於手忙腳亂，無所適從，才能靈活地回應他們提出的各種問題，讓自己擺脫尷尬，牢牢抓住主導權。

年齡性別不同，客戶的需求也不同

有 效的溝通是你和別人建立關係、促成生意的基礎，因此在和客戶接觸的過程中，業務員需要具備的一項重要技巧就是見到什麼樣的客戶要說什麼樣的話，只有說到客戶的心坎裡，令他們滿意，才有成交的機會。

客戶購買任何產品，都是為了滿足自己的需求和一種美好的感覺，只要懂得為客戶營造一種美好的感覺，你就等於找到了打開客戶錢包的鑰匙。

不同性格和年齡的客戶的需求各不相同，在人際交往中，我們提倡因人而異，即遇到不同的客戶要說出不同的話語，以迎合對方的喜好，從而讓對方對你有好感，才會進一步想跟你買東西。

王先生買的新房剛一裝修完畢，夫婦倆就迫不及待地去傢俱賣場選購傢俱。在一家家具行，王先生夫婦同時看上了一款真皮沙發，問了價格之後，王先生發現，這款真皮沙發的價格比其他的要便宜許多。於是，王先生就順口問了店員：「為什麼這款真皮沙發會這麼便宜呢？」

店員回答道：「這確實是一張非常好的真皮沙發，它之所以比其他沙發便宜，是因為這款沙發的扶手和背面是用混合皮做成的，其他地方則是真皮。但是合成皮和真皮一樣耐用，而且從外表看起來並沒有區別。」

王先生聽到這裡，仔細看了一下沙發的扶手，發現乍一看是看不出來的，但是仔細看，還是能夠看出來的。所以，王先生在心裡就打消購買這

款沙發的打算。

這時，店員請王太太到沙發上體驗一下。

王太太坐在上面體驗後，感到非常舒適。然後，王太太站起來丈量了一下沙發的尺寸，正好適合家裡客廳的大小。店員看出來王太太心動了，就告訴王太太：「現在，我們賣場正在對這款沙發做促銷活動，而且只剩展示在這裡的這幾種款式了。」

這時，王先生拉了拉王太太的衣襟，示意她再到別處看看，但是王太太感覺是認定了這款沙發，不滿地告訴王先生：「這款價格真好，而且款式也不錯，我做主了，就要這款了。」

沒辦法，王先生只好買下了這款沙發。

在以上的案例中，店員在沒能滿足王先生的要求下，把目標轉移到王太太身上，並透過滿足王太太的需求來實現成交。所以，當你在向客戶推薦產品時還是要根據年齡、性別判斷出決策者，特別針對決策者進行介紹。如果業務員事先不清楚各種年齡、性別的應對方法，就會在銷售過程中因客戶的不同反應表現得措手不及，打亂自己的銷售計畫。

這樣做，就對了

那麼，不同年齡、性別的客戶，其需求點有什麼不同呢？可以如何應對呢？

1. 與年輕客戶談論一些時尚的話題

年輕客戶具有獨立的購買能力與較大的購買潛力，是商家和業務員極力爭取的對象。

年輕客群因接收資訊的管道多元且暢通，而且喜歡追求新潮流與時

尚，所以我們平時就要多去了解一些新趨勢、流行話題，以免在客戶與你聊起時，你全然不知也聊不上幾句，而錯失了成交的機會。另外，在與年輕客戶交流時，不妨談論彼此的生活背景、對未來的設想等話題，這樣的話題能拉近彼此的距離，刺激年輕客戶的購買欲望。最後，在介紹商品的時候要考慮到他們的經濟承受能力，以不增加客戶的經濟負擔為宜。

2. 向中年客戶介紹時要著重在家庭消費與商品品質

中年客群在購物時普遍非常理性，他們傾向習慣性購買，對商品的品牌忠誠度較高。另外，中年客戶在消費時比較重視商品的品質和實用性。中年客群是家庭消費的決策者、購買者、消費者和使用者，一個家庭中其他成員的消費往往是由他們代為決策，如兒童的消費，中年人既是決策者，也是消費者；老年人的消費，中年人往往主導決定性的作用。因此一定要重視中年客群，積極開發並經營這一群。對於高薪收入的中年客戶，介紹的焦點要強調品牌的等級與職業的需要；對於一般收入水準的，要強調商品的價格與品質。

3. 與年紀大的客戶溝通時要謙虛

年紀大的客戶在購買商品時通常特別認真謹慎，他們希望可以買到品質有保障、價格公道、實用的商品。另外，由於上了年紀的緣故，老人家在選購商品時動作會比較緩慢，詢問得很仔細，對業務員的態度與反應會比較敏感。

因此，在接待老年客群時要把握耐心、放心、貼心這三個原則，也不能因為人多而冷淡老年客戶；在為他們介紹商品時，可以向他們承諾，如果遇到問題，可以為他們提供到府服務，遇到品質有疑問的，可以無條件退換貨，並且包教包會，讓他們享有購物零風險；和這些老先生、老太太

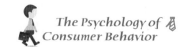

聊天時，要使用合適的稱謂，如可以談論一些客戶年輕時候引以為豪的事情，在介紹商品的時候要站在對方的角度為他們考量，同時語氣中要體現出對他們的關心，讓他們覺得和你很投緣，自然才會找你買東西。

4. 與女性客戶交談要以對方為中心

一般來說女性們聊天時，喜歡談論自己、聊她的家庭，以及自己的興趣、愛好，同時也喜歡發表自己的意見，而且，女士們在購物時比較注重細節。所以，要想與女性客戶建立良好的關係，就要當個好聽眾，而且要利用她們喜歡的話題讓她們侃侃而談。此外，在給女性客戶推薦商品的時候要全面且顧到細節，關於細節問題務必做到說明仔細與完整，自然就能留給客戶良好的印象。

5. 與男性客戶交談要顯得大方

男性的性格相對於女性來說比較大咧咧，他們通常不太在意小細節，但是他們比較注重商品的品質和實用性。而且，男性客戶一般不喜拘泥於瑣碎的事情，所以你在與他們交談的時候也要表現得大方一些。

攻心tips

掌握客戶的類型是業務員開始銷售的第一步，根據不同的客戶類型，掌握其心理特點選擇合適的溝通技巧，以達到良好的互動。

你可以善加利用記錄，對每個客戶的各種狀況都一一詳實地記錄下來，把一切的服務都做完整的註記，並妥善保存！以便日後可以參考並採取適當的交流方式，成功取得訂單。

靈活應變，
順勢而為的談判技巧

The Psychology of
Consumer
Behavior

不行的時候就坦然面對，只要再回歸原點，
重新來過就好了。

—— 日本保險銷售女神 柴田和子

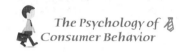

讓客戶親自體驗，
他會更願意聽你說

「耳聽為虛，眼見為實」，人們往往相信自己看到的，而對聽到的則抱有一定的懷疑。相信業務員或多或少會碰到這樣的情況，當你眉飛色舞地向客戶介紹你的產品時，迎接你的卻是客戶懷疑的眼神，是不是很可惜呢？。因此，當你誇誇其談地為客戶介紹產品時，不妨讓客戶親自體驗一番，其效果要比你說得口沫橫飛還要好上幾百倍。

很多時候，客戶決定購買某種產品的原因往往是對該產品帶有濃烈的感情因素，例如當產品涉及到關愛、救援、環保等人文情感方面時，客戶往往會因此對產品產生特殊的購買需求，不僅滿足其物質需求，同時也滿足情感需求。

所以在洽談業務時，業務員不僅要從滿足客戶的物質需求著手，更要注重客戶的情感因素，讓產品與客戶之間透過情感聯繫起來，使客戶愛上你的產品。

俗話說：「日久生情。」將其用在產品上也不為過，試想當你的產品成為客戶時常可觸摸、可耳聞、可眼見的產品常客時，時間一長，客戶也就對你的產品有了印象、評價，甚至感情。隨著對產品的不斷瞭解，客戶愛上你的產品的機率就會大大提高。所以，想要讓客戶愛上你的產品，不妨安排他與你的產品近距離接觸，使其成為享用產品、評價產品的人。

法蘭克是一名人頂尖的汽車業務員，無論是新車還是二手車，他都會親自駕駛著所要銷售的車去拜訪每一名可能買車的客戶。他的銷售方法如

下：

「史密斯先生您好！我現在正要去客戶那裡試車，正巧會經過你那兒，您要不要看看這部車的性能如何？我想先將不順的地方調整一下再送到客戶那兒，還好遇到您這位駕駛高手，如果您能替我鑑定一下，我將感激不盡。」

法蘭克向客戶解釋了一、二公里以後，接著便徵求客戶的意見說：

「您覺得怎麼樣？有什麼意見嗎？」

「這車子的方向盤靈敏度過高。」

「說得太對了！您不愧是內行人，我也擔心方向盤的靈敏度過高，那您還有沒有其他的意見呢？」

「散熱器的效果還不錯。」

「不愧是專家，連這一點也能注意到，實在令我佩服！」

「法蘭克，你這部車到底賣多少錢？你別誤會，我並沒有要買，只是問問而已。」

「您是內行人，應該瞭解市面上的汽車售價，如果您要購買，您願意出多少錢呢？」

如果價格是雙方都能接受的，在一邊駕駛一邊談價中，法蘭克就能輕易地將車子賣出了。

有體驗客戶才有「想要擁有」的感受。所以一些美容院或瑜珈中心會免費送給客戶一些護膚美容券或體驗券，讓客人可以親自體驗美容護膚或瑜珈伸展的感覺，看到美容、健身的效果。有了親自參與，客戶們可以「看到」、「聽到」、「聞到」、「嚐到」、「感覺到」產品真實的一面。而通常試用過產品的人至少會有一半有購買意願。因為只要能讓客戶有體驗，有美好的感受，那他的需求也就被你激發出來了。

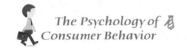
這樣做，就對了

那麼，要如何做才能做好帶領客戶體驗產品，成功激起他強烈的購買
欲望。以下原則提供各位參考。

1. 展示是產品試用的第一步

業務員在邀請客戶試用產品前，應先向客戶展示一遍，特別是對產品
使用方法不熟悉的客戶，更該認真展示。

業務員展示的目的是為了讓客戶掌握產品的操作方法、瞭解產品的效
果，以此來激發客戶強烈的興趣。如果你的產品與其他同類產品不同，那
麼你一定要向客戶展示出產品的與眾不同。例如：你要向客戶介紹數位相
機。你對客戶這樣說：「這款多功能的數位相機，內建很多可愛相框，你
要不要試拍一下，我替你加個框再列印出來給你看。如果搭配複合式印表
機，就可以在家操作，不用跑到相片沖印店就可以印出相片，真的很方
便！」言談中好像是與客戶一起購物的好朋友，讓客戶感覺你是為他著想
的。提供客戶可以在家列印出相片的「立即、方便」利益點，會讓客戶覺
得你和他是同一國的，對於你接下來的介紹，自然是句句中聽。

展示產品絕不是業務員一個人的獨角戲，因此，業務員在演示的過程
中要注意與客戶的互動，如果客戶提出疑問，代表他能跟得上你的步調，
這時你要針對客戶提出的問題重點示範，不能在展示中留下疑問而不去解
決；如果客戶對你的展示漠然以對，你就不要急於展示下去，而是要巧妙
利用一些反問與設問，想辦法讓客戶參與其中。

2. 給客戶充足的試用空間

我們在這裡所說的讓客戶試用產品，也就是體驗式銷售，讓客戶自己

去感受產品的性能和效果，這種真實的體驗會讓客戶更安心。業務員在決定要客戶親自試用之後，一定要給客戶充足的試用空間，讓客戶真實感受到產品帶給他的享受。你必須讓客戶感覺你的產品，讓他陶醉在你的產品之中，要讓他聞聞產品的味道，摸摸產品的觸覺，讓他操作或試用這個產品，充分地感受到這個產品，

希望大家要明白，客戶都希望買得安心，用得放心。但要如何實現客戶的這個希望？讓客戶試用是最直接，也是最有效的方式了。當客戶試用完產品後，會在心裡為其估出一個分數，權衡自己是否需要購買。

3. 試用後詢問客戶的意見

別以為只要客戶試用了產品後就萬事OK了。客戶試用產品後，業務員一定要及時知道客戶試用後的反應，傾聽客戶的意見，適時對客戶進行勸購，把客戶導引到自己所預期的銷售方向。在客戶試用完產品後，你可以提出這樣的問題：

> ➤「經過了體驗，您瞭解我們產品的功能嗎？」
>
> ➤「我們的產品是不是能使您的工作更加便捷？」
>
> ➤「您喜歡我們的產品嗎？」
>
> ➤「穿上這件衣服，是不是讓妳看起來更苗條呢？」

透過這些問題，你就能揣測客戶的態度，如果客戶體驗產品的效果不是很成功，你還可以進一步強化產品的價值，或以有力的證明來強化產品的優勢。

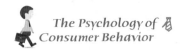

攻心tips

　　業務員若想售出產品，就不能只停留在對產品誇誇其談地陳述，而是要讓客戶親眼看一看、摸一摸、試一試。先讓準客戶試用你的產品或服務，讓客戶對你的產品或服務留下好印象，緊接著你說什麼都是中聽的。直到他割捨不下，最後決定把產品留下來為止。

　　另外，銷售高單價產品時，可以多加善用讓客人免費試吃、試乘、試玩、試用，藉由免費體驗的方式讓顧客上癮，並了解到你的產品之所以賣高價的價值所在，而願意花大錢來購買。這是因為人性都是「由奢入儉難」，住過高級飯店的人，下次還是會想訂高級飯店；開過大車的人，就會一直想買大車。

報價、議價的實用心理策略

　　筆交易以何種價格出售將攸關成敗，好的訂價就能主導談判，掌握主動。幾乎每個業務員都曾被問過這個問題：「太貴了啦！最便宜可以賣多少？」你是怎麼應對的呢？面對這個問題最好抱著平常心，因為客戶的這個動作，通常只是試探性地隨口問問，不見得一定會買。許多業務員還因此吃了不少苦頭，原因就在於不會處理價格異議，雖然業務員已經做出了很大的讓步，但是還是不能讓客戶滿意，最終不是丟了訂單，就是雖已成交，卻也損失了利潤。雖然業績很好看，但是收入並沒有成正比。因此，有效地運用討價還價的技巧，是業務員必須要學會的大絕招。

　　在爭取客戶的過程中，報價是一個重要環節，因為報高了怕把客戶嚇跑了；但報低了又擔心沒利潤，做了賠本生意。以下列出與客戶議價時要注意的事項。

這樣做，就對了

1. 選對報價的時機

　　報價時機是否選得正確，往往決定了一場銷售的成敗。也就是說，只有正確選擇報價時機，才能達到事半功倍之效，才有機會賣出產品。時機

的掌握原則如下：

> **清楚客戶身分之後，再報價。**客戶的身分、職稱的不同，對產品價格也會持有不同的態度。所以在報價之前，一定要先瞭解客戶的類型，根據客戶的購買意向，採取合適的銷售對策。

> **在成熟的時機報價。**成熟的時機也就是客戶對產品已充分瞭解，並且購買意願濃厚，這時業務員就可以向客戶傳達一些產品的價格資訊。

針對客戶提及產品的價格問題，業務員總是會很著急地就把產品的價格透露出來。要知道過早亮出產品的價格，只會成為對手攻擊或是客戶研究的目標，讓你在銷售中喪失主導權。所以，報價的最好時機就是在與客戶充分溝通後，確認客戶已徹底了解產品能帶給他的價值，再和他談價格，這樣就能減少客戶的討價還價。

2. 一開始報價不要太低

缺乏經驗的業務常常不知道如何報價才能為自己帶來較多的利益，他們往往一開始就把自己心目中的理想價格很坦白地報出來，這樣做只會讓他們在一開始議價時，就處於被動挨打的局面。因為在對方看來這是你作為討價還價的條件而提出的價格，一定會再殺價，這一殺就令你吃大虧，沒有利潤空間了。

有些業務員常常利用低價來吸引客戶的注意，認為這樣可以縮短銷售時間，更易促成交易，但是結果往往不盡人意，落得個竹籃打水一場空的下場。因為客戶在購買產品時，心裡就已經抱定希望價格能比報價再低一些，而如果你一開始報價太低，反而令自己失去了讓利的空間。所以在報價前要有一定的權衡，否則就會陷入被動的局面。

有經驗的業務員都知道，任何談判一開始就要盡可能提出高的要求，

好讓客戶有討價還價的空間，因此，倘若買方出價較低，則往往以較低的價格成交。如果賣方標價較高，則往往以較高的價格成交。

例如在A、B雙方談判中，假定A方的真正要求只有三項，但A方會刻意添加另外五項，以八項一併提出。在談判過程中A就可以從附加的專案中做出讓步，以造成一種犧牲的假像，來換取B做相應的讓步。這種技巧不僅僅為自己進一步的討價還價創造了條件，還降低了對方的期望值。

可見高價政策能夠使開高價者獲得更大的利益，而且為以後的討價還價留有讓步的餘地。當然，採用高價政策要有一定的理由和限度，否則對方也會斷然拒絕，使你下不了臺。

此外，報價要因人而異。對於能言善辯、善於砍價的客戶，就應該適當抬高報價；如果面對的客戶木訥、老實，只要給予適當報價即可。此外在報價前，可以為客戶提供一些能滿足客戶需求的禮品或是折扣，藉由「賄賂」客戶的心理，讓買賣溝通更順暢。

3. 讓客戶明白「一分錢一分貨」的道理

「一分錢一分貨」，這句話說得很有道理，因為品質好的產品，其價格就會相應高一點。但是由於客戶購物的立足點是物美價廉，因此有的客戶經常會拿著品質好的產品與業務員討價還價，讓業務員們備感困擾。那麼，在實際的銷售現場中，應該怎麼做才能讓客戶明白「一分錢一分貨」的道理呢？

要用事實說服客戶，所謂的事實並不是一紙公文或者權威證書，而是讓客戶對產品多一些接觸與體驗，親身瞭解到產品的優越性，破除客戶的所有疑慮。

在為客戶介紹之前，先準備好紙筆或計算機，當面為客戶計算CP值（性價比），讓客戶全面瞭解到產品的品質與價值，從而接受你的價格。

4. 除法報價

除法報價法是以化整為零的策略為原則的一種報價技巧。它以價格為被除數，以商品的使用時間、商品的數量為除數，得出的價格「商」是極為低廉，使客戶的感覺錯位。例如：「這樣換算下來，每天只要花費5元就可以擁有……」一個本來不很低的價格透過除法報價法就能使客戶在心理上感到便宜。

5. 吹毛求疵

這種方法常用於討價還價之中。客戶通常會利用這種戰術來和賣方討價還價。客戶都是先再三挑剔，接著又提出一大堆問題和要求。這些問題有些是真心的，有的卻只是虛張聲勢，其目的不外是為了壓價。

當客戶提出任何反對價格的意見時，切莫輕易同意，反而應該提出各種佐證來說服他。舉例來說，有一位賣凱迪拉克（Cadillac）汽車的業務員被客戶質疑：「美國車很耗油的……」如果業務員回答：「美國車是比較耗油一點，維修費比較高，但是氣派大方……，」此時客戶只會有兩種反應，一是狠狠殺價，二是自認不適合，乾脆不買，這兩種反應都是業務員不願意見到的。你可以這樣回應：「耗油，怎麼會呢？省油一直是我們車廠致力追求的目標，跟其他車廠比較起來，我們還是比較省油的呢！」此時再拿出佐證資料，客戶肯定不會殺價殺得太狠。

如果客戶的出價太低，已經超出業務員可決定的權限，就運用產品比較的方式，介紹客戶另一個相對低價的產品。這個方式反而能引導客戶再反過談原來的商品，此時客戶對價格就不會那麼堅持，這樣議價的主導權又回到業務員的手上。

面對這種吹毛求疵的客戶，我們可以這麼做——

第一，必須很有耐心。那些虛張聲勢的問題及要求自然會逐漸露出馬

腳。第二，遇到實際的問題，要直接開門見山地和客戶溝通。第三，對於某些問題和要求，要能避重就輕地帶過。第四，當對方明顯在浪費時間或做無謂的挑剔或無理要求時，必須及時提出抗議。第五，向客戶建議一個具體且徹底的解決方法，而不去討論那些毫無關係的問題。

6. 預算只有這些

「預算只有這些」這個策略在學校或者一些機關也經常被使用到。例如，學校必須以有限的公款來建造學生宿舍，或者企業必須按照會計部門的預算來進貨的時候，而迫使業務員在價格上讓步。例如，李先生想要裝修他的房子，同時也想在院子的四周圍上籬笆。一承包商願意以12000元承包，可是李先生卻只想花10000元，而不是12000元。

李先生就對承包商說：「我對你的建議很有興趣，但是我的預算只有10000元，再多就沒有了！」接著他試著使這個承包商相信，10000元是一個合理的價格。就一般情形說來，這個承包商將會改變他對籬笆、燈光、磚塊、植物、水道等的預算，來配合這個價格，以達到一個雙贏的局面。

「預算只有這些」之所以會有效，是因為每當客戶說「我非常喜歡你的產品，問題是我只有這麼多錢」的時候，業務員就會和客戶進行溝通協議。通常當知道客戶是有意思買或有購買預算的，業務員大多會不由自主地予以同情，甚至重新審視客戶的真正需要，看價格是否還有調整的空間；至於客戶，雖然在預算的限制下，還是會稍作調整以求達成協議的，雙方會相互協調來達成一個共同的目標——滿足預算。

面對這一類的客戶，業務員也可以透過以下原則使情況轉為對自己有利。

第一，要大膽地測試對方預算的真偽。因為大多數的客戶的實際預算

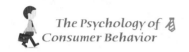

還是有彈性的。第二，必須在和客戶議價前，先準備好另一份不同的底價。第三，建議改變付款的方式。如果客戶真的預算不夠，可以建議對方採用分期付款。

7. 讓客戶殺價

銷售過程中，產品的價格往往是透過買賣雙方一來一往的殺價中決定的。給客戶出價的機會，讓客戶參與到定價過程中，是順利處理價格異議的前提。但是在實際銷售中，一些業務員總是自己把出價的主導權緊緊握在手中，強迫客戶接受，效果自然是適得其反。

因此，在處理價格爭議時，一定要靈活應對，適當地讓客戶出價，給客戶「贏」的感覺，就能促進生意快速談成。

所以，在面對客戶時，要善於觀察客戶的一舉一動，從中獲悉客戶的身分、知識水準以及購買意向，據此來決定讓客戶殺價的時機與方式。接著為客戶劃定一個價格圈。首先讓客戶親身體驗產品的品質，如果客戶比較滿意，價格範圍就可以設高一點；但如果客戶反應並不積極，就可以把價格訂得稍低點，但是還應該高於價格的最底限，這樣才能保有給客戶討價還價的空間。

8. 採用「以退為進」的策略

這是一種迂迴的進攻戰術，是指讓業務員藉由對客戶讓步的方式，來達到推動銷售進度的目的。採用這種方法，就能讓銷售「柳暗花明」，早一步取得訂單。但是讓步並不意味著妥協，也需要講究方法。讓步也要注重回報，因此在每次讓步的過程中，要結合長遠的利益，充分考慮讓步的幅度與尺度，你都要考慮是否值得，這樣才能實現雙方的互利共贏。此外，在價格上，如果一下子讓步太大，就有可能讓以後的讓步逼近底線，

那麼銷售就會陷入僵局，前功盡棄。摸清客戶的價格底線，是業務員適當讓步的基礎。只有這樣，才能打造出雙贏的局面。

在銷售過程中，如果價格問題處理得不好，難免就會使談判陷入僵局，最終不得不以失敗收場。當銷售現場出現僵局時，業務員依舊要保持良好的態度，時刻微笑，將禮貌徹底落實，始終尊重客戶，一定要與客戶融洽地面對具體問題，巧妙地運用幽默打破僵局，從而表明自己的觀點，委婉說服客戶。而不是自己走開，與客戶冷戰到底，最後吃虧的還是你自己。如果雙方僵持不休，那麼就暫時轉移話題，給雙方一個喘息的機會，等到雙方都冷靜下來，再恢復談判。當然局勢緩和，就更容易使雙方意見達成一致。

攻心tips

買賣過程中處理客戶的殺價是很重要的學問，但一般人很少注意到，業務員要把握一個重點，要讓買方心甘情願地掏錢出來，就要滿足他的殺價快感，而且讓步不要一下子讓得過快、過多，因為人們總是比較愛惜難以得到的東西，總是比較愛惜付出了艱苦努力所取得的成果。如果讓步一下子讓得太快、太多，對方就會覺得原來也不是你說的沒有講價的空間，反而會更得寸進尺，希望你讓步更多。

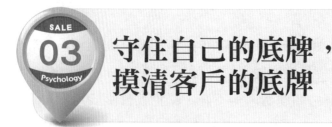

03 守住自己的底牌，摸清客戶的底牌

銷售活動無時無刻離不開談判，尤其是在議價上。在談判開始前，雙方都會把注意力集中到雙方的底牌上，試圖以各種方法識破對方的底牌。這個時候，雙方的目標都是明確的，業務員能否在不洩露自己底牌的情況下正確地把握住客戶的底牌，是制勝關鍵。

王浩天是一家裝潢建材的業務員，他的一個客戶在挑選商品之後，不滿王浩天開出的價格，雙方就價格問題展開了斡旋。

王浩天報價1.5萬，客戶不同意，認為價格偏高。在客戶的力爭下，價格從一開始的1.5萬降到了1.2萬。但是客戶仍舊不滿意，堅持要以1萬的價格買走這些商品，並且使出了自己的殺手鐧——亮出自己的底牌，只拿出1萬元的現金，表示如果對方不同意就去別家購買了。

這時，王浩天也亮出了自己的底牌，不過是對方的底牌。原來，王浩天在賣給別的客戶這些建材時，價錢要比目前高出一些，而且倉庫的數量顯示客戶所選的這些建材都是比較熱賣的，隨時都有缺貨的風險，所以王浩天沒有理由一再降價。

客戶看到這些資料後，顯得既尷尬又無奈。這時候，王浩天突然笑著說道：「這樣吧，我們提供您免費送貨到府的服務，並提供分期付款的結帳方式，以1.25萬成交，您看怎麼樣？」

客戶愣了一下，趕忙說道：「之前不是說好1.2萬的嗎？怎麼變成了1.25萬呢？」

王浩天聽了客戶的話，不太相信地問道：「是嗎？已經降到了1.2萬？」客戶拿出之前草擬的價格表給王浩天看，王浩天拍了一下自己的額頭說：「你看我的記性，真是抱歉。那既然我已經說出來了，就按這個價格成交吧。」說著，迅速地開好了發票，遞給站在一旁的客戶。

在銷售的過程中，業務員要給自己留下充足的底牌，因為客戶隨時會亮出新的底牌，牌局也會隨時中途停止。

這樣做，就對了

1. 在讓步的過程中表現出自己的艱難和無奈

在做出每一次的讓步時，你都要表現出自己的為難，否則客戶會認為你能讓步的空間很大，而不斷想壓低你的條件。所以，即便這些要求對你來說只是舉手之勞，你也不宜表現得非常爽快，而是要顯示出讓步的兩難，以此降低客戶過高的期望。比如可以明確地告訴他，要接受這樣的要求真的非常為難；另外也可以當著客戶的面表示並不能做主，需要請示主管；或者告訴客戶，對於他提出的要求需要慎重考慮，給客戶製造讓步得之不易的假象，讓他覺得你能做出這樣的讓步已經是相當有誠意了。

2. 在與客戶溝通的過程中留下足夠的彈性

很多時候，業務員和客戶會因為某些問題僵持不下，例如價格問題、售後問題等。因此在與客戶討價還價的過程中，應該為自己預留彈性，而不可在沒有退路的情況下與客戶爭執不休。如果你經常讓自己處於沒有彈性的狀態中，在客戶的步步緊逼之下，失敗的機率就會不斷攀升。

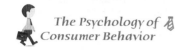

3. 試探出客戶的底牌

通常我們用詢問的方式是無法得出客戶的底牌。所以，當客戶報出自己的價格之後，你要給客戶製造一定的壓力，在保留自己底牌的基礎上盡可能降低客戶的心理期望，從而試探出客戶心中的底牌。這有兩種方法，一種是讓客戶先報價格，另一種是業務員先報出價格。當客戶報出價格之後，你可以不假思索地說：「天啊，這也太少了！」或者冷靜地告訴客戶：「您是不是可以給我一個更實際的價格。」然後等待客戶自己說出底牌。如果是業務員先報價格的話，就要注意一定要把所報的價格界定在一個對己方有利的範圍內，達到一開始就降低對方預期的目的。

4. 利用激將法逼出客戶的底牌

在與客戶談判的時候，我們還可以利用激將法刺激客戶，讓客戶主動先洩露自己的底牌的蛛絲馬跡，然後根據客戶的反應摸清客戶的底牌。如果客戶要求你給出一個合理的價格，你可以反問客戶：「您覺得價錢多少才是合理呢？」讓客戶在無意中亮出自己的底牌。

比如，客戶表示價格太高時，就可以告訴他：「這件商品價格的確貴了點，但是您也知道，一分錢一分貨啊。」客戶如果贊同這樣的觀點，說明客戶在意的是商品的品質而非價格；反之，則表示他比較在意價格。

攻心tips

當客戶提出要求時，如果所提的要求超出了業務員的利益底限，那麼說什麼都不能讓步。而且業務員在每一次的讓步過程中都要盡量遠離自己的利益底限，這樣才能確保自己在談判的過程中能有更多的彈性空間。

一一破解客戶異議背後的真相

客戶在購買商品的過程中，總是會提出各式各樣的異議。這些異議不僅原因不同，而且其真實性也有待再確認。有些客戶是在進行理性分析之後，對商品的不滿意處提出了異議，而有的客戶提出異議則是為了掩蓋真實的異議，與業務員在無關緊要的問題上周旋，以便最後達到自己的目的。

一般來說，客戶在提出異議時是希望自己的需求能夠得到滿足，不夠細心的業務員若不能給予客戶足夠的重視，就無法真正解決客戶的疑慮，客戶最終也不會購買商品。

很多業務員往往只關注在客戶所說的異議，並不多加分析背後的意義，以致分辨不清客戶的異議，將過多的精力用在了無用的事情上，導致了銷售的失敗。因此，業務員要學會分辨客戶異議的真假，找到客戶真正關心的問題，並採取正確的方法解決。

Liyi是一家服飾店的店員。一天，一位女士來到服飾店，逛了一圈之後，停在了一件洋裝旁。Liyi馬上迎上去招呼：「您好，歡迎光臨。您看上了哪件？我可以拿來給您試試。」

客戶答非所問：「這件洋裝多少錢？」

Liyi馬上回答道：「這件洋裝原價是3000元，現在打完折價格是1999元。」

客戶提高聲調說：「1999元？這麼貴！就這種花色和款式，我看也

沒有什麼特別之處。況且款式還是去年流行過的，怎麼值得了這麼多錢？你們這裡有沒有最新流行的款式？」

Liyi：「我們店裡櫥窗裡掛的都是今年的新款。但是我怕您接受不了那些設計比較獨特的款式。您可以看看。」

客戶：「嗯，確實是太獨特了，不太實穿。」

Liyi：「我看還是這款洋裝比較適合您的氣質，您覺得呢？」

客戶：「可是我覺得這款洋裝款式有點過時，要是能再便宜點還能考慮考慮。」

Liyi：「這位小姐真是對不起，這已經是最低價了，而且過些天就換季了，錯過了時間就買不到了。您看這款洋裝的顏色非常適合您的膚色。」

客戶：「我再看看吧。」

Liyi：「好的。您可以看看今年的其他款式都可以試穿的。」

……客戶：「這些我都不喜歡，還是去別處看看吧。」說著，客人就離開了。

案例中的客戶提出的異議就是假異議。客戶藉口洋裝的圖案和款式已經過時，目的是希望能以更便宜的價錢買下這件洋裝。很多情況下，客戶為了掩飾自己的真正目的，常會在購買過程中提出自己的假異議。如果我們當場沒分辨出來，就會掉進客戶製造的陷阱。

客戶可能會出現異議的原因有以下這幾種情形：

➤ **情緒處於低潮**：當客戶情緒正處於低潮時，沒有心情聽你介紹時，容易提出異議。

➤ **沒有意願**：客戶的意願沒有被激發出來，沒有能引起他的注意及興趣。

➤ **無法滿足客戶的需要**：客戶的需要沒有充分被滿足，因而無法認同

你提供的商品。

➤ **預算不足**：客戶預算不足會產生價格上的異議。

➤ **藉口、推託**：客戶不想花時間談。

➤ **客戶抱有隱藏式的異議**：客戶抱有隱藏異議時，會提出各式各樣的異議。

所以，業務員可以從細節中分辨客戶異議的真假，並透過溝通、詢問的方式驗證客戶異議的真偽，弄清了客戶的異議，這樣推銷起商品來就得心應手多了。

這樣做，就對了

在銷售過程中我們可以透過以下方法辨別客戶異議的真假：

1. 仔細觀察

不善於掩飾自己的客戶，在心口不一的情況下一舉一動會表現得很不自然，所以在客戶提出異議時，可以仔細觀察客戶說話時的言行舉止，來識別客戶異議的真假。

比如，客戶在說出異議時眼神飄忽、眨眼頻率增加，用手抓撓自己的耳朵、觸摸自己的嘴唇、拽拉衣領等，都表示客戶提出的異議很可能是虛假的；反之，則真實性較大。

2. 認真傾聽

人們在說出與心中想法不一致的話語時，不僅可以從行為、表情上表現出來，而且還會在聲音上有所體現。客戶在提出假異議時，聲音的語調、語速等會與平時有所不同，總是試圖用高亢的音調或者堅決的語氣掩

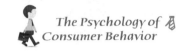
飾內心的不安。

例如，當客戶提出異議時態度表現得過於強硬，而且聲調也比一開始提高了很多，並不斷重複異議的內容，這就表明客戶的異議很可能是假的。

所以在與客戶溝通的過程中，我們要豎起自己的耳朵，注意客戶說話時的語氣、語調、語句停頓等，借此來判斷異議的真假。

3. 及時詢問

當客戶提出異議之後，在我們透過觀察和傾聽仍舊不能確定客戶異議的真假，那麼就要用詢問的方法來旁敲側擊。倘若客戶對產品顏色、款式等方面有意見，提出錯誤或不真實的異議，你要儘量避免直接反駁客戶。可以先一笑置之，不予理會。如果必須說出觀點糾正客戶，也要採用「間接反駁法」，先肯定客戶的一些正確觀點，然後再闡述自己的理由，採用「您說的很對，同時我想……」的句式來回應。

在使用詢問的方法分辨客戶異議的真假時，可以採用直接詢問和間接詢問的方法。當你對客戶的異議進行了初步分析之後，認為客戶的異議可能另有原因，這時就可以直接向客戶詢問，請他說出心中的想法，如「您還有什麼問題嗎？」「您對我們的服務有什麼不滿意的地方嗎？」如果客戶的異議是假，又不想過多地浪費時間，這時他們就會自己說出真實的異議。

一些客戶在提出異議時，概念比較模糊，令業務員難以判斷。這時，可以間接法來詢問客戶，有意強調一些話題，再透過觀察客戶的行為、表情、語言等來判斷異議的真假。

攻心tips

　　面對客戶的異議，一定要努力尋找異議背後的真實原因，給予客戶及時的解答和處理方案。只要能正確掌握客戶的異議，不管是真是假，都是走向成交的訊號。

　　如果客戶的異議是假的，則要用更多的耐心去了解客戶的真實意圖；若客戶的異議是真的，則應想辦法消除客戶的疑慮，然後令他滿意地買下你的產品。

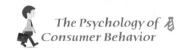

誰的地盤誰做主，
巧妙利用主場心理

主場談判，指的是對談判的某一方而言，在其所在地進行的談判。比如，將業務員與國外客戶進行的商務談判安排在我國境內，那麼業務員這一方就處於主場談判的位置。一般來說，在主場談判，熟悉的環境會給業務員一種安全感，還會因為資訊管道充足，易於搜集各種資料，同時還能隨時和自己的上級、專家顧問等保持溝通、商討對策……等等這些條件，完全可以幫助業務員在談判中獲得主導地位，擁有主場的心理優勢，取得談判勝利。

澳洲盛產煤和鐵，且澳洲的礦石成份足，品質好。把這兩大優勢集合起來，對於澳洲來說，根本不愁找不到買主。而日本的鋼鐵以及煤炭資源就比較短缺，因此日本很想購買澳洲的煤和鐵。很明顯地澳洲一方在談判桌上佔據著絕對的主導權。

可是，為了取得談判優勢，日本商人想出了一個高招──利用主場優勢。因此，日本商人提出優厚的接待條件把澳洲的談判代表從南半球請到了日本。

本來澳洲握有絕對的談判優勢，但自從澳洲談判代表來到了日本之後，雙方的談判局勢就開始產生了微妙的變化。澳洲人說話比較謹慎，懂禮貌，不願過分侵犯東道主的權益。除此以外，他們因不適應日本的緊湊步調，儘管日本人很熱心地招待他們，但他們依舊急著想回到自己的故鄉、高爾夫球場以及妻兒的身邊。也正是受到這種心理的影響，在談判

時，他們急躁冒進，而日本談判代表則不慌不忙地討價還價、軟硬兼施，完全掌握了談判的主導權。最後日本人在談判上占了很大的便宜。

可見，主場心理在談判中是一張王牌，案例中的澳洲談判代表因為處於客場，不僅沒有主場的心理優勢，還得努力克服自己的怯場心理，再加上長途奔波、不合口味的飲食以及不適應的氣候、思鄉的情緒等影響，很難保證自己的身心處於最佳狀態，當然也就無法發揮出原本的談判能力，以致使他們相對處於劣勢。

這樣做，就對了

為了在談判中利用好主場談判心理，就要做到以下幾點：

1. 禮貌待客，贏得客戶的信賴

盡可能地將商談的地點定在自己的主場，以確保談判的勝利。當然，若你處於主場位置，那麼無論與客方的關係如何，你都應該禮貌待客。無論是接來送往，還是飲食住行等方面均應安排妥當，給對方一種溫暖如家的感覺。要知道禮貌待客不僅是作為東道主應盡的義務，更是一種談判上的策略。只有這樣，你才能贏得客戶方的信任，商談才能順利展開，更有利於你。

2. 即使處於客場，也有一定的應對技巧

雖然作為主場談判人員心理上會有一種安全感，同樣態度上也會充滿自信、從容不迫。但很多情況下，業務員也可能是處於客場談判，這時也不用驚慌，應該保持冷靜，對對方保持一定的戒心。一定要與對方保持適當的距離，記住自己此行的目的，不要因為失去警惕心而導致商談一敗塗

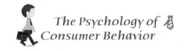

地。

　此外，業務員還應該注意，如果雙方的談判陷入僵局或者商談雙方敵意正濃，那麼最好把談判地點選在中立位置，這樣可以避免雙方引起不必要的矛盾或爭執。

攻心tips

　你是否覺得在自己公司裡說話比在別人的接待室裡說話更有自信與說服力呢？因此，精明的業務員在與人洽談重要事務時，總是會爭取在自己公司的會議室進行。這樣做的好處是，除了在心理上有安全感和優越感，還可以利用室內佈置、座位安排乃至食宿款待等創造某種談判氣氛給對方施加影響，從而能善加運用談判策略和技巧，就能使談判朝著有利於自己的方向發展。

06 讓步要讓得有價值，給客戶贏的感覺

有談生意經驗的都知道，為了達到某種預期的目的和效果，讓步的幅度和時機就相當關鍵。但如何把握，既沒有現成的公式，也沒有固定的模式，只能憑洽談者的機智、經驗和直覺來處理。有豐富經驗的業務員能以很小的讓步就換得客戶更大的讓步回饋，而且還會讓對方高高興興、心滿意足地接受。相反地，有的業務員一再讓步，客戶還是不能滿足，不肯接受。

業務員對客戶讓步的目的，是為了可以談成交易，取得訂單，讓自己獲得更多的利益。事實情況卻是，業務員在做出了讓步之後，不但沒有贏得客戶的信任和好感，反而讓心存惡意的客戶變本加厲，步步緊逼；讓善意的客戶認為你故意報高價格，對你心存防範，不再信任你。

所以，要想在讓步的時候避免客戶對你產生不信任，你可以在答應客戶的要求時索要回報，如告訴客戶：「我可以答應你的要求，但是你要……」這樣，客戶就會以為你的讓步是艱難的，是有條件的，就會衡量自己的要求和「但是」之後業務員提出的交換條件，而重新考慮自己的要求。

楊總準備開一家生產服裝的工廠，新廠房剛蓋好，就有一家縫紉機的業務員小方找到了他。

在談判桌上，小方給出了一個合理的報價：每台機器10000元。

在建廠之前，楊總已經對機器進行一番市調與了解，他根據自己的經

驗，把價錢壓到了8500元，直到小方的態度變得強硬，不再鬆口。這時候，楊總並不打算放棄，他告訴小方：「目前這個價位還可以，不過我還需要回去和採購與會計商量商量。」

幾天後，楊總打電話給小方，說道：「真是不好意思，我本來認為這個價位已經很好了，可是這樣的價格已經超出了公司設定的預算，我們只能找更便宜的公司合作了。」

小方聽了楊總的話，焦急地問道：「那你們的預算是多少？」楊總答道：「預算是7500元。」小方聽了楊總的話沉默了一會兒，說道：「好吧。」然而楊總聽到小方這樣的回答又感到不安起來，他認為對方仍舊有讓步的空間。但是已經說好了預算的價格，不便更改，於是楊總再次打電話給小方：「是這樣的，由於我們公司訂購的機器較多，我們不便自己去載貨，應該可以免運送來給我們吧。」

小方也不想因為這個小小的要求就丟掉這筆大單子，思考了一下，他只好忍痛地對楊總說道：「那好吧，就這樣定了。」

楊總一聽到小方這麼痛快地答應了自己的要求，心中不免惆悵起來，又過了幾天，到了支付貨款的時候，楊總又打電話給小方說：「朋友，你對我也太不實在了，我公司的採購在外邊得到消息，別家的機器要價才7500元，你給我的價格太不實在了。我也不和你說5000元了，你就每台6000元賣給我們吧。」

之前楊總在討價還價中已經把機器的成本壓到了最低，所以現在楊總打電話來，小方已經沒有了再降的空間，這筆單子就這樣付之東流了。

所有交易與合作都是業務員與客戶雙方相互妥協、相互退讓的結果。一些業務員在與客戶的談判中不斷做出輕易的退讓，讓客戶覺得退讓的空間很大，於是不斷地以各種藉口讓業務員做出退讓，以為自己爭取更多的利益，即使在這個過程中，業務員的退讓已經達到極限。

而另一些業務員不懂得退讓的技巧，他們在與客戶談判的過程中不時與客戶爭執得面紅耳赤，讓客戶下不了台。這些都是不可取的，只有掌握好退讓的度，既滿足客戶的要求，又不損及自己的利益。

這樣做，就對了

那麼，業務員怎樣才能掌握好讓步的時機和幅度呢？

1. 讓步的原則

在與客戶溝通的過程中，業務員不可能拒絕客戶的所有要求，不做出一次讓步，否則將很難得到客戶的認同。所以，對於那些細枝末節的問題，業務員不必過分計較，可視情況滿足客戶的要求。

在談判開始的時候，業務員一定要盡可能壓低能夠給客戶的條件。當客戶要求增加條件時，如索要贈品、提供售後服務等，都不可輕易地答應客戶的要求，而是要表示出自己的為難，例如，你說需要向上級呈報、好好考慮一番等，給客戶一定的壓力。

但是，在一些重大和原則性問題上，就不能隨便妥協，不但要堅持自己的原則，同時還要想方設法讓客戶做出讓步。業務員在做出讓步的時候一定要有自己的原則，因為沒有原則的一味讓步不但會讓自己處於被動的局面，還會讓客戶認為你還有很多利潤可降，而對你失去信任，影響銷售的進度。

2. 不要一開始就輕易讓步

讓步並不是目的，而是達到目的的一種手段，是為了更好地得到想要的結果。在談判的過程中，並不是說業務員不可以做出退讓，而是要退讓

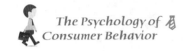

得有價值。所以，如果客戶堅守立場、寸步不讓，那就是在給業務員施加壓力。遇到這種情況，如果每次業務員都做出無謂的退讓，長此以往，客戶就會認為你的退讓是沒有價值的，反而會無限制地要求你再退讓。

那麼客戶就會想：「這不是他們的底限，在下次合作的時候，我可以把條件壓得更低。」所以客戶就會在別的地方為自己爭取利益，以滿足心理上的平衡。有經驗的業務員是不會接受客戶的第一次提議的，因為他們想給對方製造贏得銷售戰的錯覺。即使第一次開出的條件就是自己心中理想的條件，或者遠遠低於自己設定的底限，他們仍然表示非常為難，不肯做出讓步。一旦業務員做出小小的讓步，客戶就會感覺自己贏得了談判的勝利，不再咄咄逼人，抑或相應地做出一定的讓步。所以，不要一開始就輕易地答應客戶的要求，那樣會讓客戶產生一種你其實還有利潤空間。隨後他們就會一再地要求你降價，以免自己上當受騙。

為了避免這種情況的發生，也為了讓客戶知道自己的每次退讓都是有價值的、艱難的，業務員可以與客戶商議，如果我同意你的要求，做出退讓，那麼你就要在某一方面做出相應的退讓。在徵得客戶的同意後，業務員就可以做出退讓，並從客戶那裡取得相應的回報，比如承諾等。

3. 讓步越晚越好

80%的談判讓步，出現在最後20%的時間。過早讓步會進一步刺激客戶的期望，讓客戶產生期待，認為只要堅持一下，業務員就會做出讓步，反而讓客戶得寸進尺地索要更多的利益。

趙致元是一名剛入行的業務員，他在與客戶的談判中就犯了過早做出讓步，從而讓自己失去主導權的錯誤。趙致元在向客戶介紹商品之後，客戶表示：「我是挺喜歡這個的，只是價格太高了，超出了我的預算。如果價格可以降一點，我會認真考慮考慮的。」

趙致元一聽，就趕忙說：「這樣吧，我每件商品再給你降低50元，這已經是最低價了，不能再少了。」客戶接著說：「商品再降50元，比起其他商品來說價格還是偏高，你看看能不能再降一些呢？要是不行的話我就去別家看看吧。」

趙致元想了想，他不想錯過這個客戶，就說：「您先稍等一下，我計算一下。」過了一會兒，趙致元告訴客戶：「我算了一下，最多可以給您再降10元錢，再多真的不行了。」

客戶不滿地說：「和你說了半天，你才便宜10元。好吧，我也懶得逛了，就這個價吧。我在你這裡購買了那麼多商品，你們有送贈品嗎？」

趙致元：「您購買的這些商品我一開始就給您優惠價，價格本來就已經很低了，而且剛才我又給您降那麼多，真的沒法再送贈品了。」

客戶：「價格歸價格，贈品歸贈品，你怎麼能夠因為賣給我的價錢便宜而不送我贈品呢？本來你這裡的價格就比別家的高，還不送贈品……」客戶邊說邊作勢要轉身離開。

趙致元叫住客戶：「您先別走啊，我給您的價格真的已經是最低的價格了，別家不會有這麼便宜的了。如果再送贈品的話……」

客戶沒等趙致元說完就打斷了他的話：「誰知道你給我的價格是不是最便宜的呢？現在商品的利潤都挺大的吧，況且我一下子買了這麼多！你真不會做生意。」

趙致元：「好吧，那我就送您一件贈品吧。」

客戶：「不行，我買了這麼多你才送我一件贈品，起碼也要每件商品送一個。」趙致元為難地說：「那我真送不了！公司沒有這樣的先例，而且我也沒有那麼大的權限……」剛一說完，客戶就離開了。

不到萬不得已的情況下，其實不建議輕易做出讓步，如果在與客戶一開始溝通的時候就輕易地做出了讓步，你就喪失主導權。客戶一旦掌握了

主導權就會得寸進尺，比如強迫業務員降價、用要脅的方式達到自己的目的等，使你陷入兩難的境地。

4. 讓客戶感覺自己贏了

如果代表賣方的業務員在與客戶談判的過程中不能做出絲毫讓步，執意與客戶爭執，雖然最後獲得了嘴戰上的成功，但是卻讓客戶丟了面子，當然也會失去訂單。這種勝利並不是真正意義上的勝利。

相反地，如果業務員在超出預期的情況下表現出讓步的艱難，雖然表面上看是輸給了客戶，但實際上是真正的贏家。讓客戶感覺贏得了銷售戰的勝利，既能獲得客戶的好感和信任，還可以讓客戶放心地做出購買商品的決定，豈不是一舉兩得之策？

攻心tips

讓步的最佳策略是：在洽談開始時採取比較強硬的立場，在洽談中做出必要的小小讓步，結果更為圓滿。如果讓步幅度過大，對方則不會相信這是最後的條件，可能還要繼續糾纏；如果讓步幅度太小，則可能被對方認為微不足道，有時甚至認為是對他的戲弄，搞得對方也不領情，弄得自己吃力又不討好。

如果客戶第一次向你講價你就同意，他們就會想：為什麼那麼痛快地就同意我的降價請求，把商品賣給我呢？是不是品質不好？還是價格被灌水了？事實上，客戶在一開始就輕易贏得你的讓步後並不會有喜悅的感覺，反而是產生了另一種擔憂，懷疑自己是不是受騙了。一旦產生擔憂，對方獲得滿足的感覺就蕩然無存了。

適當「威脅」一下客戶也無妨

財政狀況一向不佳的巴基斯坦出了一位南亞最會拉保險的人，其名叫傑瑞，有一次傑瑞被派到巴國新兵訓練中心推廣軍人保險。沒想到所有聽過他演講的新兵都自願買了保險，無一例外。新訓中心主任想知道他到底用了什麼方法，於是悄悄來到課堂上，想聽聽他到底對新兵們說了什麼。

「小夥子們，我要向你們解釋軍人保險帶來的保障，」傑瑞說，「你只需同意每月扣薪10元為保費，一旦發生了戰爭，而你不幸犧牲了，你的家屬將得到30萬元的賠償金。但是你如果沒有保險，政府就只會支付800元的撫恤金……」

「這有什麼用，多少錢都換不回我的命。」台下有一個新兵沮喪地說。

「年輕人，你錯了。我們想想看，一旦發生了戰爭，你認為政府會先派哪一種士兵上戰場？買了保險的？還是沒買保險的？」

傑瑞並沒有向新兵陳述買保險的種種益處，也沒有勸說新兵購買，而是讓新兵想一想「政府會讓哪種兵上戰場」，便讓聽他演講的新兵全部自願買了保險，這種巧妙的言辭恰恰擊中了新兵的「軟肋」。業務員在銷售過程中就是要這樣擊中客戶的軟肋，同樣會達到這種效果。所以，業務員也可以妥善用此法，讓客戶感到「威脅」，以達到自己的目的。

對於舉棋不定的客戶，業務員不斷拋出問題詢問他們的想法，一般是

很有效的。因為客戶說得越多，暴露的想法也就越多，這樣業務員就可以找到問題所在，從而快速實現成交。當客戶表示「我想再考慮一下」時，不一定是在敷衍你，這種模稜兩可的說法只是在拖延，甚至想以此給你造成一種壓力，迫使你給他更多優惠。這些客人通常是因為不是特別急需，因為太貴或其他理由，而沒有打算立即購買，此時，若適當使用「威脅」策略會讓你收到意外的效果。

「您喜歡哪一件？」

「把那一件夾克拿給我看看。」

「這衣服不錯，挺合適您的，穿上去顯得更瀟灑！」Uniqlo的店員拿過衣服說。

「不過這衣服的條紋我不怎麼喜歡，我喜歡那種暗條的。」

「有啊，我們這裡款式多著呢！您看，這是新款的，價格也很合理，和剛才那件差不多，質料也不錯。要不要試穿一下呢？」

「嗯，穿上去的確挺好看，這件多少錢？」

「不貴，一千五百元，是不是很超值。這家百貨公司其他樓層，一件進口的襯衫就要三千多元，就連一條領帶也要一千多元。其實用起來也差不多，這件真的不算貴。不少客人都一眼就喜歡上了。」

「我很喜歡，還是有些貴，讓我再考慮一下。」

「這個價格相對衣服的做工和質地、版型來說，真的是物超所值，您看您穿起來多氣派，這款是我們的熱銷款，這個尺寸就剩最後一件了，我們剛開始賣這款夾克時可比現在貴了快一千元呢。您要是錯過了，真的很可惜！」

「好吧，替我包起來。」

在銷售員「只剩最後一件」的威脅下，顧客做出了購買決定。在時機成熟的時候，業務員就要把「再等等、下回再買」的壞處和「立即買」的

好處用比較性的方式來說明，不要給客戶「拖」的藉口和機會，用適當的威脅讓交易快速完成。

當雙方的意見出現嚴重分歧的時候，而客戶又堅持不讓步，就要運用諸如堅定立場、轉移話題、變被動為主動、反抗對方壓力的方法來製造僵局，表明自己的立場，迫使客戶讓步。

當客戶已經處在「到底要不要簽單」的抉擇時，業務員可以「威脅」客戶，如果他不購買，他將會面臨重大的損失或是某種麻煩，當然這要在客戶可以承受的範圍內。通常客戶不會對自己的損失不為所動，既然購買產品可以幫助他避免損失，自然就會果斷地做出成交決定。

在客戶猶豫是否要購買產品時，我們可以運用適當的威脅，給客戶施加壓力早做購買決定。當然也可以用利益誘惑客戶，說明購買產品後可以從中得到的利益，從而誘導客戶做出決定。

這樣做，就對了

在談判過程中，業務員要如何適當地「威脅」客戶呢？

1. 利用「買不到」心理

在平常生活中，我們總會看到一旦某商家做活動、搞促銷，人潮就把店家擠得水洩不通。商家的這種方法就是利用了客戶「買不到」的心理。我們的產品數量已經不多了，優惠活動即將結束，機不可失，失不再來等，給客戶營造出一種緊迫感。一旦客戶感到機不可失，就會立即付出行動。

業務員在利用客戶「買不到」的心理時，可以運用限時銷售、限量銷售、限人銷售等方法，給客戶施加一定的壓力，讓客戶感到「威脅」，從

而快速地做出購買決定。

2. 冷場

在談判陷入僵局時，業務員也可以用冷場的方法給對方製造壓力，讓客戶感到「威脅」。一方面，在冷場的情況下，較缺乏自信的客戶就會擔心合作失敗，從而不斷地尋找話題講話，他們自身的弱點就會在這些無關的談話中暴露出來。另一方面，業務員冷漠的態度，也會造成客戶的心理上的壓力，容易被迫做出讓步。尤其是剛剛經過激烈的爭論之後，沉默的氣氛常會給人製造強大的心理壓力。

3. 暫時中止談判

暫時中止談判也是一種有效「威脅」客戶的方法。當客戶提出的要求非常苛刻、業務員難以滿足時，就可以表明自己的立場和觀點，告訴對方：「我無法接受你提出的要求，如果你們不願意做出讓步的話，我只好遺憾地結束談判了。」當客戶提出的議題並非是你所熟悉的，業務員也可以暫時中止談判，給自己留下一定的準備時間，這樣，在接下來的談判中，就可以扭轉被動的局面。

需要注意的是，在向對方提出中止談判的時候，一定要把握好切入的時機，否則就會發揮相反的效果。

4. 情緒爆發

情緒爆發是在談判過程中雙方意見不能達成一致，而且客戶表現得非常蠻橫，這時，業務員很可能就會因為無法忍受而情緒爆發。通常表現為大發脾氣、嚴厲指責對方。

在運用情緒爆發法時，應該表現得來勢洶洶，儘量把自己怒氣衝天的

憤怒表現出來，這樣才能震懾客戶，迫使客戶做出讓步。

此外，在運用情緒爆發法時，與暫時中止談判法一樣，需要掌握好時機和分寸。如果業務員無端地、頻繁地情緒爆發，或者表現做作，不但不能起到「威脅」對方的作用，反而讓客戶掌握住你的弱點，認為你小題大做，讓談判無法繼續下去。

攻心tips

業務員只有把「威脅」策略與客戶的利益聯繫起來時，讓客戶體會到緊迫感，「威脅」策略才能發揮作用，促使客戶為避免或減少損失而盡快下決定。例如：「您看，您使用的機器已經老化，會影響您的生產效率，還可能會有安全隱憂。」或「您的競爭對手也已購入這個產品，生產率可是大幅提升許多……」、「這款產品銷量不錯，現在只剩下這一件，如果您現在不買的話，只能等到下個月了。」這些語言都暗含著「威脅」的玄機，能夠讓客戶更快做出成交決定。

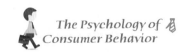

急於求成，客戶會認為你只是想賺錢

所謂「欲速則不達」，很多時候，一個人太想得到一樣東西，反而最難得到，或者始終得不到。這是因為人們太在意、太著急，在做事的過程中失去了應有的理智和分寸，打亂了正常的節奏，而無法獲得心中想要的結果。

銷售通常都會經歷四個步驟：開發階段、銷售拜訪、產品解說、銷售促成。之所以成交未果，都是業務員在客戶還沒有做好心理準備的情況下，就魯莽地把銷售過程引到下一階段。許多業務員認為銷售成功的關鍵在於最後的促成階段，只要在促成階段好好下工夫，就能成功地售出商品，殊不知，不按照常規出牌，跳過前面的銷售過程，直接進入最後的成交階段，反而會引起客戶的懷疑和戒心。

小高是一位新手業務，由於沒有足夠的經驗，眼看著月底就要到了，自己仍舊沒有簽下一筆訂單，在與客戶洽談時，小高就顯得很心浮氣躁，恨不得馬上讓客戶簽單，好去見下一位客戶。小高在和客戶李總交談的時候，為了讓對方快速簽下訂單，一下子就把價錢降了很多，這非但沒有讓李總感到高興，反而增加了李總對商品的質疑。

李總：「小高，聽了你對你們公司商品的介紹，我覺得還不錯。產品的其他方面我基本上滿意，只是這個價錢問題，你看能不能給我優惠一些？」小高想了一下：「這樣吧，李總，我在報價的基礎上再給您便宜10%，您看怎麼樣？」

　　李總聽了小高的話愣了一下，然後告訴小高：「這個嘛，我們還需要再考慮考慮。」

　　小高眼看簽單即將落空，著急地說：「這樣吧，李總，您今天要是能簽單，我再給您便宜5%，這已經是最低的價格了。」

　　李總仍舊還是那句話：「不管價格降低多少，我都需要回去重新評估，一週後給你消息。」

　　一週後，李總並沒有聯繫小高。小高主動找到李總，李總卻表示：我們已經找到別的商家合作了，抱歉，我們下次再合作吧。小高怎麼也不明白，李總一開始的時候對產品是很滿意的，為什麼在自己降價之後就改變主意了呢？

　　業務員在銷售的過程中表現得越著急，越希望客戶早做購買決定，早下訂單，客戶越是會小心謹慎。這是因為，客戶看到業務員想要急於把商品銷售出去，難免就會對引發其對商品和服務的疑慮，而變得不想買了。

　　所以，在銷售商品的過程中，不僅要讓客戶對商品感到滿意，更要讓客戶心情愉悅，買得放心又安心。所以，盡量不要急於求成，催促客戶進行購買，而是要循序漸進地引導客戶。

這樣做，就對了

　　那麼，業務員要怎樣避免急於求成的做法呢？

1. 不要主動放棄客戶

　　事實上，大多數業務員在給客戶介紹商品的時候被客戶拒絕是常有的事，即使是頂尖的銷售大師也不例外。通常情況下，客戶都是存有購買需求的，只要業務員用心引導，從客戶需求的方面對商品進行介紹，客戶購

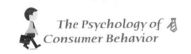

買的可能性還是很大的。如果不負責任地隨意介紹，即使有購買需求的客戶也會認為業務員並不值得信任，只是想賺錢，就沒有意願買了。

2. 不可失去耐心

缺乏耐心的業務員是很難把銷售工作做好的。性格急躁的業務員在與客戶的相處過程中要善於控制自己，培養自己的耐心。比如，當你與客戶相處的時候，如果自己已經沒有了耐心，就要不斷告誡自己「堅持、堅持、再堅持」。長期如此，你和客戶交談的時間就會越來越長，也變得越來越有耐心了。同時，在介紹商品的時候要表達清晰，語速從容不迫，並在難於理解、重要的地方則語速放緩一些，語氣重一些；不重要的資訊則可以簡單帶過。

3. 不要盲目地節省時間

俗話說：「兩鳥在林，不如一鳥在手。」一些業務員認為自己的時間很寶貴，時間代表著金錢，在與客戶交談的時候，總是希望能夠盡快搞定客戶，這樣便可以節約出時間多見一位客戶，這樣自己的業績也會好些。殊不知，在與客戶相處的時候心不在焉，急於求成，只會讓客戶認為你不負責任，而不願與你合作，到頭來竹籃打水一場空，使你一個客戶也抓不住。與其這樣，倒不如認真、耐心地對待每一位客戶，按步就班地拿下每一筆訂單。

4. 適當保持沉默，不可急於答應客戶的請求

銷售是一個需要雙方溝通的過程，除了要直觀地全面介紹商品外，還要了解客戶的需求，知道客戶心裡在想什麼。比如，在與客戶交流的過程中，當客戶在做決定、思考的時候，你應保持適當的沉默，這樣才不會給

客戶急於求成的感覺。另外,在客戶提出要求時,不可輕易地滿足他,可以用沉默表現出自己的為難,讓客戶主動放棄所提要求,以避免在煩瑣的事情上爭執不休,從而加快銷售腳步。

攻心tips

　　雖然業務員的唯一目的就是成功把產品介紹給客戶,但是你也應該意識到銷售是一個循序漸進的過程,需要一步步地說服客戶,特別是那些對你的產品沒有強烈需求的客戶。如果一開始就亦步亦趨地詢問客戶要不要購買,要買幾件,可能會讓對方留下你只是想賺錢的印象。所以,當你在銷售產品時,要隨時提醒自己避免急於求成,一見面就市儈地談生意。

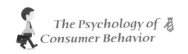

適當沉默，給客戶一點壓力

在銷售過程中，有時業務員滔滔不絕地向客戶介紹商品是沒有意義的，相對話較少的一方反而能得到更多的利益。

在任何談判中都包含著四方面的資訊，其中兩種是業務員的報價和底價，第三種是客戶的底價，不過業務員得到客戶底價的機率幾乎是零。所以，只有找到第四種資訊才能掌握談判主導權——對方的開價。但是這也存在著一定的難度，客戶是不會輕易地報出自己的價格的，而是等待業務員的報價。

在客戶迫不及待想知業務員的開價時，業務員不要輕易地亮出自己的底牌，最有效的方法就是保持沉默。這是耐心大PK的時候，如果哪一方忍受不住率先做出了退讓，那麼他一定是失敗的一方。

小郭想在唐美娜的工廠訂購大批的產品，小郭出價1.5萬元，唐美娜說不能低於2萬元，小郭認為唐美娜的要價太高，雙方在談判時就商品的價格爭執不下，誰也不肯做出讓步，只好先不了了之。

過了幾天，唐美娜仍舊沒有給小郭打電話。小郭眼看時間已經過去三天了，合約仍舊沒有簽下來，小郭不想被這件事情佔用太多時間，為了能盡快收到商品，小郭給唐美娜發了一份傳真，表示願意把價格加到1.6萬元。

唐美娜接到小郭的傳真後，仍舊保持沉默，沒有立即回應他。

隔天，小郭看到自己發出去的傳真沒有得到對方的回應，於是等不及

又給唐美娜發了傳真：看在雙方合作那麼久的關係上，我可以再提高價格，1.8萬，怎麼樣？

然而，這次唐美娜看完小郭的傳真後，仍舊沒有給小郭任何回覆。

小郭在看到自己的傳真石沉大海後，不禁焦急起來，難道他們不想和我合作了？其實小郭也想過另找他家合作，但是自己和唐美娜已經合作了很長時間，如果另找他家的話，不但要適應新的合作夥伴，產品的品質也還要再三確認，小郭不想浪費時間和精力做那些沒有把握的事情。左思右想，終於等不下去了，小郭在第五天主動打電話給唐美娜，同意了唐美娜的價格。

唐美娜對客戶的討價還價採取沉默的態度，既讓客戶自己接受了價格，又加快了成交的進程，順利地達成了成交。

通常情況下，最先開口的一方就意味著讓步，不管誰先做出讓步，說詞都幾乎一樣：「好吧，我再讓步××，這是最後的讓步，如果不能達成協議，那麼就沒有談下去的必要了。」只要有一方肯做出讓步，看似無法達成的交易就會柳暗花明。當然，不到萬不得已不可輕易讓步，寧可咬破嘴唇也不要輕易開口。在銷售過程中保持沉默，不僅能夠給客戶製造壓力，迫使他們做出讓步，還能最大限度地掩飾自己的底牌。

這樣做，就對了

那麼，如何做才能運用好沉默的方法，加快成交的進程呢？

1. 在雙方僵持不下時，用沉默迫使客戶做出讓步

在談判的過程中，如果雙方僵持不下，這時候採取沉默的方式不失為一種行之有效的談判策略。當客戶告訴你：「200元，再高就超出了我的

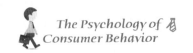

承受能力。」這時業務員只需要告訴客戶：「真的很抱歉，請您再給出一個更好的價錢。」然後保持沉默，等待對方開口。

這樣做無形中給客戶施加了壓力，迫使客戶做出讓步。如果客戶非常喜歡商品，或者不能承受壓力，那麼他們就會很快鬆動立場，做出加價的決定。

2. 抓住對方的死穴，不可隨意修改自己的提議

很多業務員在沒有得到客戶的回答之前總是存有擔憂，猜想著客戶會如何如何，沒有搞清對方下一步的行動就隨意改變自己的思路，修改自己的計畫，還頻繁地做出讓步，這些都是談判中的大忌。

那麼怎樣才能做到無動於衷呢？其實，每個人都有自己的死穴，只是你沒有看到而已。如果對方看出了你沒有主見，一定會更加堅定地堅持他的意見，如果沒有達到他預期的目的，是不會做出讓步的。所以，你在提出自己的建議後馬上保持沉默，可以省去客戶不斷討價還價的環節，加快成交的進度。

3. 提出成交請求後保持沉默

要想加快成交進度，讓沉默發揮最大的作用，你可以先提出成交請求，然後身體坐在椅子上稍微前傾，並伸出一隻手，保持沉默。

如果做出這種動作對客戶沒有任何效果，那麼業務員可以轉移目標，直視客戶的眼睛，假如客戶的目光與你的目光直視，說明客戶已經做好的購買準備；假如客戶回避你的目光，這表明客戶還沒有做好購買決定。

在沉默的時間裡等待客戶做決定時，一定要放鬆心情、保持微笑，讓客戶認為你是在耐心等候。

攻心tips

　　沉默能給客戶充足的時間權衡自己是否真的需要這種產品，一旦需要了，就會下決心購買。不主動提及價格，但客戶問起時要及時應答。因為話太多反而洩了自己的底。

　　「話多不如話少，話少不如話好」話少反而可以搏得客戶信任，給客戶說的空間，更能深化彼此的互動。例如向客戶提問後，注意停頓，保持沉默，把壓力拋給客戶，直到客戶說出自己的想法。而這一小段時間的沉默，正好能給客戶必要的思考時間。

坦誠產品缺陷，主動揭發勝過於被揭發

人與人之間的交往貴在真誠，只有真誠的交往才能讓彼此的友誼更加長久。在銷售工作中，業務員也要遵循這樣的銷售準則。

喬‧吉拉德說過：「誠實是推銷之本。」他認為，業務員在向客戶推銷商品的時候，同時也是在向客戶推銷自己。美國銷售聯誼會的統計資料表示：如果有七成的人願意從你那裡購買商品，並不是因為你所銷售的商品有著巨大的吸引力和需求量，而是因為這些客戶信任你、喜歡你。所以，在銷售過程中，誠信不但是最好的，而且也是最有效的銷售策略。

很多時候，面對商品的缺陷，業務員不但不向客戶說明，反而遮遮掩掩、胡亂編造，客戶雖然嘴上不說，但是心中早已明瞭，而對這名業務員失去信任感；即使之前已經建立起了信任感，業務員不真誠的做法也會讓這些建立起來的信賴感瞬間消失，留給客戶難以扭轉的壞印象。

一家地產公司新建了一片住宅社區，但是由於這塊住宅區離鐵道很近，所以即使完工許久，仍舊無人問津。

房屋經紀人湯姆‧霍普金斯找到建商，說明了自己想要擔任房屋經紀人的請求。雖然一開始遭到了拒絕，但經過多次的爭取，他終於成功地說服了建商，並做出了一個月之內完售這批房子的承諾。

建商認為湯姆‧霍普金斯一定是利用降價的方式來賣這批房子，但湯姆‧霍普金斯卻對建商說：「我將分批展示這些房子，時間就是在火車駛過的時候，而且建議在房屋前面掛上『此屋擁有非凡之處，歡迎參觀』的

牌子。」

建商聽完湯姆・霍普金斯的提議時立即表示反對，他大聲說：「我們就是因為這該死的火車，房子才賣不好，現在你竟然要在火車經過的時候邀請客戶參觀！」

湯姆・霍普金斯並沒有理會建商，他繼續說道：「我們還要把每間房子提高價格，並用這些錢為每間房子配備一台彩色電視機。」要知道，在當時那個年代，擁有彩色電視機是一件十分值得炫耀的事。

在每次參觀開始之後的幾分鐘裡，火車就會從住宅區旁轟隆駛過。每當這時，湯姆・霍普金斯就會詢問客戶：「你們聽到了什麼？」大多客戶會回答：「只是聽到了冷氣機的聲音。」

「是的。你們只需要每天忍受四分半的雜訊，當然，你們很快就會適應的，就可以擁有這棟美麗且與眾不同的房子，同時還能擁有這台彩色電視機了，難道你們希望錯過這個良機嗎？」

就這樣，在湯姆・霍普金斯在主動坦誠房子缺點的前提下，這批房子很快就銷售一空。

世界上不可能存在完美的東西，商品也一樣，即使做工再細緻，品質再好，也難免有令人不滿意的地方。即使客戶一時被蒙蔽，相信了業務員的謊言，購買了商品，在使用商品的過程中，他們遲早還是會知曉真相的。如果在銷售的過程中沒能處理好這些問題，客戶資源就會變得越來越少，直至走進死胡同。

對於業務員來說，真誠地向客戶說出商品缺點的做法雖然看起來有些愚笨，但是這卻是最好俘獲客戶、贏得客戶信任的長遠之計。

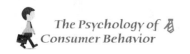

這樣做，就對了

1. 不要把客戶當成傻子

　　許多業務員會認為客戶並不了解商品，在與客戶的相處中採取「來一個宰一個」的方式。也有一些業務員認為客戶的文化水準高，他們對商品的了解就會更多；客戶的文化水準低，他們對商品的了解就會較少。所以，有些業務員就傾向於欺騙看起來文化水準低的客戶。

　　事實上，這些做法都是不可取的。首先，客戶並不全都不了解商品；其次，客戶的文化水準高低與了解商品的程度並不成正比；再次，僅憑外表就對客戶做出論斷的方法並不可靠。所以，無論什麼情況下，都不能把客戶當成傻子，應該真誠地對待每一位客戶。

2. 將缺點轉化成優點

　　業務員不能對客戶隱瞞商品的缺點，這是一種欺騙客戶的行為。俗話說「沒有不透風的牆」，客戶並不是傻瓜，很多客戶都會在購買商品之前做足功課，對商品的優缺點瞭若指掌，業務員欺騙隱瞞的做法只會讓客戶對你失去原有的信任。

　　所以，你要事先做好面對商品缺點的心理準備，一旦客戶提起的時候，可以用準備好的說辭應對，將缺點轉化成優點。比如告訴客戶，雖然維納斯雕像並不是完整的，但是卻成就了殘缺的美，存有缺點的商品也如同維納斯雕像，反而是另一種優點。

3. 盡可能讓客戶聽起來可以接受

　　業務員在向客戶解釋商品缺陷的時候，要盡可能用精妙、委婉的語言

向客戶解說商品的缺點。同時可以突出商品的優點，給客戶一種商品的優點大於商品缺點的感覺，讓客戶聽起來更容易接受商品的缺點。

如果當商品缺少某一項功能時，業務員就可以用商品的價格優勢來打動客戶；如果商品的價格較高時，業務員可以透過和同類商品的對比，讓客戶感到商品的物有所值；除了介紹商品的功能、價格，業務員還可以從商品完善的售後服務、送贈品、節能等方面突出商品的優勢，淡化商品的缺點。

攻心tips

　　每種產品難免都會有缺陷，因此在面對產品缺陷時，業務員非但不能回避，反而是要勇敢面對。每個客戶都希望能買到資訊透明的產品，你的敷衍只會引起客戶的懷疑，導致交易失敗，一旦你讓客戶發現自己受騙了，那麼你將永遠失去這名客戶了。

迂迴戰術帶來轉機

在銷售過程中，被客戶正面拒絕可以說是常有的事。尤其是登門銷售是最容易引起客戶的反感，這些客戶不但不讓業務員進門，而且說話也比較直接、不客氣，更別提購買商品了。這是因為他們不信任業務員，心中存有防備，這時，不管業務員如何努力，往往適得其反。遇到這種情況時，不妨採用迂迴戰術，另外找到客戶的薄弱環節來突破他的心防。

小惠是一個化妝品的專櫃小姐，有一次，她在向一位太太介紹化妝品時並不是很順利。這時，小惠並沒有立即打退堂鼓，而是找到了一個切入點，用讚美的方式贏得了這位婦人的信任，成功賣出了化妝品。

小惠：「您看，這套化妝品是我們的產品中效果最好的，也非常適合您，您可以試用一下，持續使用，可以讓您變得更加光彩照人。」

客戶一看價錢：「可是這套化妝品的價格太貴了，我還是看看別的吧。」

小惠：「哦，是這樣啊！看您穿著休閒套裝，您一定非常喜歡運動吧。」

客戶：「是啊，我平時的時候喜歡和朋友一起去打球、游泳。」

小惠：「這套衣服真好看，不過這樣的款式我還真沒看過，好看極了。」

客戶：「當然了。這是我去國外旅遊時買的，當時一眼就喜歡上

了。」

小惠：「難怪呢！真符合您的氣質。」

客戶：「可不是，這套衣服也不便宜呢！不過我一眼就看上了，也就狠心買下了。」

小惠：「像您這樣有身分的人，只有買這樣的衣服才能突顯您的氣質。就像我給您推薦的這套化妝品一樣，價格雖然貴，但是正是適合您這樣有品味的人使用的，如此才能更加突出您的氣質。」

女客戶聽了心花怒放，就開心地買下了小惠介紹的這套化妝品。

在客戶提出異議的時候，迂迴戰術往往能發揮奇效，更能輕易贏得勝利。如客戶提出「價格太高」、「服務不好」等拒絕理由時，你就要先繞過這些異議，轉而談其他方面，但最終要繞回到價格上，用舉例或者推理的方法說服客戶。

很多時候，客戶在購買商品的時候並不是一個人，而是有親屬、朋友等陪伴，如果你一時無法說服目標客戶購買商品，那麼也可以從他們身邊的人下工夫，用迂迴戰術達到銷售的目的。

■ 這樣做，就對了

總之，在銷售時可採取的迂迴戰術很多，除了以上介紹到的，還有以下一些方法：

1. 不要正面強攻客戶

如果一開始不能攻下客戶，就不要繼續強攻，因為這時客戶對你的心理防備還沒有放下，對你所銷售的商品也不了解。遇到這種情況，你可以透過轉移話題或者與客戶聊一些他們感興趣話題，從中發現客戶的需求

點，然後以客戶的需求點去介紹商品，這樣達成交易的機率就會變大許多。

2. 排除客戶的排他心理

在遭到拒絕時，首先要解除客戶的排他心理，努力給客戶留下良好的印象。面對客戶的不信任和反感時，就不要急著介紹產品，而是要透過閒聊等迂迴戰術博得客戶的好感，然後把交談的側重點引到融洽關係上來，進而感染對方，以有效化解客戶的排他心理。

3. 明白最終目的，不可意氣用事

業務員也有心情不好的時候，也會遇到一些蠻不講理的客戶。在這種情況下，不可意氣用事，與客戶正面衝突。遇到吹毛求疵和態度不佳的客戶時，可以採取迂迴戰術，先與客戶交手幾個回合，但是需要適可而止，最終假意認輸，讚美對方的高見，直到客戶發洩完心中的不滿之後，再把話題轉入到你的產品上。

攻心tips

如果你遇到一些又臭又硬的客戶，無論你怎麼介紹產品的優勢以及他可以得到的益處，始終不為所動，在這種情況下，若是採用「正面進攻」的方式，只會讓他對你更反感，這時不妨適時放手，採用迂迴戰術，可能會帶來意想不到的結果。採用迂迴戰術時，可利用客戶最關心的人或事進行，如果你能利用客戶最在意的事物打動他，那麼，就有機會成交了。

制定明確的目標，小目標成就大業績

　　西方有句諺語說：「如果一個人不知道自己要去哪裡，那麼他通常哪裡也去不了。」一個人不管做任何事情，一開始都要有自己的定位和目標，知道自己要做什麼。頂尖業務都是在知道自己的銷售和收入目標，然後細分為每年、每月、每星期、每天，甚至是每小時的目標。而那些沒有計畫和目標的業務員，他們不是漫無目的地四處遊蕩，就是整日按照自己的一套方式生活，從來沒有問過自己：「我今天的目標的是什麼？」「我今天要銷售出去多少產品？」這些業務員缺少前進的動力，做一天和尚撞一天鐘般地過活著。

　　明確的目標會給我們奮鬥的動力，讓我們為了實現自己的目標而不斷奮鬥；相反，如果目標不夠明確，那我們就會得過且過，結果必然是失敗的。所以，業務員要樹立明確的目標，讓自己的熱情和能力得到正確的引導，也可以避免因為沒有計畫而在與客戶的博弈中失去主導權，錯失銷售的良機。

　　Jerry是一位剛入行的業務員，雖然他一直很努力去展業，但他的業績仍舊沒有起色，停留在新員工的階段。於是，Jerry找到公司裡業績最好的前輩，向他們請教。在聽了他們的意見之後，Jerry在每次銷售前都先制定一個明確的目標。

　　首先，他規定自己每天至少給100位客戶打電話，然後把目標客戶確定下來，並填寫清楚目標客戶等級表。

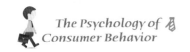

其次，他還會根據列出的目標客戶，一天回訪不少於三十個目標客戶。在回訪完目標客戶後，Jerry會對這些目標客戶進行分類，並把有希望的客戶、猶豫不決的客戶、沒有希望的客戶、改天再聯繫的客戶等進行分類，之後填寫回訪登記表，以明確自己下一步的工作目標。

最後，Jerry給自己規定每個月要完成十筆以上的銷售，其中大單不少於三筆，小單不少於七筆。在實際銷售工作中，如果Jerry沒有與很有希望購買的客戶達成交易，就會及時、快速地找出原因，避免之後再犯同樣的錯誤。

在之後長達一年的時間裡，Jerry靠著自己的努力與勤奮，業績勇奪公司前三名。這主要得益於Jerry在銷售前為自己制定明確的目標，從而讓自己從銷售新手成為了銷售高手。

如果沒有目標，漫無目的地對待工作，做事情就會流於沒有責任感，更談不上有奮鬥的動力和昂揚的鬥志了。比如要想讓一個懶人行動起來，與其打罵他，還不如給他一個強大的目標所發揮的作用還大。同樣的，沒有目標，業務員就無法對自己的工作成績進行計畫和總結，他們會不知道產品賣出去了多少，都賣給了哪些客戶，若是沒有弄明白這些事，業績就會因為沒有記錄而停滯不前。

這樣做，就對了

那麼，如何制定明確的目標呢？為了更好地實現目標的可行性，在制定目標的時候需要遵循SMART原則。

1. S——具體性

在設定目標的時候，要盡可能縮小範圍，對於目標有清楚的認識，使

內容具體起來。為了使目標具體化，首先，要對銷售工作有清楚的了解；其次，設定的目標要符合自己的能力，必須是透過努力就可以實現的。

2. M——可衡量性

同時，在制定銷售目標時還要具有可衡量性。比如在制定與客戶建立的關係目標時，如果單單列出「與客戶處理好關係」是遠遠不夠的，還要明確應該與多少客戶建立好關係；怎樣才能處理好與客戶的關係等。

3. A——可實現性

可實現性，就是制定的目標需要切合實際情況，具有讓執行人實現、達到的可能性。對於業務員來說，制定一個不切實際的目標是沒有意義的。如果，想要將產品從目前的月營業三百萬，提高到五百萬，那前提要先看是否有新產品上市？或有開發出新的通路？若沒有這些因素，那提高到五百萬的「可實現性」就要大打折扣。同時，制定的目標既要具有相當的難度，又要具有被達成的可能性。這是因為目標的實現性並不意味著目標必須是低的或是容易達成的，只有通過挑戰之後才能達到的目標，才會讓業務員有成就感。

4. R——關聯性

目標的關聯性是指在實現制定的目標時，要注意與其他目標的關聯情況。即使業務員實現了這個目標，但是這個實現的目標與其他目標並無關聯，或者相關度較低，那麼這個目標即使被實現了，所發揮的意義就不大。

5. T——時限性

目標的時限性，是指任何一種目標都需要明確達成的時間。如果完成目標時沒有限定的時限，我們就缺乏緊迫感，而容易拖延，不利於銷售目標的完成。如果制定的目標期限過長，為了更好地採取行動，就可以把這個長期目標分成若干短期目標。如可以把一個五年期的長期目標分為五個年目標，然後再把每一個年目標分為四個季目標，之後再把每一個季目標分為三個月目標，最後分成週目標、日目標等。

攻心tips

業務員工作的時間，就只有在開發客戶、講解產品和後續追蹤的時候。一開始先決定在未來的12個月內，你想賺到多少錢。起碼訂一個超過目前收入25％的目標．稍高的目標會激勵你表現得比以往更出色。把你想到能達成這個目標的方法列在清單上，然後按照優先順序排序，再依照計畫行動，每天向目標邁進。

做好售後服務提升客戶滿意度

日本銷售大師原一平曾經說過：「銷售前的奉承，不如銷售後的周到服務，這是製造永久客戶的不二法門。」真正的銷售是沒有結束的，業務員不要以為客戶買下商品，銷售工作就結束了。所謂「善始善終」，有一個好的開始並不難，難的是有一個好的結果。

在商品到達客戶的手裡後，業務員還要為客戶提供一定的服務，即售後服務。良好的售後服務不僅能使業務員有效地與客戶進行溝通，獲得客戶的寶貴意見，增加客戶的滿意度，而且還可以利用老客戶介紹新客戶的方法，為自己的客戶資源吸引更多潛在客戶。

一位客戶幾年前在亨利的房產公司買了一間房子，雖然這位客戶對這間房子的其他方面很滿意，但是由於房子的售價很高，使得他在購屋後整日顯得憂心忡忡，不知道自己這房子買得到底值不值得。

在他剛搬進新居兩個星期之後，亨利就給客戶打電話，表示想要拜訪客戶。在獲得了客戶的同意後，亨利在星期六的下午到客戶家拜訪。

亨利剛一進門，就不斷地誇讚客戶獨具慧眼，挑中了這間地段好、格局佳的好宅。接著，亨利和客戶聊到了社區附近的各種傳聞和有趣的事，並告訴客戶，這個社區的好多業主都是赫赫有名的人士，這讓客戶聽後不禁引以為傲，內心慶幸自己真的是買對了。亨利在向客戶介紹附近環境時表現出來的對社區的讚美和嚮往，絲毫不亞於在給其他客戶介紹房子時的熱情。

就在亨利來訪過後，這位客戶就像吃下了定心丸般，不再擔心自己是否買貴了，而是為擁有這棟房子而感到自豪。亨利的這次拜訪也更加深了客戶對自己的信任，從而讓他們之間的關係不單停留在買賣的關係上，而是成為了好朋友。

這份友誼的建立雖然花費了亨利一個下午的時間，但是卻大大提升了客戶的滿意度。過了一段時間，亨利接到這位客戶打來的電話，原來這位客戶介紹了自己的一位朋友向他買房子，這又使亨利成功談成了一筆交易。

售後服務在客戶購買商品的天平上佔有重要的作用。客戶在購買商品時首先會考慮商品的價格和品質，其次就是商品的售後服務。在前者相同的情況下，客戶就會選擇售後服務好的商品購買。例如，一件商品看起來相差無幾，一件不保修，另一件免費保修數年或者終身保固，在這種情況下，客戶一般傾向於選擇後者，即使價格高一點也仍然做此選擇。

由此可見，售後服務在銷售工作中創造了很大的經濟效益，殷切的售後服務不僅為業務員贏得了更多的信賴，從而讓商品賣得更好，提升了經濟效益，為公司帶來更多利潤。

這樣做，就對了

那麼，業務員怎樣才能做好售後服務呢？

1. 適時開展客戶回訪活動

在客戶購買商品之後，不要認為銷售工作已經做完，就對客戶不理不睬，否則只會讓自己的客戶變得越來越少。

要適時、定期對老客戶進行回訪，可以是登門回訪，也可以是電話回

訪。在回訪的過程中，首先要清楚介紹自己，在介紹自己的時候語速要慢、話語要清晰，以便客戶回想起購買商品時的情形。其次要詢問客戶對產品或服務的滿意程度，如果客戶表示滿意，可以再次感謝客戶的支持；如果客戶表示有所不滿，那麼你就更要詳細詢問客戶不滿的原因，哪裡使用不便，並化解客戶的不滿。最後，也是最重要的，要詢問客戶對商品的使用情況，客戶若有不明白的地方，一定要詳細再次說明、講解清楚。

2. 勤於向客戶表示關切

首先，可以定期回訪客戶，告訴他們商品使用的要點，提醒他們在使用過程中的注意事項。其次，在銷售之前應該做好客戶相關資料的管理，比如客戶的生日、紀念日等，在這些日期給客戶送去祝福和小禮。也可以在逢年過節的時候給客戶發送祝福簡訊或送些問候禮。

3. 盡可能地向客戶提供方便

在客戶的商品出現問題，需要維修或者退換的時候，一定要盡可能給予客戶協助。比如，為客戶安排好維修和退換流程，上門取送貨物等；盡量為客戶減免費用，不屬於客戶問題的盡量不要收費等；站在客戶的角度，做出有利於客戶的決策，盡可能做到讓客戶滿意。

在並非商品出現問題時，業務員應主動預約客戶享受售後服務，如，邀請客戶參加聚會、讓客戶體驗新產品……等。在享受售後服務時，不應讓客戶等待過長時間，應提前向客戶說明大概流程。例如：需要多久時間，中途遇到問題的解決方法等。

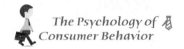
攻心tips

　　當客戶購買第一件商品的時候，雖然生意已成，但是業務員的工作並沒有結束，接著就是售後服務的開始，而售後服務又是下一次交易促成的基礎。因此，你要為客戶提供一些個性化的服務，你才有可能長期擁有這個客戶。這不僅可以減少客戶投訴，提高客戶忠誠度，也不會有客戶流失的現象。因此你要及時進行客戶回訪，詢問客戶使用產品後的感受等，讓客戶感受到你真誠與貼心，真心為你介紹下一個客人，那你就成功了。

全球華語魔法講盟

Magic

自媒體營銷術
魔法影音行銷班

Magic

近年，社交網絡現已徹底融入我們日常之中，沒有人不知道 FB、YouTube、IG……等社交平台，且都流行以「影片」來吸引用戶眼球，全球瘋「影音」，精彩的影片正是快速打造個人舞台最好的方式。

★ 動態的東西比靜態的更容易吸引目標受眾的眼球。

👍 比起自己閱讀，配合聆聽更方便理解內容。

❤ 使用畫面上或聲音上的變化和配合，影片更能抓住目標受眾的心情。

學習善用新媒體，動手拍影片，打造個人 IP，
只要多抓住目光一秒鐘，將擁有無限可能，
靠自媒體創造被動收入，打造個人品牌與變現力！

更多詳細資訊，請洽客服專線（02）8245-8318，或上官網 silkbook○com www.silkbook.com 查詢

2022 世界華人八大明師

創富諮詢｜創富圓夢｜創富育成

讓您組織倍增、財富倍增，產生指數型複利魔法，創富成癮！

The World's Eight Super Mentors

地點 新店台北矽谷（新北市新店區北新路三段223號 ◎大坪林站）

時間 2022 年 **7/23**、**7/24**，每日上午 9：00 到下午 6：00

• 憑本票券可直接免費入座 7/23、7/24 兩日核心課程一般席，或加價千元入座 VIP 席，領取貴賓級八萬元贈品！

• 若因故未能出席，仍可持本票券於 2023、2024 年任一八大盛會使用，敬請踴躍參加，一同打開財富之門。

更多詳細資訊請洽（02）8245-8318 或上官網 silkbook○com www.silkbook.com 查詢

原價：49,800 元　推廣特價：**19,800** 元　憑本券 **免費入場**

地點 新店台北矽谷（新北市新店區北新路三段223號 ◎大坪林站）

時間 2022 年 **6/18**、**6/19** 每日上午 9：00 到下午 6：00

原價：49,800 元　推廣特價：**19,800** 元　憑本券 **免費入場**

❶ 憑本票券可直接免費入座 6/18、6/19 兩日核心課程一般席，或加價千元入座 VIP 席，領取貴賓級五萬元贈品！

❷ 若因故未能出席，仍可持本票券於 2023、2024 年任一八大盛會使用。歡迎每年參加，與各領域大咖交流。

更多詳細資訊請洽（02）**8245-8318** 或
上官網新絲路網路書店 silkbook○com www.silkbook.com 查詢

The Asia's Eight Super Mentors

2022 亞洲八大名師
高·峰·會

創業培訓高峰會　人生由此開始改變

STARTUP WEEKEND @ TAIPEI

邀請您一同跨界創富，
一樣在賺錢，
您卻能比別人更富有！

國家圖書館出版品預行編目資料

保證成交操控術 / 王晴天著. -- 初版. -- 新北市：
創見文化出版，采舍國際有限公司發行　2021.12
面；公分--（MAGIC POWER；15）
ISBN 978-986-271-922-0（平裝）

1.銷售　2.銷售員　3.職場成功法

496.5　　　　　　　　　　　　　110016087

The Psychology of
CONSUMER
BEHAVIOR

保證
成交
操控術

保證成交操控術

本書採減碳印製流程，碳足跡追蹤並使用優質中性紙（Acid & Alkali Free）通過綠色環保認證，最符環保需求。

作者／王晴天

出版者／ 魔法講盟 委託創見文化出版發行

總顧問／王寶玲　　　　　　　　文字編輯／蔡靜怡

總編輯／歐綾纖　　　　　　　　美術設計／Mary

台灣出版中心／新北市中和區中山路2段366巷10號10樓

電話／（02）2248-7896　　　　　　傳真／（02）2248-7758

ISBN／978-986-271-922-0

出版日期／2021年12月初版

全球華文市場總代理／采舍國際有限公司

地址／新北市中和區中山路2段366巷10號3樓

電話／（02）8245-8786　　　　　　傳真／（02）8245-8718

全系列書系特約展示門市

新絲路網路書店

地址／新北市中和區中山路2段366巷10號10樓

電話／（02）8245-9896

網址／www.silkbook.com

本書於兩岸之行銷（營銷）活動悉由采舍國際公司圖書行銷部規畫執行。

線上總代理 ■ 全球華文聯合出版平台 www.book4u.com.tw
主題討論區 ■ http://www.silkbook.com/bookclub　　● 新絲路讀書會
紙本書平台 ■ http://www.silkbook.com　　　　　　● 新絲路網路書店
電子書平台 ■ http://www.book4u.com.tw　　　　　● 華文電子書中心

B 華文自資出版平台　　全球最大的華文自費出版集團
www.book4u.com.tw
elsa@mail.book4u.com.tw
iris@mail.book4u.com.tw　　專業客製化自助出版‧發行通路全國最強！

素人崛起，
從出書開始！

全國最強 4 天培訓班，
見證人人出書的奇蹟。

讓您借書揚名，建立個人品牌，
晉升專業人士，帶來源源不絕的財富。

**擠身暢銷作者四部曲，
我們教你：**

企劃怎麼寫／ 撰稿速成法／
出版眉角／ 暢銷書行銷術／

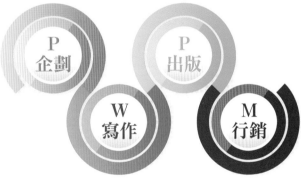

保證
出書

Publish for You,
Making Your Dreams
Come True.

★ 如何讓別人在最短時間內對你另眼相看？
★ 要如何迅速晉升 A 咖、專家之列？
★ 我的產品與服務要去哪裡置入性行銷？
★ 快速成功的捷徑到底是什麼？
★ 生命的意義與價值要留存在哪裡？

答案就是出一本書！

當名片式微，出書取代名片才是王道！

人人適用的成名之路：出書

當大部分的人都不認識你，不知道你是誰，他們要如何快速找到你、了解你、與你產生連結呢？試想以下的兩種情況：

➲ **不用汲汲營營登門拜訪，就有客戶來敲門，你覺得如何？**
➲ **有兩個業務員拜訪你，一個有出書，另一個沒有，請問你更相信誰？**

　　無論行銷任何產品或服務，當你被人們視為「專家」，就不再是「你找他人」，而是「他人主動找你」，想達成這個目標，關鍵就在「出一本書」。

權威或名人
專家、行家
授證專業人員
專業從業人員
一般從業人員

　　透過「出書」，能迅速提升影響力，建立「專家形象」。在競爭激烈的現代，「出書」是建立「專家形象」的最快捷徑。

想成為某領域的權威或名人？出書就是正解！

體驗「名利雙收」的12大好處

　　暢銷書的魔法，絕不僅止於銷售量。當名字成為品牌，你就成為自己的最佳代言人；而書就是聚集粉絲的媒介，進而達成更多目標。當你出了一本書，隨之而來的，將是 12 個令人驚奇的轉變：

01 ▶ 增強自信心

　　對每個人來說，看著自己的想法逐步變成一本書，能帶來莫大的成就感，進而變得更自信。

02 ▶ 提高知名度

　　雖然你不一定能上電視、錄廣播、被雜誌採訪，但卻絕對能出一本書。出書，是提升知名度最有效的方式，出書＋好行銷＝知名度飆漲。

03 ▶ 擴大企業影響力

　　一本宣傳企業理念、記述企業如何成長的書，是一種長期廣告，讀者能藉由內文，更了解企業，同時產生更高的共鳴感，有時比花錢打一個整版報紙或雜誌廣告的效果要好得多，同時也更能讓公司形象深入人心。

04 ▶ 滿足內心的榮譽感

　　書，向來被視為特別的存在。一個人出了書，便會覺得自己完成了一項成就，有了尊嚴、光榮和地位。擁有一本屬於自己的書，是一種特別的享受。

05 ▶ 讓事業直線上衝

　　出一本書，等於讓自己的專業得到認證，因此能讓求職更容易、升遷更快捷、加薪有籌碼。很多人在出書後，彷彿打開了人生勝利組的開關，人生和事業的發展立即達到新階段。出書所帶來的光環和輻射效應，不可小覷。

06 結識更多新朋友

在人際交往愈顯重要的今天，單薄的名片並不能保證對方會對你有印象；贈送一本自己的書，才能讓人眼前一亮，比任何東西要能讓別人記住自己。

07 讓他人刮目相看

把自己的書，送給朋友，能讓朋友感受到你對他們的重視；送給客戶，能贏得客戶的信賴，增加成交率；送給主管，能讓對方看見你的上進心；送給部屬，能讓他們更尊敬你；送給情人，能讓情人對你的專業感到驚艷。這就是書的魅力，能讓所有人眼睛為之一亮，如同一顆糖，送到哪裡就甜到哪裡。

08 塑造個人形象

出書，是自我包裝效率最高的方式，若想成為社會的精英、眾人眼中的專家，就讓書替你鍍上一層名為「作家」的黃金，它將持久又有效替你做宣傳。

09 啟發他人，廣為流傳

把你的人生感悟寫出來，不但能夠啟發當代人們，還可以流傳給後世。不分地位、成就，只要你的觀點很獨到，思想有價值，就能被後人永遠記得。

10 闢謠並訴說心聲

是否曾經對陌生人的中傷、身邊人的誤解，感到百口莫辯呢？又或者，你身處於小眾文化圈，而始終不被理解，並對這一切束手無策？這些其實都可以透過出版一本書糾正與解釋，你可以在書中盡情袒露心聲，彰顯個性。

11 倍增業績的祕訣

談生意，尤其是陌生開發時，遞上個人著作 & 名片，能讓客戶立刻對你刮目相看，在第一時間取得客戶的信任，成交率遠高於其他競爭者。

12 給人生的美好禮物

歲月如河，當你的形貌漸趨衰老、權力讓位、甚至連名氣都漸趨平淡時，你的書卻能為你留住人生最美好的的黃金年代，讓你時時回味。

書的面子與裡子，全部教給你！

★出版社不說的暢銷作家方程式★

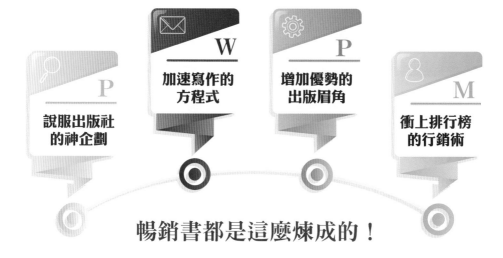

P 說服出版社的神企劃

W 加速寫作的方程式

P 增加優勢的出版眉角

M 衝上排行榜的行銷術

暢銷書都是這麼煉成的！

P PLANNING 企劃　好企劃是快速出書的捷徑！

投稿次數＝被退稿次數？對企劃毫無概念？別擔心，我們將在課堂上公開出版社的審稿重點。從零開始，教你神企劃的 NO.1 方程式，就算無腦套用，也能讓出版社眼睛為之一亮。

W WRITING 寫作　卡住只是因為還不知道怎麼寫！

動筆是完成一本書的必要條件，但寫作路上，總會遇到各種障礙，靈感失蹤、沒有時間、寫不出那麼多內容……在課堂上，我們教你主動創造靈感，幫助你把一個好主意寫成暢銷書。

P PUBLICATION 出版 　懂出版，溝通不再心好累！

為什麼某張照片不能用？為什麼這邊必須加字？我們教你出版眉角，讓你掌握出版社的想法，研擬最佳話術，讓出書一路無礙；還會介紹各種出版模式，剖析優缺點，選出最適合你的出版方式。

M MARKETING 行銷 　100% 暢銷保證，從行銷下手！

書的出版並非結束，而是打造個人品牌的開始！資源不足？知名度不夠？別擔心，我們教你素人行銷招式，搭配魔法講盟的行銷活動與資源，讓你從第一本書開始，創造素人崛起的暢銷書傳奇故事。

魔法講盟出版班：優勢不怕比

		魔法講盟 出書出版班	普通寫作出書班
①	課程完整度	完整囊括 PWPM 勝	只談一小部分
②	講師專業度	各大出版社社長 勝	不一定是業界人士
③	課堂互動	理論教學＋分組實作 勝	只講完理論就結束
④	課後成果	有實際的 SOP 與材料 勝	聽完之後還是無從下手
⑤	學員指導程度	多位社長分別輔導 勝	一位講師難以照顧學生
⑥	上完課是否能 直接出書	●是出版社，直接談出書 ●出版模式最多元，保證出書	上課歸上課，要出書還是必 須自己找出版社

Planning 一鼓作氣寫企劃

　　大多數人都以為投稿是寄稿件給出版社的代名詞，NO！所謂投稿，是要投一份吸晴的「出書企劃」。只要這一點做對了，就能避開80%的冤枉路，超越其他人，成功簽下書籍作品的出版合約。

　　企劃，就像是出版的火車頭，必須由火車頭帶領，整輛火車才會行駛。那麼，什麼樣的火車頭，是最受青睞的呢？要提案給出版社，最重要的就是讓出版社看出你這本書的「市場價值」。除了書的主題&大綱目錄之外，也千萬別忘了作者的自我推銷，比如現在很多網紅出書，憑藉的就是作者本身的號召力。

　　光憑一份神企劃，有時就能說服出版社與你簽約。先用企劃確定簽約關係後，接下來只需要將你的所知所學訴諸文字，並與編輯合作，就能輕鬆出版你的書，取得夢想中的斜槓身分 — 作家。

　　企劃這一步成功後，接下來就順水推舟，直到書出版的那一天。

關於 Planning，我們教你：

- 提案的方法，讓出版社樂意與你簽約。
- 具賣相的出書企劃包含哪些元素 & 如何寫出來。
- 如何建構作者履歷，讓菜鳥寫手變身超新星作家。
- 如何鎖定最夯議題 or 具市場性的寫作題材。
- 吸晴、有爆點的文案，到底是如何寫出來的。
- 如何設計一本書的架構，並擬出目錄。
- 投稿時，如何選擇適合自己的出版社。
- 被退稿或石沉大海的企劃，要如何修改。

Writing 菜鳥也上手的寫作

　　寫作沒有絕對的公式，平凡、踏實的口吻容易理解，進而達到「廣而佈之」的效果；匠氣的文筆則能讓讀者耳目一新，所以，寫書不需要資格，所有的名作家，都是從素人寫作起家的。

　　雖然寫作是大家最容易想像的環節，但很多人在創作時還是感到負擔，不管是心態上的過不去（自我懷疑、完美主義等），還是技術面的難以克服（文筆、靈感消失等），我們都將在課堂上一一破解，教你加速寫作的方程式，輕鬆達標出書門檻的八萬字或十萬字。

　　課堂上，我們將邀請專業講師＆暢銷書作家，分享他們從無到有的寫書方式。本著「絕對有結果」的精神，我們只教真正可行的寫作方法，如果你對動輒幾萬字的內文感到茫然，或者想要獲得出版社的專業建議，都強烈推薦大家來課堂上與我們討論。

　　學會寫作方式，就能無限複製，創造一本接著一本的暢銷書。

關於 Writing，我們教你：

- 了解自己是什麼類型的作家 & 找出寫作優勢。
- 巧妙運用蒐集力或 ghost writer，借他人之力完成內文。
- 運用現代科技，讓寫作過程更輕鬆無礙。
- 經驗值為零的素人作家如何寫出第一本書。
- 有經驗的寫作者如何省時又省力地持續創作。
- 如何刺激靈感，文思泉湧地寫下去。
- 完成初稿之後，如何有效率地改稿，充實內文。

找靈感

產出內文

借助寫手

IDEA

Publication 懂出版的作家更有利

　　完成書的稿件，還只是開端，要將電腦或紙本的稿件變成書，需要同時藉助作者與編輯的力量，才有可看的內涵與吸睛的外貌，不管是封面設計、內文排版、用色學問，種種的一切都能影響暢銷與否；掌握這些眉角，就能斬除因不懂而產生的誤解，提升與出版社的溝通效率。

　　另一方面，現在的多元出版模式，更是作家們不可不知的內容。大多數人一談到出書，就只想到最傳統的紙本出版，如果被退稿，就沒有其他辦法可想；但隨著日新月異的科技，我們其實有更多出版模式可選。你可以選擇自資直達出書目標，也可以轉向電子書，提升作品傳播的速度。

　　條條道路皆可圓夢，想認識各個方案的優缺點嗎？歡迎大家來課堂上深入了解。你會發現，自資出版與電子書沒有想像中複雜，有時候，你與夢想的距離，只差在「懂不懂」而已。

　　出版模式沒有絕對的好壞，跟著我們一起學習，找出最適解。

關於 Publication，我們教你：

- 依據市場品味，找到兼具時尚與賣相的設計。
- 基礎編務概念，與編輯不再雞同鴨講。
- 身為作者必須了解的著作權注意事項。
- 電子書的出版型態、製作方式、上架方法。
- 自資出版的真實樣貌 & 各種優惠方案的諮詢。
- 取得出版補助的方法 & 眾籌出書，大幅減低負擔。

設計

自資

電子書

Marketing 行銷布局，打造暢銷書

　　一路堅持，終於出版了你自己的書，接下來，就到了讓它大放異彩的時刻了！如果你還以為所謂的書籍行銷，只是配合新書發表會露個臉，或舉辦簽書會、搭配書店促銷活動，就太跟不上二十一世紀的暢銷公式了。

　　要讓一本書有效曝光，讓它在發行後維持市場熱度、甚至加溫，刷新你的銷售紀錄，靠的其實是行銷布局。這分成「出書前的布局」與「出書後的行銷」。大眾對於銷售的印象，90% 都落在「出書後的行銷」（新書發表會、簽書會等），但許多暢銷書作家，往往都在「布局」這塊下足了功夫。

　　事前做好規劃，取得優勢，再加上出版社的推廣，就算是素人，也能秒殺各大排行榜，現在，你可不只是一本書的作者，而是人氣暢銷作家了！

　　好書不保證大賣，但有行銷布局的書一定會好賣！

關於 Marketing，我們教你：

- 新書衝上排行榜的原因分析 & 實務操作的祕訣。
- 善用自媒體 & 其他資源，建立有效的曝光策略。
- 素人與有經驗的作家皆可行的出書布局。
- 成為自己的最佳業務員，延續書籍的熱賣度。
- 如何善用書腰、贈品等周邊，行銷自己的書。
- 網路 & 實體行銷的互相搭配，創造不敗攻略。
- 推廣品牌 & 服務，讓書成為陌生開發的利器。

布局

周邊

網路

活動

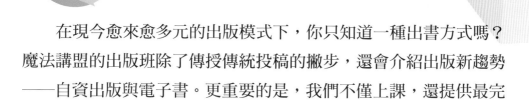

掌握出版新趨勢，保證有結果！

在現今愈來愈多元的出版模式下，你只知道一種出書方式嗎？魔法講盟的出版班除了傳授傳統投稿的撇步，還會介紹出版新趨勢──自資出版與電子書。更重要的是，我們不僅上課，還提供最完整的出版服務＆行銷資源，成果看得見！

一、傳統投稿出版： 理論＆實作的 NO.1 選擇

魔法講盟出版班的講師，包括各大出版社的社長，因此，我們將以業界的專業角度＆經驗，100％解密被退稿或石沉大海的理由，教你真正能打動出版社的策略。

除了 PWPM 的理論之外，我們還會以小組方式，針對每個人的選題＆內容，悉心個別指導，手把手教學，親自帶你將出書夢化為暢銷書的現實。

二、自資出版： 最完整的自資一條龍服務

不管你對自資出版有何疑惑，在課堂上都能得到解答！不僅如此，我們擁有全國最完整的自費出版服務，不僅能為您量身打造自助出版方案、替您執行編務流程，還能在書發行後，搭配行銷活動，將您的書廣發通路、累積知名度。

別讓你的創作熱情，被退稿澆熄，我們教你用自資管道，讓出版社後悔打槍你，創造一人獨享的暢銷方程式。

三、電子書： 從製作到上架的完整教學

隨著科技發展，每個世代的閱讀習慣也不斷更新。不要讓知識停留在紙本出版，但也別以為電子書是萬靈丹。在課堂上，我們會告訴你電子書的真正樣貌，什麼樣的人適合出電子書？電子書能解決 & 不能解決的面向為何？深度剖析，創造最大的出版效益。

此外，電子書的實際操作也是課程重點，我們會講解電子書的製作方式與上架流程，只要跟著步驟，就能輕鬆出版電子書，讓你的想法能與全世界溝通。

紙電皆備的出版選擇，圓夢最佳捷徑！

ESBIH課程

免費入場

真健康＋大財富＝真正的成功

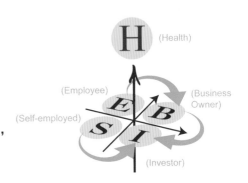

你還在汲汲營營於累積財富嗎？
「空有財富，健康堪虞」的人生，
絕不能算是真正的成功！
如今，有一種新商機現世了！
它能助你在調節自身亞健康狀態的同時，
也替你創造被動收入，賺進大把鈔票。

H (Health)

(Employee)

(Self-employed)

(Business Owner)

E B S I

(Investor)

現在，給自己一個機會，積極了解這個「賺錢、自用兩相宜」的新商機，如何為你創造ESBIH三維「成功」卦限！

歡迎在每月的 { 第一個週五下午2：30〜8：30 第二個週五晚上5：30〜8：30 } 前來中和魔法教室！

魔法講盟特聘台大醫學院級別醫師會同Jacky Wang博士與David Chin醫師共同合作，開始一連串免費授課講座。

課中除了教授您神秘的回春大法，

還為您打造一台專屬的自動賺錢機器！

讓您在逆齡的同時也賺進大筆財富，

完美人生的成功之巔就等你來爬！

詳情開課日期及授課資訊，請掃描QR Code或撥打真人客服專線
02-8245-8318，亦可上新絲路官網 silkbook◦com www.silkbook.com查

原來逆齡可以這麼簡單！

利人利己，共好雙贏

眾所周知，現今的「抗衰老」方法，只有「幹細胞」與「生長激素」兩大方向。

但，無論從事哪一種療法，都所費不貲，甚至還可能造成人體額外的負擔！

那麼，有沒有一種既省錢，又能免去副作用的回春大法？

有！風靡全歐洲的「順勢療法」讓您在後疫情時代活得更年輕、更健康！

現在，**魔法講盟** 特別開設一系列**免費**課程，為您解析抗衰老奧秘！

⭐ **參加這門課程，可以學到什麼？**

☑ 剖析逆齡回春的奧秘　　　　☑ 跟上富人的投資思維

☑ 掌握改善亞健康的方式　　　☑ 打造自動賺錢金流

☑ 窺得延年益壽的天機　　　　☑ 獲得真正的成功

時間	2020	9/4(五)14:30	9/11(五)17:30	11/6(五)14:30
		11/13(五)17:30	12/4(五)14:30	12/11(五)17:30
	2021	1/8(五)17:30	2/5(五)14:30	3/5(五)14:30
		3/12(五)17:30	4/9(五)17:30	5/7(五)14:30
		5/14(五)17:30	6/4(五)14:30	6/11(五)17:30
		7/2(五)14:30	7/9(五)17:30	… …
地點	**中和魔法教室**　新北市中和區中山路二段366巷10號3樓　（位於捷運環狀線中和站與橋和站間，COSTCO 對面郵局與 ⓦ 福斯汽車間巷內）			

課中除了教你如何轉換平面的ESBI象限，

更為你打造完美的H（Health）卦限！

ESBIH構成的三維空間，才是真正的成功！

真永是真